智 能 工 程

Engineering of Intelligence

杨学山 著

电子工业出版社

Publishing House of Electronics Industry

北京 · BEIJING

图书在版编目（CIP）数据

智能工程 / 杨学山著. —北京：电子工业出版社，2020.9
ISBN 978-7-121-39389-1

Ⅰ.①智⋯ Ⅱ.①杨⋯ Ⅲ.①智能技术 Ⅳ.①TP18

中国版本图书馆 CIP 数据核字（2020）第 148719 号

责任编辑：邓茗幻　　特约编辑：白天明
印　　刷：北京捷迅佳彩印刷有限公司
装　　订：北京捷迅佳彩印刷有限公司
出版发行：电子工业出版社
　　　　　北京市海淀区万寿路 173 信箱　　邮编 100036
开　　本：720×1 000　1/16　印张：23.75　字数：372 千字
版　　次：2020 年 9 月第 1 版
印　　次：2020 年 9 月第 1 次印刷
定　　价：88.00 元

前　言

历经两年，本书终于脱稿。在 2015 年的写作计划中，并没有这一本书。当时的考虑是，将信息和智能这两种客观存在的属性和发生发展规律说清楚，把超越人类智能的非生物智能体的目标、要求、逻辑架构说清楚，我的研究目标就完成了。因此，2018 年年初，我的书桌上已经将写作《论信息》和《智能原理》两本书的参考资料撤掉，换上了经济学相关的资料。过了几个月，收到一些读者对两本书的反馈，感到有必要就非生物智能体如何实现再写一本书。原因在于沿着《论信息》和《智能原理》两本书的认识逻辑和理论框架，去设计这种功能上媲美甚至宽于 AGI 的非生物智能体，方法上还不采用流行的人工智能领域的模式和算法，可能难以达到，需要将实现思路进行系统的介绍。于是我重新回到已经画了句号的领域，开始《智能工程》的写作，并将三本书合在一起，称为"智能三部曲"。

本书的非生物智能体本质上是机器智能，重点是以生物智能为模板，在既有机器智能的基础上，实现以含义计算为基础，以理解为前提，可以自我积累知识和经验的非生物智能，也就是具有理解、思考、判断、决策行为的思维机器。这种机器能够与人合作，能够集成既有的机器智能，能以持续增长的模式发展。

开始的时候，我低估了写作的难度，以为在理论和逻辑方面已经厘清的问题，只需要具体化就可以了，随着研究和写作的进展，发现这个判断是错误的。难点集中在三个地方：第一，什么样的体系架构能实现《智能原理》中定义的非生物智能体的所有功能和要求；第二，用传统的 IT 模式形成的软、硬件，如何转变为含义—理解—思维—行为的智能处理模式；第三，可实现性应该在什么颗粒度水平描述。

对于第一个问题，本书第 1 章中的图 1.5 是回答的总纲。智能体的架构要支持其所有活动过程：认知、任务、生存和控制。智能体的架构要满足智能体的 8 个原则要求：主体性、多样性、发展性、生存性、交互性、结构性、传承性、整体性。满足这些要求的一种可能架构由图 1.5 中给出的 11 个功能体系组成。它的所有构件，从基础的微处理器到此上各个层面的功能集合，均具备自主、自治的独立性，又处于相应功能集合和整体的有效管理和控制之下。11 个功能体系是：感知、描述、连接、记忆、学习、交互、处理、任务、资源、生存和控制。

主体性、生存性这两个要求主要通过四个功能模块实现：资源模块、生存模块、思维模块和控制模块。资源模块联合生存模块保证智能体正常运转，思维模块辨析智能体面临的风险，控制模块决策并主导应急处置。智能体所有构件均被赋予自主、自治的独立性，以避免系统性风险，提高智能体生存性。传承性要求主要通过生命周期的前三个阶段：初始、赋予、培育来体现，并在此后的学习和交互过程中延续。发展性的要求主要通过学习模块实现，学习是发展的主要来源，其他功能模块也会在自身行为中总结成长，或经由学习提升自身功能。交互性的要求主要通过交互功能模块实现，以满足智能体感知、学习、任务、资源和生存各个功能对交互的需求。结构性和整体性这两个既矛盾又统一的要求，主要通过 11 个功能体系内在的自主结构和相互之间的协同模块，控制功能的整体协调实现。

认知、任务、生存、控制这四个智能过程涵盖了智能体的全部构成要素、功能和行为。每个过程的实现都需要 11 个功能体系的支持，都在生命周期的全过程发挥作用，全书就是从实现这四个过程的需要去安排 11 个功能体系的结构、功能、相互关系。本书对这四个过程的功能及其实现有四个特别的安排，这是阅读和使用本书的关键。

第一，认知过程以理解为目的，以智能体可自主发展为中心，以逐步叠加为路径，而智能体所有的功能，包括认知的发展，均基于认知。"知之为知之，不知为不知，是知也"这句 2500 年前孔子的名言是本书的哲学基础。"不积跬步，何以至千里"是本书实践路径所遵循的原则。以互联网为平台，以交互功能为媒介，一个字接着一个字、一个动作接着一个动作、一个场景接着一个场景，一个主题接着一个主题，将人类智能的进展用愚公移山的精神，大规模自主并行，叠加到智能体的记忆中，形成远远超越一个自然人可理解、可使用的记忆，并在交互和使用中校验、完善。与认知相关的功能体系设计就是按照这样的原则执行的。

第二，任务过程是以认知的积累为基础的，也就是只承担能够做的任务，力所不逮的不承担。智能体认知过程的核心就是先积累常识和基础知识，待达到一定程度后，在拟承担的任务类型方向不断深化，达到专精的程度。所谓专精，就是对所有需要求解的问题在实际工作场景的所有可能形式都已经遍历，所有这些形式的求解过程也已经遍历，而且形成的所有求解过程都是确定的，或即使存在一定的不确定性，也不影响结果可靠性要求。换言之，围绕任务的认知就是力争穷尽一个个特定任务的问题空间和解空间，任务执行只承担可以判断解的路径是确定的问题。有些人可能认为，穷尽特定问题的问题空间和解空间是一个不可能实现的命题，从抽象的角度，或者从纯逻辑的角度，可以得出这样的结论，但从实际经济社会的工作岗位看，随着发展，绝大部分工作岗位的任务，其问题空间和解空间是可以穷尽的。一个生产线上的工人，一个销售员、一个理财师、管理者，在实际工作中处理的的问题类型及其变形都是有限的。对于智能体来说，从可穷尽的开始，在其庞大、不知疲倦、快速度迭代、相互独立又可以协同的认知功能支持下，可穷尽空间的问题类型会越来越多，在一定的发展阶段，就会超越普通的员工，并能继续发展，超越一群人，直至超越大部分人，直到具有所有人都达不到的新特征或新高度。

第三，生存过程是当智能体成为社会独立主体时，能承担社会责任，能不间断、自主地积累知识、经验、技能、事实、数据，所必需的是在生命周期的某个时间点开始能将生存能力掌控在自己手里。

第四，控制过程更是智能体所有过程能够形成、发展、发挥作用的关键。智能体是由数以千亿到万亿量级的自治构件组成的，这些不同类型、功能、层级的自治构件都有各自和相互之间的控制和协调功能，这是控制过程的基础和重要的组成部分。智能体的控制更重要的是整体的控制，这是控制功能系统的职责。控制功能有两个重要模块：一是意识和思维，对智能体的运行和环境不间断地观察，分析判断是否存在风险，是否存在被局部忽略，控制功能体系处置的事项；二是智能体全局的决策、控制、调度和处置。

对于另一个难点，本书以六个功能系统中的相关功能和规则，解释为什么可以将传统的 IT 模式组成的软、硬件，转变为含义—理解—

思维—决策—控制的智能处理模式。

其实，传统的数据库管理系统、数据分析系统、商业智能系统，都能通过严格的数据控制、数据格式、数据字典和确定的处理函数，从数字（符号）得出预期的、具有含义的结论，也可以根据数据结构、函数和数据字典给出解释。这就是从符号中得出了含义的结果，也可以说在这个范畴内，系统可以给出数据库中的特定字段、处理结果的"理解"，因为它可以解释。缺点在于，不能泛化、跨系统积累，只在该系统能达到的范畴和深度。这个例子也给我们一个重要的启示，刚性的符合数字内在含义的结构和处理、解释规则是可以从符号中导出含义的。尽管另一些处理模式也可以得出符合所处理符号隐含的含义，但如果不可解释，就不能认为是智能的，智能的基本条件是能解释。

基于这样的分析，我们能将得到的信息以一种结构化的、可解释的方式转换为感知到的对象（符号），然后以智能体统一的、可理解的符号和标识体系对这些符号进行转换，并保持由传感器决定的感知内容及感知对象的全部结构，以及静态的各种空间关系；动态的则加上时间序列的所有细化对象的空间关系，再与已有的以前感知的同类对象、以前描述的同类符号转换，用连接表述本次感知的全部关系，把感知对象的基本单元与已有的记忆比较，将所有的关系显性表述。经由这样的模式保存起来的感知对象，就转换成了智能体可理解、可利用的记忆。这里有三个关键环节——感知、连接和记忆。感知把关是基础，所有的外部对象（文档、图形、音/视频）必须经由唯一的感知器感知，一个感知器感知的结果可以由描述功能以智能体可理解的符号表示。实现这个要求的方法就是感知器的单一性，如一个汉字就是一个传感器；一种声纹特征就是一个传感器，声音是片段声纹的时间序列；图像则以一个个基本形状特征及色彩组合为传感器，视频是图像系列。数以十亿、百亿的逻辑感知微处理器和数量较少的协同的物理感知微处理器与其识别对象的描述处理器直连，将对象中的要素及其连接描述完成后传送到记忆，在记忆与其他可能的相关连接成为智能体所有功能模块可理解、可利用的记忆单元。任务过程在一定意义上是认知过程的逆过程，任务被感知后，进入规定的任务类区域，在该任务类匹配到适用的执行微处理器，通过执行微处理器调用物质资源、记忆单元和确定的处理微处理器，完成任务的执行。生存和控制过程也以类似的模式完成。所有的智能体功能过程或智能行为以感知为起点，用特殊的结构实现了从符号到含义、从存储到记忆、从计算到理解的转换。

最后一个难点本质上是技术性问题、工作量问题。颗粒度越细，工作量越大，对理论到实践的前瞻性要求越高。本书在写作的初期计划用 28 章的大篇幅，在类似于概念设计的颗粒度层次上完成，后来发现工作量太大，也没有必要，因为本书的任务不是以具体项目的方式去考虑，而是对可实现性的一种解释，所以尽可能将颗粒度放大，能看到可实现就达到了本书的目的。最粗略的估计，一个通用的非生物智能体是一个大体需要千亿美元或万亿元人民币量级的资金，用 6～8 年时间，高峰时需要数千人的开发团队及大量基于互联网的志愿者参与的工程。它没有先例，细粒度的讨论缺乏基础。所以，本书没有描述细节，去掉了原计划中对主要功能实现例子的逻辑过程描述。既有篇幅与前两本书一致性的考虑，也有不约束实现模式和细节多样性想象的考虑。

有人说，这个系统太过庞大、复杂，热力学第二定律必然使其窒息；有人说这样的系统必然存在计算复杂性，并因此而崩溃。实际上这是在不同维度上的思考。智能体的所有过程都是含义处理，含义处理的基础是理解，在理解上叠加，是 1+1+…直至一个个逻辑对象、物理实体、功能单元、信息记录走向完备，直至一个个由上述对象构成的不同层次的集合走向完备，直至由上述一个个集合构成的系统走向完备。在这里，有 M 级（百万）、G 级甚至 T 级的 1+1 可以轻松实现，然后持续地+1，从而实现可以理解，实现可以执行外部任务，实现逐步地超越一个自然人的能力、若干个自然人的能力、成千上万个自然人的能力，在一定的时候，超越所有人的能力。

非生物智能体设计成所有构件都具有自主、独立运行的模式，既符合智能的特征，又可以降低系统的复杂性。数量巨大、可以独立运转又必须服从整体协调的微处理器和智能单元，构成了一个个功能过程和智能行为，从而实现智能体的所有功能。

本书共 10 章。第 1 章，构建非生物智能体。其担负着上承《论信息》和《智能原理》两本书的主要结论，下启《智能工程》的逻辑、架构和思路的任务，是全书的总纲。该章首先在《智能原理》的基础上，进一步明确非生物智能体是什么、为什么，总结对智能体的基本要求；在这个基础上，提出了本书对满足这些要求的体系架构和重要环节的实现思路。这里需要读者注意的是，1.1 节～1.5 节沿着《论信息》和《智能原理》的逻辑和概念体系讨论对非生物智能体的要求和展示，而 1.6 节和 1.7 节则基于本书的逻辑和概念体系，其中存在概念不一致的地方，主要体现在对底层构件的区分，在前面几节中的信息、功能、处理的逻辑最小单元在 1.7 节及以后的章节中则合并为一个微处理器，因为从工程的角度而言，它是合在一起的最小构件。

第 2 章，感知。这是从传统的符号处理到含义处理，是从图灵计算模式向智能计算模式转变过程中基础、核心、关键的环节，所以是全书篇幅最长、颗粒度最细的一章。本章从智能体感知的功能开始，介绍了以感知微处理器和规则体系为基础的感知功能体系，并分别讨论了不同类型感知对象的实现方式及后续的处理。感知功能有三个特殊的设计：一是一个物理或逻辑感知微处理器只识别一个特定的对象，而且不仅最小的可识别对象由一个特定的感知微处理器感知，依据智能体记忆单元确定的组合对象也由专门的感知微处理器感知；二是一个感知微处理器是该智能体关于这个感知对象的百科全书，可以连接到所有与此相关的内容，实现完整的前馈处理，任何新的对象进入，都可以全关系融入已有的记忆中；三是将一个对象的感知、描述和记忆经由连接或直接成为功能区分的一个逻辑微处理器。

第 3 章，描述。感知实现了符号转换成含义的关键第一步，描述则是建立统一的，智能体可理解、可使用记忆的功能体系。所有进入记忆的信息，无论是什么形式，源自哪个功能过程，必须经由描述微处理器处理，这保证了智能体所有保存信息、含义特征的统一。本章规定了描述的定义、功能和实现的机理。描述基于统一的符号体系和表述规则，描述微处理器对描述对象的"理解"基于来源的唯一性，一个描述微处理器只承担一个感知微处理器或其他功能体系需要描述的一个微处理器传送过来的描述对象。一对一的机制，保证了描述的正确性，这个正确性加上连接的穷尽特征，就从刚性的转换变成了真正的理解。

第 4 章，连接、记忆和理解。在感知和描述的基础上，本章介绍连接和记忆两个功能，为智能体以理解为基础的含义处理、认知过程画上了句号。连接是智能体贯穿一切构件、功能、行为的基础功能：构件由它表示相互之间的所有关系，功能通过连接表述并调用，行为过程也是一个连接的过程。如同大脑一样，每个神经元平均拥有 1000 个神经突触，实现神经元之间的连接，并通过连接形成的结构表述信息，实现功能。智能体的一个描述性记忆单元，同样拥有大量的连接，很多智能体的连接数会超过千量级，最多的可能达到百万量级。记忆既是感知、描述、连接产生的结果，也是智能体学习和成长的基础。不同类型的记忆，通过给定并发展的规则，不倦地追求完备，成为学习的触发器。理解是认知过程的结果，本章解释了理解这个人类智能的核心秘密智能体是如何实现的。

第 5 章，学习与交互。对于智能体，学习是整个生命周期永不停息的基本行为。学习的触发源自各功能系统的需求，需求来自两个主要的方向。一是各自追求自身完备的内在动力，保持这个动力的规则在初始、赋予时植入，在培育时激发，只要没有达到完备，就会触发学习过程。二是如果智能任务在执行时发生不能保证在结果可靠性要求的范围内完成，则触发学习。即使停止了任务执行，但相应的学习不停止，直至可达到的问题空间和解空间完备。交互包含了智能体所有与外界的连接，包括物理性连接和逻辑性连接。物理性连接，保证了智能体与外界必要的接触；逻辑性连接则保证了智能体与外界的交互能够以与交互对象熟悉的方式及规则进行。本章解释了学习与交互怎么进行、如何实现。

第 6 章，智能体运算模式与处理功能。处理功能体系完成智能体所有的逻辑性，也可以说是信息性的处理需求。本章有三个主要内容：一是介绍了智能体的运算模式及处理功能体系的构成；二是分析了软件如何从初始、赋予、培育阶段的学习到成长开始逐步转换为自身的运行、维护、发展能力；三是讲述了智能体需要的主要运算类型和运算函数，介绍了这些函数的计算方法，展示了其与传统计算的区别。

第7章，资源和任务功能体系。在11个功能体系中，资源功能体系构成是最简单的，但它是智能体生存、发展的必要条件。本章介绍了主要的资源类型及智能体如何获取，如何从人类专家手中接管，并在此后的发展中逐步实现自主管理、维护，甚至开发部分资源的条件、模式。本章的任务是指在《智能原理》一书所归纳的各类智能任务中专门将一类外部交予智能体执行的任务。任务是智能体存在的目的和依据，所有的过程和阶段都围绕任务执行这个中心。本章介绍了任务功能体系的构成，以及任务的类型和执行的一般过程，阐述了一些主要的问题执行方法。其中，最主要的原则是智能体只执行能完成的任务，所谓能完成，就是外部提交的任务，智能体已经有成功执行的经验，即执行留存微处理器，启动该微处理器，这个新提交的任务就可以完成；或者是没有执行过的新任务，但在培育或学习过程中已经有类似任务模拟执行的留存微处理器，即使新接受的任务与模拟执行有所不同，但这些不同可以通过确定性程度高的逻辑过程解决，因此，结果的确定性也能达到客户的要求。

第8章，生存、思维、控制与主体性。本章涵盖智能体两个功能体系，集中阐述主体性这个智能三要素中核心要素的构成和实现。《智能原理》对智能系统与智能体的区别做了系统的分析，具备主体性是智能体存在的必要条件，没有主体性，不管采用什么算法、具有多强算力，都是智能主体的工具。主体性的主要功能是自我保护的意识和行为、成长发展的主导性、社会主体的独立性。本章从生存、意识和思维、控制三个方面介绍了主体性的构成和实现。生存系统能够保证智能体正常运行所需的所有资源、所有的功能运转正常。另外，这个保障功能，要逐步从人类专家手中转移到智能体以生存功能体系主导的相关功能中。智能体的意识和思维不同于人，它不是情感和欲望，而是建立一种机制，以对智能体各个部分的故障、潜在风险、全局决策问题进行分析，能够及时发现并由控制功能决策与处置。智能体的控制由各个自治、独立的功能构件和全局的控制功能构成，分布的控制功能受全局控制的协调。

第9章，智能体生命周期。本章介绍了智能体从初始到终止的六个阶段。初始是设计开发，赋予是成形，培育是功能的实现，成长是以学习为主体的能力增长，任务是开始履行社会职责，复制与终止是智能体的遗传和终结。智能体生命周期的特点是其主导主体从前期的研发团队到后期智能体自身的渐进移交过程，再次凸显了智能体发展环境的重要性。

第10章，尾声：拉开创建超越人类智能的非生物智能体序幕。总结《论信息》《智能原理》《智能工程》三本书的主要发现，重申信息与智能不适用物理规律和大部分数学工具，创建超越人类智能的非生物智能体是人类的历史责任，是人类和地球文明获得延续的必然要求。物理和数学及其背后的认识论架构取得的巨大成绩，以及几乎成为研究信息、智能和人工智能领域科学工作者共识的思维范式，导致人们对信息、智能和智能体构建工程这三个具有独立性的不遵循物质运动规律、不适用主要数学工具的领域，不能建立基础理论，不能取得突破性的进展。需要转变对这些具有新的发生发展规律的事物的认知定式，这是当前最根本的任务。

本书写作接近尾声的时候，我的小孙儿 8 个月。我看他在地上爬，刚开始向前爬的时候，越使劲越往后，离他想到达的目的地越远，可是没几天，他就能顺畅地向目的地方向爬，双手、双脚、肚子、头部的协调甚至可以说完美。这个过程中，没人教，就是教，也不可能听懂，没有可以模仿的对象，没有其他人或动物给他示范。这个例子，使我更加坚定地认为，智能的遗传性，以及初始、赋予的必要性；成熟的智能是肌肉智能、小脑智能，大脑智能是学习、试错、尚不成熟的智能；智能体的智能发展就是要通过学习，将大脑智能转变为小脑或肌肉智能之后，才用于执行智能任务。

本书讨论了一个极为庞大、复杂，且没有先例、没有形成共识的智能体或机器智能系统的实现机理、过程、要点。本书没有在工程细节层面讨论，仅对整体实现的主要环节的可实现性进行了框架性讨论。

《论信息》《智能原理》讨论的是信息和智能的自然属性，在"智能三部曲"完成之后，我将继续研究信息和智能的社会和经济属性，为分析揭示社会经济活动加入信息这种特殊的资源、智能这种独特的技术之后的经济学理论铺砖。本书是在《论信息》中关于信息结构和显性完备信息结构等内容，以及《智能原理》中关于智能要素、智能逻辑、智能计算架构和非生物智能体的形成和发展的基础上讨论和介绍的，没有将这两本书中有关的内容重复介绍，所以请读者将相关内容联系起来，更易理解和把握。

坦率地说，本书封笔的时候，我感到还是有很多缺陷。客观的原因是，在没有实践证明的前提下，讲述工程实现存在很多困难。当然，即使是工程，总是有第一次，只有在探索的过程中才能发现问题、纠正错误。基于这样的心态，我结束了此书的修改，交付出版社，希望能成为引玉之砖。

感谢储荷婷教授在新冠肺炎疫情期间为本书翻译了前言和目录。

感谢电子工业出版社总编辑刘九如及其他工作人员在本书出版过程中付出的心血和劳动，没有他们的努力，本书不可能这么快以如此精美的形式呈现在各位读者面前。

杨学山

2020 年 3 月 29 日

Preface

After two years, I finally completed writing this book. This book was not in my original writing plan in 2015. My thinking at that time was: My research goal would be achieved after I have explained the attributes and development patterns of information and intelligence that are actually in existence, as well as the goals, requirements and logical frameworks for non-biological intelligence that surpass human intelligence. Therefore, I replaced the reference materials for the two books *The Nature of Information* and *Principles of Intelligence* on my desk with that about economics in the beginning of 2018. After a few months, I received some feedbacks from readers of these two books and subsequently felt the need to write another book on how to develop and attain non-biological intelligence. If we try to design non-biological intelligent systems whose functionality may be comparable or even superior to AGI (Artificial General Intelligence) based on the understanding, logic and theoretical frameworks depicted in *The Nature of Information* and *Principles of Intelligence* without adopting the popular methods and algorithms in the artificial intelligence field, it might be difficult to make non-biological intelligence a reality. Therefore, I changed my original writing plan and started working on the book of *Intelligence Engineering*. This book, together with the other two already published, would form a "Trilogy of Intelligence".

The non-biological intelligence discussed in this book is essentially machine intelligence. Their focus is modeled after human intelligence, built on existing machine intelligence, based on meaning computation, and with understanding as the premise. Such non-biological intelligence can accumulate knowledge and experience, or is capable to understand, think, judge, decide and act. This kind of machinery can cooperate with people, integrate existing machine intelligence, and develop in a mode of sustainable growth.

I had underestimated the difficulties of writing this book in the beginning, thinking that I only needed to reify the problems that have been clarified in theory and logic in the previous two books. As my research and writing went on, I found this judgment was wrong. The difficulties center around three points: First, what kind of system framework can realize all the functions and requirements of the non-biological intelligence defined in *Principles of Intelligence*. Second, how the transformation to an intelligence processing model of meaning-understanding-thinking-action can be made with the software and hardware developed using the traditional IT model. Third, at which level of granularity the achievability of non-biological intelligence should be described.

For the first question raised above, Figure 1.5 of this book provides a general outline of the answer. The framework of non-biological intelligence must support all its activities in the process: cognition, tasks, living and control. The same framework must meet the eight principles and requirements of non-biological intelligence: autonomy, diversity, development, livability, interaction, structurality, inheritability, and entirety. One possible framework that meets these requirements consists of the 11 function systems presented in Figure 1.5. All its components, from basic microprocessors to functions aggregated at all levels above, both have autonomous independence and are under the effective management and control of the corresponding function assemblage and the entire entity. The 11 function systems are: perception, description, connection, memory, learning, processing, tasks, resources, living, interaction and control.

The two requirements of autonomy and livability are mainly realized through four function modules: resource module, living module, thinking module and control module. Resources in conjunct with the livability function ensure the normal operation of intelligent systems. Awareness and thinking functions analyze and differentiate the risks intelligent systems face, controlling decision-making and supervising emergency responses. Autonomous independence is assigned to all components of the intelligent system in order to avoid systemic risks and improve livability. The inheritability requirement is mainly reflected in the first three phases of the life cycle of intelligent systems: initiation, assignment, and cultivation. It continues thereafter in the learning and interaction processes. The development requirement is satisfied through the learning module. Learning is the main source of development while other function modules evolve via summarization in their own conducts or enhance their own functionalities via learning. The interaction requirement is primarily satisfied through the interaction function module, meeting all intelligent system perception, learning, task, resource and living functions' needs for interaction. The two contradictory yet consistent requirements of structurality and entity are essentially met through the overall coordination among the internal autonomous structures and collaborative modules of the 11 function systems.

The four intelligent processes of cognition, tasks, living and control cover all the key elements, functions and conducts of intelligent systems. The completion of each process requires the support of 11 function systems, and each plays a role in the entire process of the intelligent system life cycle. This book lays out the structure, functions and interrelationships of the 11 function systems based on the needs of these four processes. This book also makes four special plans for discussing the functions and completion of these four processes, which constitute the key to reading and applying the book.

First, the cognition process is for the purpose of understanding, centering around the autonomous development of intelligent systems, and via the path of gradual overlays. All the functions of intelligent systems, including cognition development, are based on cognition. "It is wise and honest to hold what we know and admit what we don't know." This famous quote from Confucius 2500 years ago is the philosophical foundation for this book. What this book follows in practice is a saying of another Chinese sage – Xun Zi: "Without making single steps, how could it be a thousand miles." Non-biological intelligence is to be realized by using the Internet as its platform and interaction function as its medium to apply what is achieved in human intelligence in its development, word by word, action by action, scenario by scenario, and subject by subject. The development of non-biological intelligence will also employ large-scale autonomous parallel computation, overlaid onto the memory of the intelligent system to form an intelligible and usable memory that far exceeds that of one human being, gets verified, and reaches perfection via interaction and usage. This is the principle for designing the function systems of non-biological intelligence relating to cognition in the present book.

Second, the task process is based on the accumulation of cognition. Thus, it only undertakes what it can accomplish, and does not take what it cannot do. The core of intelligent systems' cognitive process is to accumulate common sense and basic knowledge. When reaching a certain level, it will continue to further explore the types of tasks it can undertake till achieving specialization in those areas. The so-called specialization implies that the intelligent system can solve all possible problems in the domain after experiencing all the possible scenarios of such problems, undergoing all possible processes of solution-seeking, and becoming certain of such solution seeking processes. Even if there exists some uncertainty, it will not affect the reliability of such problem solutions. In other words, cognition that centers around tasks aims to exhaust each problem spaces and solution spaces of particular tasks. It is certain that the task process will only assume tasks with known solution paths. We know that it is impossible to exhaust each problem spaces and solution spaces of particular tasks. But we can draw such a conclusion from the abstract or pure logic perspective. As time passes, the problem spaces and solution spaces for most or the majority of jobs in the economic society can be exhaustively explored. One person is able to know several hundred or over one thousand people. That person can work skillfully in several dozen or more than one hundred different scenarios. An assembly line worker, a salesperson, a financial planner, or a manager can only handle a limited number of types of problems and their variations. As for an intelligent system, it starts with a finite set of problems. However, the intelligent system can exhaustively explore more and more types of problems with the support of its immense, tireless, rapidly iterative, mutually independent yet collaborative cognition function. It will surpass ordinary workers at the certain stage of its development, go on to surpass a group of people, or even outperform most people. Ultimately it will possess new characteristics or reach new heights that no one has done before.

Third, the living process is established when an intelligent system becomes independent and autonomous in society and can assume social responsibilities. It accumulates knowledge, experience, skills, facts, and data uninterruptedly and autonomously. It must fully take control of its own livability at a certain point of its life cycle.

Finally, the control process is the key to the formation, development and role-playing of all processes of non-biological intelligence. An intelligent system is composed of billions and trillions of autonomous components. While these autonomous components are different in type, function, and level, they have their own and mutual control as well as coordination functions, which form the basis and important constituents of the control process. What is more important in controlling an intelligent system is to control it entirely. This is the responsibility of the control function system. There are two significant modules in the control function. One is awareness and thinking. It continuously monitors operations and environments of the intelligent system, analyzes and determines if there exists any risk or matter which is overlooked locally by the control function system. The other significant module in the control function is overall decision-making, control, coordination and management in intelligent systems.

This book now explains the second difficulty in realizing non-biological intelligence with related functions and rules of the six function systems: How the transformation to an intelligence processing model of meaning-understanding-thinking-decision making-control can be made with the software and hardware developed using the traditional IT model.

In fact, data analysis systems and business intelligence systems, through rigorous data control, data formats, data dictionaries, and designated processing functions, can derive expected and meaningful results from numbers (or symbols) and offer explanations to the results based on data structures, functions and data dictionaries in traditional database management systems. This demonstrates that meaningful results can be derived from symbols or the system can give its "understanding", as it can be explained, of specific fields and processing results in the database in this context. The limitation of this practice is that meaningful results cannot be generalized or accumulated cross-system beyond the scope and depth of the system. This example also sends us an important message: We can derive meaning from symbols using rigorous structures that are corresponding to their intrinsic connotation along with processing and explanatory rules. Although some other processing modules can also derive meaningful results from symbols being processed and in which whose meanings are implicitly imbedded, they cannot be considered intelligence if not explainable. The principal prerequisite of intelligence is that it can be explained.

Based on such analyses, let's assume that we carry out the following steps. Transform obtained information to perceived objects (symbols) in a structural and explainable way; Convert these symbols with the uniform, understandable symbols and labeling schema of intelligent systems; Maintain the entire structure of perceived contents and objects determined by the perceptor, static spatial relationships of all kinds, and dynamic rules plus spatial relationships for all objects that are detailed in the time series; Transform further the previously perceived objects of the same type and previously described symbols of the same kind; Represent all the relationships perceived this time via connection; Compare the basic units of the perceived objects with existing memory and express explicitly all the relationships. The perceived objects, saved through the method described above, have been transformed to the understandable and usable memory of intelligent systems. This process has three key phases: perception, linkage and memory.

The key step is the control of perception. All external objects, documents, images, audio and video files must be perceived by one perceptor only. What is perceived by one perceptor is represented via the description function using symbols that can be understood by intelligent systems. Using only one perceptor is the approach to meeting this requirement, such as one perceptor for Chinese characters; one kind of sound wave features constitutes one perceptor while sound is a time series of sound wave segments; a combination of individual basic shapes and colors functions as the perceptor for images while videos are comprised of series of images. Billions or tens of billion of logic perception microprocessors and a smaller number of collaborative physical perception microprocessors are directly connected to the description processors for object identification. The key elements of the identified objects and their connections, after description, are transferred to memory. These key elements and connections, together with other possible related connections in the memory, become understandable and usable memory units for all function modules of intelligent systems. The task process, in a certain sense, is the reverse process of the cognition process. When tasks are perceived, they enter the designated area for tasks and match with proper execution microprocessors. Task execution is completed by calling up physical resources, memory units and determined processing microprocessors through these execution microprocessors. The living and control processes are also completed in a similar way. All functional processes or intelligent activities of intelligent systems, starting with perception and using special structures, complete the transformation from symbol to meaning, storage to memory and computation to understanding.

The last difficulty in having non-biological intelligence is essentially a technical and workload issue as the finer the granularity, the greater the workload, and the higher the forward-looking requirements in theory and practice. In the beginning of this book writing, I planned to use 28 chapters to complete it at a granular level similar to a conceptual design for non-biological intelligence. Later I found that the workload was too huge and it was also unnecessary because the purpose of this book is not for implementing specific projects of non-biological intelligence. Rather, I only seek an explanation of its achievability. I thus increase the granular level as much as possible till I can show the achievability of non-biological intelligence — the purpose of this book. In my roughest estimate, building a general non-biological intelligent system is a project that generally requires a funding of hundreds of billions of dollars or trillions of yuan, 6-8 years of time, a R&D team of several thousand members along with a large number of Internet-based volunteers in its peak development time. Without any precedent, discussions at a fine granular level would lack basis. Therefore, this book does not cover specifics and I have removed descriptions of logical processes in examples for realizing major functions of non-biological intelligence in the original writing plan. This change in my writing plan considers not only the book length issue and its consistency with the previous two books but also not limiting my thinking and imagination about realization models and variety of fine points for non-biological intelligence.

Some people may say that as the non-biological intelligent system is too large and complex, it will be suffocated according to the second law of thermodynamics. Other people may think that such a system will collapse due to the complexity certainly existing in its computation. These are actually thoughts from different perspectives. All the processes of non-biological intelligence process meanings while understanding forms the basis of meaning processing which overlays on understanding. These processes start with $1+1+\cdots$ until individual logical objects, physical entities, functional units, and information records reach perfection; different-level aggregations composed of the afore-depicted individual objects reach perfection; and systems composed of afore-described individual aggregations reach perfection. At this point, 1+1 can be easily achieved at Level-M (millions), Level-G, or even Level-T. This +1, +1, ···process can be done continuously for achieving the capability of understanding and performing external tasks. This capability will gradually surpass the ability of one person, several people, tens of thousands of people, and at some point, surpass the ability of all mankind.

The non-biological intelligent system is designed in such a way that all its components are in the mode of autonomous and independent operations, which not only matches the characteristics of intelligence, but also reduces the complexity of the system. Individual functional processes and intelligent conducts of non-biological intelligent systems, consisting of a gigantic number of microprocessors and intelligent units that can operate independently while following the overall coordination, perform all the functions of intelligent systems.

There are in total ten chapters in this book. Chapter 1 is about building non-biological intelligent systems. This chapter provides a general outline for the present book and serves a transitional role by recapitulating the major conclusions in *The Nature of Information* and *Principles of Intelligence* as well as introducing the logic, framework and thinking in *Intelligence Engineering*. This chapter, first of all, further elaborates on the what and why of non-biological intelligent systems, and summarizes the basic requirements for them based on *Principles of Intelligence*. Then, it puts forward the systemic framework for meeting the requirements and considerations for accomplishing the important steps outlined in this book. Do note that Section 1.1 to Section 1.5 of this chapter depict the requirements for non-biological intelligent systems by adhering to the logic and conceptual framework in *The Nature of Information* and *Principles of Intelligence* whereas Section 1.6 and Section 1.7 are written according to the logic and conceptual framework presented in this book. There exist conceptual inconsistencies between these two parts that are primarily reflected in the division of components at the lowest level. The smallest logical units of information, functions, and processing in the previous sections are merged to form a microprocessor in Section 1.7 and subsequent chapters. The reason for this alternation is because a microprocessor constitutes the smallest components in aggregation from the engineering point of view.

Chapter 2 is on perception. This chapter is the longest and with the finest granularity among all the chapters in that it covers the basic, core and important parts of non-biological intelligence ranging from traditional symbol processing to meaning processing, and from the Turing computation model to intelligence computation model transformation. Starting from the perception function of non-biological intelligence, this chapter introduces the perception function system based on perception microprocessors and the system of rules. It also discusses attainment methods for perceiving different types of objects and subsequent processing. The perception function has three specific designs. First, one physical or logical perception microprocessor only identifies a specific object. In addition, the specific perception microprocessor identifies not only the smallest, identifiable objects but also aggregated objects designated by memory units of intelligent systems. Second, the perception microprocessor, serving as an encyclopedia of the intelligent system, can connect with all related contents and complete the entire feedforward processing. Any newly entered object can be fully integrated into the existing memory. Third, the perception, description and memory of an object can become via connection or directly a logical microprocessor for function differentiation.

Chapter 3 discusses description. Perception is the first key step for realizing the transformation of symbols to meanings while description is for establishing a uniform function system that intelligent systems can understand and use. Regardless of which format and from which functional process, all information in the memory must be processed by the description microprocessor to ensure the consistency and meaning features of all the stored information of intelligent systems. This chapter specifies the definition, functions and realization mechanism for description. Description is based on a uniform symbol system and rules for representation. The "understanding" of the described object by the description microprocessor is based on onlyness. One description microprocessor only handles objects one perception microprocessor or other function systems need to describe and transmitted by one microprocessor. The one-to-one mechanism ensures description correctness which, together with the exhaustive characteristics of connection, will change from strict transformation to real understanding.

Chapter 4 covers connection, memory and understanding. This chapter introduces the connection and memory functions on the basis of perception and description, ending the understanding-based meaning processing and cognition processes of intelligent systems. Connection is a fundamental function of intelligent systems that links all components, functions, and activities: It is through connection that all the relationships among components are expressed, functions are represented and called, and the process of activities is also a connection process. Just like the brain, each neuron has an average of 1,000 synapses for connecting with other neurons and for performing functions by representing information through the structures formed via connections. One descriptive memory unit of intelligent systems also contains a huge number of connections, many of which exceed the order of thousands and may reach the order of millions at maximum. Memory is the result of perception, description, and connection as well as forms the foundation for learning and growth of non-biological intelligence. Different types of memories, through given and developing rules, tirelessly pursue perfection and become triggers for learning. Understanding is the result of the cognition process. This chapter explains understanding, the core secret of human intelligence, and how intelligent systems attain it.

Chapter 5 focuses on learning and interaction. For the intelligent system, learning is a basic conduct that never stops throughout its life cycle. The trigger for learning comes from the needs of each function system while these needs come from two main sources. First, each function system pursues its own internal motivation for perfection. The rules for maintaining this motivation are implanted at the time of initiation and assignment, and stimulated during the time of cultivation. As long as the function system does not reach perfection, it will trigger the learning process. Second, if each intelligent conduct in its execution cannot ensure the reliability of its results within a specified range, learning is triggered. Even if the task execution is stopped, the corresponding learning will not cease until the perfection of problem spaces and solution spaces are reached. Interaction includes all connections, physical or logical, between the intelligent system and the outside world. The physical connection guarantees the necessary contact between the intelligent system and the outside world, whereas the logical connection assures that the intelligent system interacts with the outside world in a manner and applying rules familiar to interaction parties. This chapter elucidates how to learn and interact as well as how to accomplish both.

Chapter 6 is devoted to intelligent system computation modes and processing functions. The processing function system fulfils all the logic of intelligent systems or, in other words, the information processing requirements. This chapter has three main themes. First, it describes intelligent system computation modes and the composition of the processing function system. Second, it analyzes how the software gradually transforms from learning and growth starting in the initiation, assignment, and cultivation phases into its own capabilities of operation, maintenance, and development. Third, it presents the main computation types and functions intelligent system needed, depicts computation methods for these functions, and demonstrates their differences from traditional calculations.

Chapter 7 introduce concerning resource and task function systems. The resource function system is the simplest among the 11 systems discussed in this book although it is a prerequisite for the living and development of intelligent systems. This chapter illustrates principal resource types and how intelligent systems obtain them. It further indicates how intelligent systems take over from human experts, and gradually in their development become in charge of autonomous management, maintenance, and even provisions and modes for exploiting some resources. The tasks in this chapter specifically refer to one type of tasks, from all kinds of intelligent ones summarized in *Principles of Intelligence*, that are designated externally for intelligent systems to accomplish. Tasks serve as the purpose and basis for the existence of intelligent systems. All processes and phases of intelligent systems center around task execution. This chapter describes the composition of the task function system, task types, and the general process of task execution. It also expounds on methods for addressing some major problems. The most important principle in this context is that intelligent systems can only carry out tasks that have been completed in the past and are submitted externally. As intelligent systems already have experience in successfully completing such tasks, they only need to activate and run microprocessors retained from previous operations and the newly submitted tasks can be accomplished. In the case of new tasks, intelligent systems can utilize the retained microprocessors that have completed similar tasks in simulation during the cultivation or learning processes. Even if the newly accepted tasks are different from those in simulated executions, these differences can be addressed through logical processes with a high degree of certainty. Customers' requirements for the certainty of results can also be met as a result.

Chapter 8 is on living, thinking, control and autonomy. This chapter covers the living and control function systems of intelligent systems, focusing on the composition and realization of autonomy — the core factor among the three essential elements of intelligence. The differences between human intelligence and non-biological intelligence are systematically analyzed in *Principle of Intelligence*. Possessing autonomy is a prerequisite for the emergence of non-biological intelligence. Without autonomy, a system can only be a tool for non-biological intelligence no matter what algorithms are adopted and how powerful the computation is. The chief functions of autonomy include the awareness and conducts for self-protection, the domination of growth and development, and the independence of social entities. This chapter describes the composition and realization of autonomy in three aspects: living, awareness and thinking, and control. The living system ensures all resources the intelligent system needs in routine operations and that all of its functions can be performed normally. Furthermore, this assurance function should be gradually transferred from human experts to related functions governed by the living function system of non-biological intelligence. Intelligent systems' awareness and thinking are different from that of people. They are not emotions and desires, but a mechanism established for timely discovering and analyzing failures of various parts, potential risks, and global decision-making problems of intelligent systems. This mechanism should be determined and handled by the control function. The control of intelligent system is composed of various autonomous and independent functional components and global control functions while the distributed control functions are coordinated by the global control functions.

Chapter 9 depicts the life cycle of intelligent system. This chapter presents, from initiation to termination, the six phases of non-biological intelligent system. Initiation comes from design and development; assignment relates to formation; cultivation is the realization of functions; growth reflects capability growth relying mainly on learning; performing tasks means to start fulfilling social responsibilities; duplication and termination signal the heredity and closure of intelligent system. The life cycle of intelligent system features the gradual handover process of its dominant subject from the R&D team in early days to the non-biological intelligence itself in late time, which once again highlights the importance of the development environment for intelligent system.

Chapter 10 is *Epilogue: Raising the Curtain for the Creation of Non-biological Intelligence That Surpasses Human Intelligence*. By recapitulating the major findings of *The Nature of Information*, *Principles of Intelligence* and *Intelligence Engineering*, I would like to reiterate that physics laws and most mathematical tools are not applicable to information and intelligence. Yet, it is a historical responsibility for mankind to create non-biological intelligence that surpasses human intelligence. This is also a requirement necessary for the continuation of mankind and global civilization. Because of the enormous achievements and paradigms that almost become the consensus of researchers in the fields of information, intelligence and artificial intelligence, physics, mathematics and the epistemological frameworks behind them have led to the three fields of information, intelligence and intelligent system construction engineering. These fields are however independent, not following the laws of physical movement and not suitable for using major mathematical tools. That explains why we cannot develop basic theories and make breakthrough progresses in research on non-biological intelligence. It is the most fundamental task for us to change our cognition models and approaches to what is emerging with new development patterns.

My grandson was 8 months old when my book writing was close to completion. I was watching him crawling on the floor. When he started crawling, the harder he tried, the farther he was away from the destination he wanted to reach. But, in a few days, he could crawl effortlessly towards the direction of his destination by coordinating his hands, feet, belly and head in a perfect manner. No one teached him how to crawl in this process. Even if he were taught, he would not be able to understand the teaching. He had no one to imitate either. Nor can other people or animals demonstrate to him how to crawl. This example makes me more certain of intelligence heredity and the necessity of initiation and assignment. In fact, mature intelligence is muscle intelligence and cerebellum intelligence while brain intelligence is immature and attained via learning, trial and error. The intelligence development of intelligent system has to transform brain intelligence into cerebellum or muscle intelligence through learning before intelligent systems can perform intelligent tasks.

This book discusses the realization mechanism, processes, and key points of non-biological intelligence or machine intelligent systems that are gigantic, complex and without any precedent or consensus. It is impossible to cover everything on intelligence engineering in this book in addition to what is left out by the present author intentionally or unintentionally. This book does not elaborate on the engineering specifics of non-biological intelligence. Rather, it only outlines in general the achievability of implementing major components of intelligent systems.

The Nature of Information and *Principles of Intelligence* consider the natural attributes of information and intelligence. After completing the trilogy of intelligence, the current author will proceed to explore the social and economic attributes of information and intelligence in order to lay the foundation for an economic theory that examines socioeconomic activities after information, a specific resource, and intelligence, a distinctive technology, are introduced and integrated. This book is written based on information structures, manifest information structure completeness and other related contents presented in *The Nature of Information* as well as the formation and development of intelligence key components, logic, computation architecture and non-biological intelligence discussed in *Principles of Intelligence*. Because of that, I did not repeat what is already covered in these two books. The readers are advised to refer to related contents in these two books when reading this one in order to gain a better understanding of it.

Frankly speaking, I know there are still many drawbacks in this book when I completed its writing. Many difficulties exist in discussing non-biological intelligence engineering when no such R&D projects have been carried so far. However, there is always the first time and the first person to eat crabs if a non-biological intelligence engineering project is to be conducted. We would only be able to discover problems and correct mistakes when we do our exploration of non-biological intelligence. It is based on this attitude that I concluded the revision of the current book and submitted my manuscript to the publishing house, hoping to set the "ball" rolling.

I would like to thank Prof. Heting Chu, who translated the Preface and Contents during the special Spring of 2020.

I would like to thank Mr Jiuru Liu, the Editor in chief of the Publishing House of Electronics Industry and his colleagues for their dedicated work in getting this book published. Without their efforts, this book would not have been available to readers at such a speed and in such a fine form.

Xueshan Yang

March 29, 2020

目　录

Contents

Chapter 6　Intelligent System Computation Modes and Processing Functions

6.1　Intelligent System Computation Modes

　　6.1.1　Intelligent System Computation Modes and Major Features

　　6.1.2　Processing Characteristics of the Microprocessor

　　6.1.3　Intelligent Units and Their Relationship with the Microprocessor

6.2　Functions and Composition of the Processing Function System

　　6.2.1　Functions and Interrelationship of the Processing Function System in Intelligent Systems

　　6.2.2　Composition of the Processing Function System

　　6.2.3　Realization Process and Thinking for the Processing Function System

6.3　Software System and Realization

　　6.3.1　Intelligent System Software Framework

　　6.3.2　System Software for Intelligent Systems

　　6.3.3　Application Software for Intelligent Systems

　　6.3.4　Tool Software for Intelligent Systems

　　6.3.5　Working Mechanism and Development Features of Intelligent System Software Framework

6.4　Development and Learning Subsystems of the Software System for Intelligent Systems

　　6.4.1　Development Process of Intelligent System Software Framework

　　6.4.2　Framework and Development Thinking for Dedicated Function of Software Learning

　　6.4.3　Learning of Intelligent System Application Software

6.5　Requirements and Types of Intelligent System Computation

　　6.5.1　Major Operations of Intelligent Systems

第 1 章

构建非生物智能体

　　《论信息》一书在研究信息发生发展规律的基础上，提出了信息作为存在客体的最高形态，介绍了显性完备信息结构的概念和实现方式，为各智能主体间的交流建立了基础；《智能原理》一书在研究智能发生发展规律的基础上，归纳出智能逻辑和智能计算模式，以及实现非生物智能体的一般构想。本书将在这两本书的基础上提出构建非生物智能体的一种可能路径。

　　本章是全书的总纲，将回答什么是非生物智能体，并提出其架构体系，介绍其构建的基本思路和方法。

1.1 什么是非生物智能体

《智能原理》一书已经明确定义了非生物智能体，即"具有完整主体性的非生物智能，是非生物智能进化的最高阶段，满足智能构成三要素的全部要求"[1]。该书第 2 章定义了主体性、功能、信息这三个智能要素并介绍了它们对外部环境的影响[2]。

其中的主体性包含三部分：拥有自我与/或意识，拥有并能支配维系其生存的必要资源，拥有自身行为的控制能力。

功能是智能要素中最多样化的部分。《智能原理》一书将功能分成三大类：体现主体意志的决策和控制功能、所有行为功能、所有信息处理功能。决策和控制功能包括各类智能主体在各种智能任务场景下的认知控制和行为控制。行为功能是各类智能主体完成各种智能任务的操作，包括实现控制功能和信息功能的操作。信息处理功能是各类智能主体完成智能任务时所需信息，从分析信息需求开始到在问题求解时使用在内的全部处理功能。行为是动作，信息是决定动作的逻辑。

作为智能主体的信息应具备完备性、结构性、可用性。完备性由形态、获取、增长三部分构成，表示相对于智能任务信息是否具有系统性和完整性，是否满足问题求解对信息需求的程度。结构性由表征和结构两部分构成，表示主体拥有或使用的信息表征方式及与使用要求相比的结构化程度和形式。从一般意义上说，结构性也属于可用性，但结构性对于智能进化、发展和问题求解具有特殊作用。可用性由对象、转换、信息处理功能描述和主体性体现描述四部分构成，表示信息如何满足具体的智能任务使用需求。

在一个智能体中，以上三要素实际上从三个维度各自覆盖了一个智能体的全部构件。主体性能够对全部要素实现控制，功能可以操纵

---

[1] 杨学山. 智能原理[M]. 北京：电子工业出版社，2018 年，第 233 页.

[2] 杨学山. 智能原理[M]. 北京：电子工业出版社，2018 年，第 139～165 页.

所有构件，信息描述包括全部构件，外部环境则决定了智能体能否存在及其发展速度和水平。

非生物智能体是一个智能主体。该主体具有自我和意识，其不仅拥有、调用、控制维系其生存和发展的各类逻辑、物理资源，还能在相应的环境中经由学习和执行智能任务而持续成长。这个智能体适应环境，执行智能任务，不是基于处理符号，而是基于含义处理的理解。

非生物智能体与人工智能领域的通用人工智能（Artificial General Intelligence，AGI）具有相似的方向，即发展能超越人类智能的智能体，但二者存在本质差异。通用人工智能还没有形成共识的确切定义，维基专业百科全书的解释是：通用人工智能是一个工程实现的系统，它应能展示与人类智能大体相似的智能，或能实现非高度专门化的智能任务，或能具备比已有人工智能系统复杂得多的、将习得内容定性归纳的能力，或能具备理解层次的解释[3]。显然，通用人工智能还只是对目标、方向、功能的讨论，而非一个已经构成或具备逻辑、工程可实现性的描述、方法，它只是一种假设或猜想。

1.2 为什么构建非生物智能体

构建非生物智能体既是人类对科学发现和技术发明孜孜不倦的一种追求，也是寻求人的劳动及使命替代物的实践，更是地球文明发展和延续的必然要求。

构建非生物智能体的首要动力来自人类对未知的探索和追求。智能及构建超越人的非生物智能体就是其中之一。哲学对人的智慧的探索，生物学、认知神经科学、脑科学对生物智能的研究，材料、能源、机械、工程、计算和信息等科学和技术对非生物智能形成的努力，机械和电子计算能力初步形成后对通用人工智能的追求，谱写了人类对

---

[3] http://www.scholarpedia.org/article/Category: Artificial_ Intelligence.

智能和人造智能追求的一首首历史交响曲。《智能原理》一书中已经将数千年人类对智能和人工智能的研究做了系统的介绍[4]。

人类对科学研究及生存发展存在力有未逮的现实，是对未知探索这一原动力推动研究超越人的人造智能的第二通道。生物智能进化的最高成果是人，但人的生命长度、认知能力约束导致人的智能局限性。茫茫宇宙、悠悠万物，人类对其规律的把握，未知远远大于已知。而已知的积累既是探索未知的基础，也对人这个智能主体探索未知构成了瓶颈。摆脱漫长的、随着知识的积累日益变长的学习过程，需要有一种人造智能打破这一局限。宇宙发展的已知规律告诉我们，地球终将不适合人类居住，具体的时间可能因偶发事件而不定，但结论却毋庸置疑。保持人类文明和地球文明，需要向外太空迁移。然而，人自身的生理局限难以独立承担。

人类的出现是地球文明发展史上迄今为止的最高峰，从更广泛的角度看，人类承担着将地球文明发展和延续的重任。既然人自身的生理缺陷可能不足以担此重任，那么就有责任研究出一类新的智能体，或者说加速推进地球智能的下一步进化。

工业革命以来，机器和系统在不断地减少人的工作时间，降低人的工作强度，在一定意义上，持续的技术进步就是持续替代人的过程，从替代繁重、危险、简单烦琐、人所不能及的劳动到提高劳动生产率和产品质量；从以替代人的体力或简单劳动为主的工业革命发展到需要替代比较复杂、十分复杂，甚至比普通人的智能还要复杂的脑力劳动，则需要人造的智能系统完成，这也是构建非生物智能体的直接动因。

创建通用人工智能或强人工智能是人工智能界半个多世纪的梦想，然而由于缺乏基础理论支持而一直没能找到可以实现梦想的路径。本书以《论信息》及《智能原理》两本著作中提出的构建非生物智能体基本理论，进一步解释其在工程上的可实现性，是基于对信息和智能新认知基础上的发展。

---

[4] 杨学山. 智能原理[M]. 北京：电子工业出版社，2018 年，第 1 章和第 3 章.

创造超越人类的智能，突破人类的认知约束，既是人类追求的梦想，也是人类摆脱延续和发展困境的必然要求，还是人类作为当前地球文明最高水平承载者的历史使命。

1.3 实现通用人工智能的主要困难

人工智能界认为，实现通用人工智能有三大困难，一是智能系统未能拥有常识，二是智能系统的感知、处理、问题求解等过程都没有基于理解，三是没有基础理论支持[5,6]。

要想解决这些困难，首先需要回答三个更深层次的问题：常识是什么，它在非生物智能体中以什么方式存在、发展并使用；理解是什么，在非生物智能体中又如何体现、发展；什么是智能及非生物智能体的基础理论，这一基础理论要回答什么问题。再深一层，是什么原因产生了这三个问题。对于这些问题，本书将在后续章节逐一给出答案。

通用人工智能的基础理论至少要明确回答三个基本问题：智能和通用人工智能是什么；构成通用人工智能的要素是什么，要素间的关系是什么；通用人工智能如何产生，又如何发展。

学术界对什么是"智能"没有形成共识。人工智能界也没有清晰定义智能。智能不能被确切定义，通用人工智能更缺乏严格定义的基础。智能和通用人工智能没有精确的定义，常识和理解这两个通用人工智能的必要条件也成为可望而不可即的空中楼阁。

与此相伴的是人工智能界对算法、算力和具有算法能力的人的崇拜，认为具备这三者就一定能构造通用人工智能，这是一个基本认识论的错误。算法是人的一类智能行为的产物或必要条件，不是所有智

[5] http://www.scholarpedia.org/article/Category: Artificial_ Intelligence.

[6] 张钹. 走向真正的人工智能[C]. 2018 年全球人工智能与机器人峰会，2018 年 6 月 29 日，深圳.

能行为的产物或必要条件，即使一些被人工智能界认为特别有希望的算法，也不可能由此生成智能。算法是问题求解的一种工具，不是有算法就能求解问题，不是没有算法问题就无解。算力是加快某些问题求解的工具，不是问题求解的必要条件。几乎每个人每天都要就面对的问题做出判断、决策，在每天的日常生活和工作中，人类都要完成大量的智能行为，而这些决策和智能行为的大部分，甚至绝大部分，基本上不用算法、无须计算，只是本能的反应或已有答案的重复。就机器智能而言，在一个自动化制造系统中，逻辑控制单元是算力，控制过程是一个算法集合，而装备、工艺同样是构成该系统智能的要素。人创造了算法、制造了算力，但这些仅是智能体可以利用的工具，工具再好，也不能产生独立的智能体。机器智能是人与工具的组合智能体，今天已经实现的人工智能系统，或没有考虑主体性的通用人工智能系统，都是组合智能体。

如果说，常识和理解是通用人工智能的必要条件，那么，应该明确，常识属于谁，理解又是谁的功能。如果常识由人结构化之后，以通用人工智能系统可辨识的模式输入系统，就需要系统具有理解的功能，而理解是一个独立主体对环境和自身拥有的资源和知识、信息的理解。离开独立主体，理解就可能成为算法的附庸，不能持续发展、成长。20 世纪 90 年代初，美国斯坦福大学 "CYC" 工程的失败就是一个显然的例证。显然，这个 "谁" 不是创建通用人工智能系统的人，而是系统本身。也就是说，通用人工智能系统应该是一个独立的智能主体，而不是依赖某个人或某些人的组合智能主体。

一个通用人工智能系统的 "智能" 是一次性赋予的，还是在特定环境中持续发展的？对于这个问题，人工智能学者不会赞成前一个观点。如果同意了一次性赋予的观点，不但对算法和算力的追求失去依据，而且对通用人工智能的通用和能力产生了质疑。所以，"智能" 一定是渐进的，是在特定环境的学习和使用过程中逐步成长的。而一个独立主体的成长性发展又不是持续赋予的，必须具有主体性，没有自我意识和自我发展的 "文字" 能力的智能体，不可能产生持续有效的、基于理解的积累。

认同一个以人创为基础的通用人工智能系统具有主体性，拥有常识、能够理解，存在维持其生存和发展的自我意识和能力，是对人们习以为常的认识论的挑战，也是通用人工智能基础理论迟迟不能产生的一个根本性原因。

同样的尴尬存在于对信息的认识。人工智能系统用各种算法将信息的符号或载体进行处理，以求将其归纳到其所表达的含义类中。但是，含义本来就是信息被记录和利用的原因，是信息的本义，为什么不处理含义本身，而从载体与 / 或符号中找出其含义呢？生物智能从感知开始就已经将符号或载体转换为含义，传输、记忆、使用等过程均以含义为基础。没有把握生物智能关于信息处理的规律，错将神经系统的层次结构当作认知信息处理的本质特征，所谓通用人工智能的常识和理解两个关键问题必然无解。

所以，对于实现通用人工智能，迄今为止的研究和探索未能找到适当的路径，一个重要的原因是没有把握信息和智能的本质，走在错误的道路上。建立人工智能的基础理论需要在认识论、方法论层面得到突破。

1.4　构建非生物智能体的要求

1.4.1　主体性要求

本书所要构建的是如前定义的非生物智能体（以下一般简称智能体，在特殊上下文情景下依然使用非生物智能体），一般而言，该智能体具备通用智能特征，但可以衍生为专用智能体，在一定的发展阶段，它也可以是专用的智能体，具有特定的专门能力，但必须是自主、自治的。它可以具有普通人所拥有的各类智能，如加德纳多元智能所述[7]。它具有自我意识，具备理解和思维功能。它能执行普通人能完成的各种常识性、生活性、工作性或以复杂逻辑为基础的其他智能任务。这样的智能体拥有独立自主的生存体系、认知体系、行为体系，其结构极其复杂、体量十分庞大，整体功能超越人类。

《论信息》和《智能原理》分别从信息和智能的发生发展规律两方面侧面阐述了为什么智能体必然进化到非生物智能体，并对如何形成显性完备信息结构、智能逻辑和智能计算体系架构、非生物智能体构建和发展做了一般性讨论，为构建智能体提供了基础理论。把一般性讨论转化为工程可实现的方法和路径，需要从整体架构、各类构件、功能系统、生成发展过程全局出发，一步步厘清思路，讨论其各个构成单元的功能、来源及实现，智能体各类智能行为的功能与实现，以及其起点和成长的生命周期。构建这样的智能体既要遵循智能进化与发展的基本规律和原则，又要充分利用已有的技术基础，还要保证其能力在发展中不断成长，达到并逐步超过普通人，需要跨越很多认知和建构的障碍。这些内容在本书的后续章节中将逐步展开讨论。智能体需要满足的一般要求是：应该具有主体性，是一个自主、自治，具备整体能力的独立主体。作为承担社会责任的独立主体，应该有确定目的，对社会有用，同时能够实现经济效益。

1. 主体性

构建智能体，要求其具备主体性。《信息原理》一书在分析数十亿年智能进化发展的基础上，得出了智能的第一要素是主体性的结论。没有主体性，智能的进化和发展就没有载体。即使是非生物智能客体，它的进化和发展也基于其组合智能主体中具有主体性的智能体。

主体性意味着智能体是一个自主的独立系统，具有理解、记忆、意识、思考、生存、行为和整体控制力。这个智能体能感知、适应生

---

[7] Howard Gardner. Reflections on multiple intelligences: Myths and messages[J]. Phi Delta Kappan, 1995, 77, 200-209.

存环境，具有一定的调整环境能力。这个智能体还应具有与生存社会一致的社会理性，能够适应社会。成熟的智能体能够接受并完成社会交予的智能任务，并以此交换生存与发展必需的资源。

没有主体性就不是非生物智能体，只能是非生物智能客体。构建智能体必须满足主体性要求。

2. 整体性

构建智能体需要满足整体性的三个条件：一是基础完备，即能实现成长并达到一定高度的起始条件；二是结构相关，即智能体所有构件能充分复用；三是整体协同，即智能体拥有的功能和构件在主体性前提下协同作用。理论上，《智能原理》一书已经对生物智能和非生物智能客体的整体性做了翔实的分析[8]。生物体的生理、认知、遗传功能是生物智能进化和发展的必要条件，缺一不可；生物体的认知功能源自生理和遗传功能；生物体的认知功能的基本结构与生理和遗传功能的基本结构相似。稍微复杂一些的非生物智能客体，其功能实现依赖其中的逻辑功能和物理功能的协同。

在智能三要素中，主体性的控制覆盖全部功能和信息构件，功能同样覆盖全部主体性和信息构件，信息也覆盖全部主体性和功能构件，这一特征决定了任何智能体的所有构件一定是一个整体。

整体性要求实际上就是对构建智能体提出的一个基本原则，即必须保证所构建智能体的整体性。从这个角度看，整体性要求体现在两个不同的侧面：一是任何构件置于智能体自我控制中；二是任何构件都是智能体不可缺少的一部分，智能体不保留没用的构件。

3. 目的性、有用性和有效性

构建智能体要有明确的目的性、有用性和有效性。目的性、有用性和有效性的实质是要求所构建智能体的存在和发展必须具有明确的原因和动力。

---

[8] 杨学山. 智能原理[M]. 北京：电子工业出版社，2018 年，第 1 章和第 3 章.

目的性是指创建者的动机。人类历史创造了无数非生物智能客体，它们成为人类生存和发展的助手。非生物智能客体的主导权在人，尽管火药、核子可以成为杀人利器，但火药、核子无须为此负责。智能体具有自我，可以决定自身行为，因此创建者不仅需要极其审慎地界定该智能体的作用，还要更加精细地设定所有可能影响其行为规则的功能。尽管我们可以假设，更高的智能拥有更好的社会理性，但依然需要在起始时做出必要的努力。

有用性确立了所创建智能体存在的社会价值。目的性是创建者的愿望，有用性是社会的客观评价，有用性要求创建者的主观评价与社会的客观评价具有一致性。

有效性是指所创建智能体的经济属性，即投入与产出相比具有商业利润。尽管在智能体发展的早期阶段，商业利润不是核心指标，但当走出科研范畴，作为一个社会化商品生产时，有效性就成为核心评价指标。

构建智能体需要做到三者兼具。也许不是一开始就能达到，但在走出科研阶段之后，必须兼具，否则创建的必要性会受到质疑。

1.4.2　传承和发展的要求

智能体必须具备发展能力，而发展的基础又是传承，学习和交互是发展、成长的必要功能，规范和容错是发展的又一类重要原则。

1. 传承能力

构建的智能体应具备传承能力。传承能力是指所构建的智能体具有类似于生物智能的遗传功能。传承能力由两部分构成：前向继承，能够利用各种已有构件；后向遗传，可以重用各类自身构件，实现部分或整体复制。

智能具有继承性，智能体必须具备继承已有必要智能构件的能力。人类智能可追溯的进化历程，已超过40亿年，随着科学的发展，相信一定会超过地球生命拥有的智能。人类的遗传基因中包含了全部从生命体起点开始的有用基因。继承不仅表现在遗传基因上，遗传基因知识为人类智能发展提供了初始条件，而所有具体智能的形成和发展，是继承人类社会积累的常识、知识和经验，利用各类必要的工具实现的。需要强调的是，人类社会所有的常识、知识、经验和工具都是人类智能发展的结晶，不同类型智能体的功能均是有用的基础构件，只是不同类型的智能体只需要继承特定种类的构件。

智能体的遗传能力需要两个不同的过程来实现。一是在智能体成长过程中形成局部或全部可复制构件；二是在恰当的时候实施复制。两个过程都在智能体自身控制下执行，但需要在初始时设计到智能体中。这两个过程的功能不仅在智能体设计和构建时被赋予，还应能伴随智能体的成长而完善。

2. 发展能力

构建的智能体应具备发展能力。发展能力是指一个智能体在初始、赋予、培育过程完成后，自己接手全部的控制权，能够经由学习达到预期功能，并持续提升的能力。有限是指智能体的构件是有限的，拥有的资源和功能是有限的，所求解问题的逻辑功能需求是有限的，或者说，智能体不处理任何超越其拥有的逻辑能力和计算能力，且问题域或解空间属于无限的问题。渐进是指智能体的智能水平是逐步成长的，在学习、问题求解、生存管理等过程中逐步成长，而不是一开始给定的。透明是指其功能的形成和发展过程是透明的、可重复的。

有限性是智能体能否成功的基本假设。实际上，有限性是所有智能的一个基本特征：生物智能如此，迄今为止的组合智能也是如此。最聪明的人具备的智能也十分有限。智能体能够以及需要学习的功能和知识是有限的；智能体执行的智能任务的解空间是有限的；在有意义的颗粒度上，智能体拥有的信息总量也是有限的，问题求解需要的计算能力要求是有限的。有限性是智能体形成和发展的基本前提。一个具体的有限资源构成的智能体，不能完成无限的任务，不能具备无限的能力。无约束的功能要求必然导致超越可能的资源需求和时间限制。为求解数学问题而"构造"的无限实际上不是真正的无限，真正的无限不存在于现实的问题求解中。在一定的意义上，过去人工智能之所以没有跨过通用人工智能的壁垒，过度迷信特定的所谓最复杂、更复杂逻辑的人类智能，以不确定性、计算复杂性作为一类必须应对的前提，是缺乏对智能问题正确抽象的结果。

渐进原则规定了智能体设计、构建的思路。智能本身是在发展的，没有终极的智能。"活到老、学到老"这一古老的中国谚语道出了智能成长的规律。不要求智能体一步到位，不要求其执行能力达不到的任务。如同水桶，桶里有水，水龙头才能出水；桶里有什么，水龙头出什么；桶有多大容量，才能出多少水。智能体是先学习后做事，有多大能力做多少事。

透明是指智能体的所有构件、功能、系统、过程都是透明的、可重复的。透明原则要求所构建的智能体具有复制和遗传的功能，所有构件和功能具有可以重复的特征。

发展能力要以有限、渐进、透明三个原则为基础。对于具体的智能体，既取决于起步时赋予的初始集，还取决于智能体的目的或类型，两者共同决定着发展的方向和潜力。具有与智能体功能一致的发展能力是智能体设计的基本要求。

3. 学习和交互能力

构建的智能体必须具备学习能力和交互能力。学习能力是指智能体能主动发起多种形式的学习，不断增强自身的能力。交互能力是指智能体能与环境交互，特别是与环境中存在的其他智能体，包括人的交互。学习与交互具有相关性，基于交互的学习是一种重要的学习模式，基于学习的交互是交互功能的重要一环。

学习能力应该包含两方面：一是持续的动力，二是各项能力在学习过程中有效增长与积累。动力是智能体学习的前提，要使智能体如同儿童一样，具有无休止的好奇，像海绵一样吸取周边的信息，成长自身。有效的增长与积累是学习的目的与成果，智能体构建需要设计一条有效的路径，使学习的成果能够保留下来。

交互能力也有两个基本要求：一是能够与广泛的交互对象连接，二是能与这些对象进行基于含义的交互。连接是平台功能，互联网及其他基础信息网络基本具备这一能力。智能体的交互应该基于含义，而不是符号或载体，特别是在与人类交互时，不基于语义就无法实现。交互不限于学习，智能体在生存发展及任务执行的所有过程中，都需要交互功能。在特定环境中实现的基于含义的交互是智能体成长的必要条件。没有适于交互的环境，智能体就是一个停滞的、不能成长的固定态，因此需要全生命周期的交互能力。

4. 规范和容错能力

构建的智能体应具备规范和容错能力。规范和容错要求是为了保证智能体成长过程中理性和速度的平衡。规范有两个功能：一是对学习、增长进行规范，使之沿正确的方向前进；二是对智能体的外部行为进行规范，使之与所在社会的相应约束一致。容错则是指智能体对学习、成长、问题求解等过程中出现错误的包容，对信息或功能构件中存在错误的包容，对智能体执行任务出现差错的包容。

规范与容错是一对矛盾体。规范不仅要求具体的行为，以及积累的信息、事实、知识、功能、问题求解策略等诸多方面的正确性，还要求智能体执行任务和发展方向的理性。容错正好相反，要求容忍智能体在学习、成长、执行任务过程中出现的差错。

错误是智能体成长过程中必然存在的，容错是对这一客观事实的认可；正确与错误是一组相对概念，没有绝对的正确与错误，在给定的场景和评价标准下错误的东西，场景变了，评价标准变了，可能就是正确的。容错就是为智能体保留这种可能加快成长速度、提高成长质量的模式，使之成为应对智能体成长和问题求解过程中必然存在的不确定性和超越初始、赋予的新功能的重要环节。

将规范与容错放在一起，就是因为两者相辅相成、互为补充，可为智能体设计思路的形成提供参考。

1.4.3　基于含义的智能积累和处理能力要求

　　构建智能体需要使其具备基于含义的智能积累和处理能力。这一能力由三部分组成：完整的含义过程、基于含义的积累（记忆、理解）、基于含义的处理（架构、函数）。这个要求是智能体诸要求中最关键的一条，需要摆脱迄今为止基于符号的处理模式，形成切实可行的基于含义的感知、理解、记忆和处理能力。

　　智能过程基于完整的含义是智能的内在之义。无论是生物智能，还是具有自动控制能力的智能装置、系统，都是基于含义的积累和处理过程。全过程、全体系基于含义的信息处理是所有智能体的必要条件，是智能体构建的一条主线。这里的含义不同于语法或知识体系中的语义，而是指信息的载体和符号所携带的含义本身。这个过程从感知开始，随后的记忆、理解、学习、判断、决策、任务执行、复制等智能行为均基于含义。基于含义的智能过程是《智能原理》一书的重要结论，实现这个过程技术难度不大，但应在智能体获得信息的一开始就将作为获取对象的符号转换为含义。把符号转换为含义不是智能体执行智能任务的功能，而是智能体学习的起点。这一小步，其实是认识智能的根本转变，只有突破认知依赖，才会找到恰当的技术路径。

　　要求全过程含义处理，关键在起点。智能体的感知应该与生物和自动化系统的感知一样，形式上是对信息载体与/或外壳的感知，本质上是对含义的感知[9]。一个智能体所处的外部环境是十分复杂的，其生存、学习、成长、执行智能任务既需要感知的对象数量（感知对象种类众多，动态静态并存），又要保证所有进入智能体的感知对象是其含义，感知器的类型、功能和布局，以及将符号转换为含义的方法

　　[9] Robert A. Wilson and Frank C. keil. The MIT Encyclopedia of The Cognitive Sciences[M]. 上海：上海外语教育出版社，2000 年，第 300～301 页.

是智能体设计的一个关键。

智能体应能够实现基于含义的积累。基于含义的积累等同于生物智能的记忆和理解能力，是指智能体所有的描述信息保存并被相应功能调用、处理的能力。记忆不同于计算机系统的存储，它是感知、描述、连接的结果，是智能积累的载体，是理解的基础，是智能发展和运用的载体，是智能体所有功能实现的前提。智能体记忆应当覆盖所有智能体拥有的信息，不管这个信息是代表主体控制还是各类功能描述，不管是拥有资源的完整描述，还是任务对象的系统描述。记忆不仅保存描述的信息单元本身，还保留所有与一个信息单元相关的属性、连接、使用及历史背景信息。无论是通用智能体还是专用智能体，每个智能体的记忆都是一个十分庞大的集合。智能体记忆的设计，不但要保证记忆信息的空间及其复杂的结构，而且要保证为其各种可能的发展保留空间和结构化能力。

基于含义的记忆，内生具有基于含义的理解能力。记忆是智能积累的存在形态，能理解是智能积累的前提。理解是对感知事物解释的能力，在麻省理工学院的《认知科学百科全书》中，理解就是解释[10]。理解能力就是智能体对所有感知到的事物的解释能力，是智能体的核心能力。理解基于从感知开始的含义信息处理过程，通过内在的基于场景和逻辑的多维连接结构实现，经由学习和任务执行过程增长。理解能力的设计关键在于以智能体自主控制的总枢纽，构成场景和逻辑叠加的多维解释结构。

智能体应能实现基于含义的智能处理，特别是智能处理的架构和函数。智能处理架构有两层含义：一是智能体的存在和所有智能行为的实现，都基于这个特定的体系架构，也是宏观的架构；二是表述含义和功能的微结构。微结构以描述和连接为基础，以场景为边界，连接最小（控制、功能、信息）单元、最小智能单元直到功能组、功能系统，形成智能体多类型、多层次、多维的处理结构。这两种架构都需要开创。尽管在理论上，《智能原理》一书阐述了智能计算的架构

---

[10] 杨学山. 智能原理[M]. 北京：电子工业出版社，2018 年，第 145～148 页.

和特征，《论信息》一书阐述了以描述和连接为基础的微结构，但两者均没有进一步讨论工程实现，而这是本书相关章节的重点任务。

智能处理函数是指实现智能体必要功能的计算工具，是实现与既有的符号处理不同的基本计算操作软件。智能函数是一个集合，主要的类型和功能已经在《智能原理》一书第 5 章中讨论过，还有一些特殊的智能函数需要研发。如在一个智能体中，基于含义的智能行为过程是信息处理过程和物理运动过程的复合体。智能行为的逻辑过程需要特殊的智能函数，逻辑过程与物理过程融合实现的智能行为也需要特殊的智能函数。

1.4.4　生存和行为能力的要求

智能体是自主、自治的独立主体，具备生存和行为能力是必要条件。

1. 生存能力

在智能体形成早期，所有生存资源同样由构建者（智能体设计、开发、出资者）赋予。进入成长期之后，智能体从构建者手中接过资源管理、生存需求判断和决策权力，逐步具备承担自身存在、运行所必要的各类资源管理、维护、增长事务。

生物智能之所以能延续、发展，是因为它们始终将生存放在第一位。智能体也必须贯彻优先原则。有两层含义：一是始终将保证足够的生存资源、维护系统的生存放在第一位；二是始终将部分和全部的备份和复制放在第一位，智能体根据风险程度，对所有的构件采取必要的备份，并对具备复制条件的构件，随时准备执行复制操作。

2. 行为能力

构建的智能体应具备行为能力。行为分成两类：一类是智能体发生于内部或服务于自身生存、发展需要的行为，称为内部行为；另一类是智能体承担社会责任和外部任务的行为，称为外部行为。

内部行为主要产生于生存过程、认知过程、意识思维和控制过程，外部行为主要产生于任务执行过程。

1.5 智能体理论视野的框架和分析

满足 1.4 节要求的智能体框架和理论层面的分析，就是指其拥有构件及其相互关系的总和，而这些构件和关系需要从逻辑和实体视角分别进行剖析。

1.5.1 智能体的逻辑框架

图 1.1 是智能体的逻辑框架图，其说明了智能体各类构件的功能及相互关系，以及智能体的生命周期及主要类型。

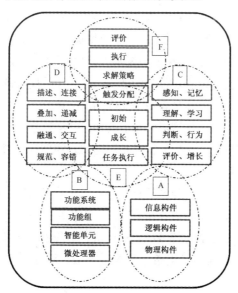

图 1.1 智能体逻辑框架

如图 1.1 所示，智能体逻辑框架由六部分组成。A 区是基于智能体构件属性的分类。智能体所有基础构件按基本属性分成三类：信息构件、逻辑构件、物理构件。信息构件是指智能体所描述的最小构件；逻辑构件是指其所有具有逻辑功能的最小构件；物理构件是指其所有具有基本机械、动能的最小构件。所有最小的信息构件、逻辑构件、物理构件都是静态构件，被微处理器调用。

B 区是智能体功能系统的层次结构。其中，微处理器在底层，是智能体中具备独立操作能力的最小单元。它可以执行智能体其他构件发出的智能，也能根据自己拥有的功能自行执行或向相关的智能构件发出协同执行的要求。微处理器是动态逻辑构件，与相应的最小信息、逻辑、物理构件构成具有特定功能的最小智能单元。智能单元位于智能体第二层。最小智能单元以微处理器为核心，与拥有或可调用的其他构件一起，形成独立的能力，能够在学习或执行任务的过程中成长。将逻辑与物理载体合在一起的微处理器是智能体独立存在的最小单位。功能组由一组最小智能单元构成，具备相对完整的功能。功能组可以是稳定的层次结构单元，也可以因智能体执行特定的任务而临时构成，任务完成即结束其存在。功能系统是一类功能组的集合，具备如感知、理解、执行某类特定智能任务的能力，是智能体层次逻辑框架中的顶层。不同类型的智能体具有不尽相同的功能系统。这里要强调的是，从逻辑角度来看的微处理器和智能单元，与从物理存在角度来看的微处理器和智能单元，它们的构成是不同的。物理存在的微处理器可以包含多个逻辑单元。

C 区按智能体的主要智能行为分类，包含了感知、记忆、理解、学习、判断（含意识）、行为、评价、增长在内的全部智能行为。

D 区包括了全部与符号或数理逻辑、形式逻辑计算方式不同的智能函数，主要有描述、连接、叠加、递减、融通、交互、规范、容错等。

E 区是一个智能体的生命过程构件，这里的构件依时间序列动态产生。首先是智能体的初始状态，由其他具有完整行为能力、能承担行为责任的智能体构建，选择一个构件集合，形成一个新智能体的初始能力；然后是该智能体的成长过程，通过学习、环境交互和执行任务实现持续的成长；最后是履行该智能体的职责，执行各类由它承担的智能任务。成长也隐含了该智能体的终止。

F 区是智能体执行智能任务的逻辑过程构件，是智能体行为控制功能系统拥有的功能组，是一个闭环的功能系统，包括智能事件的触发分配、问题求解策略的生成、执行资源调度、执行结果评价及后续行为触发，如图 1.2 所示。

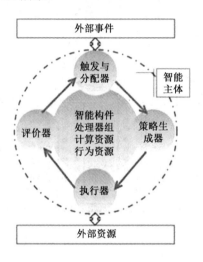

图 1.2 智能体执行智能任务框架图

智能体逻辑框架不仅给出了智能体全部的构件及其相互关系，还为智能体形成、发展和智能行为实现提供了有说服力的解释方式，为本书在此后章节讨论的实践性架构提供了有效的参考。

1.5.2 智能体的物理框架

智能体拥有庞大的资源，物理框架既要考虑空间的有效性，又要考虑资源使用过程中逻辑过程的连贯性。不同的智能体拥有的物理资源和逻辑过程存在重大差别，所以物理框架存在多种模式。图 1.3 是智能体物理框架的一种参考模型。

图 1.3 所示的模型由三部分组成。A 区及其类似部分是智能体的一个功能体系。B 区及其类似部分是智能体各个功能体系可以使用的共享资源。C 区是智能体各个功能系统间的连接区域。

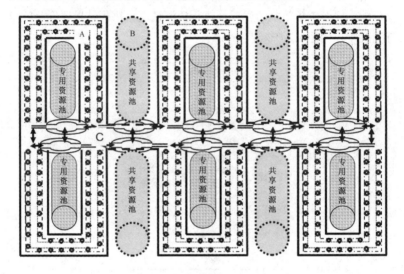

图 1.3　智能体物理框架的参考模型

一个功能系统能在智能体的整体协同下具备某项完整的功能，如感知、描述、语言、逻辑、行动等。如图 1.4 所示，功能系统由相关的功能组构成，它拥有自己的资源池和操作系统，能够承担与功能一致的智能任务，具有成长功能，能够自主启动、实现或执行学习及其他成长性任务。功能系统和功能组都存在大面积的传输通道，这是因为以连接为核心的信息传输是智能体信息处理的主要组成部分。

如图 1.4 所示，功能系统由一个个功能组构成，功能组则由一个个最小智能单元构成。最小智能单元由微处理器、描述功能构件及其生成物——信息构件、连接功能构件及其生成物——连接构件、微处理器对所需资源进行调用和控制。功能组具有自己的操作系统，其负责维护、管理、发展该功能组。

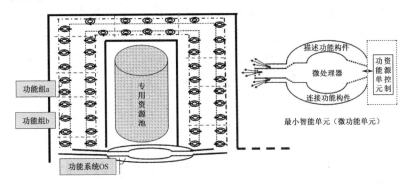

图 1.4　功能系统结构

功能系统拥有自己的操作系统，统一协调、管理、拓展与外部的连接和专用资源池。功能系统及其组件的功能将在相应章节做系统的阐述。

1.5.3　智能体理论框架的进一步分析

上述智能体理论框架的基础是各种逻辑、信息和物理构件，也就是架构中的 A 区；智能体结构中的重点是实现各项基本智能的智能单元、功能组及功能系统，也就是架构中的 B 区。智能体结构的核心是全覆盖的、统一的、代表主体性的控制功能，该功能落实在对 F 区各类智能任务执行的控制上。

智能体逻辑和物理框架都是动态的，随着智能体的发展而发展。分析智能体框架又可以是静态的，以智能体特定时间截面状态为基础。智能体所有功能基于三要素，而三要素存在完全的载体重合关系，结构必然存在多元、多层、多维的复杂关系。多元是指构成不同类型智能行为的结构。正如加德纳的研究说明，智能本身是多元的，一个智能体不同类型智能行为的框架也是多元的。多层是指从最小的构件开始，到复杂的功能系统，智能体的架构必然是多层次的。多维是指同一个构件可能隶属于多个类型和层次，整体框架呈现多维模式。

层次结构按层展开，从最小构件单元开始，逐级组合，最后汇集成智能体；多元结构以智能类型的功能为中心，分类展开；多维智能以构件为中心，向不同的功能单元、功能组或功能系统展开。下面简要介绍智能体的不同结构及相互间的重要关系。

1. 最小构件层

最小构件也称基本构件，是指在功能上不可再分割的智能体组成构件。最小构件是一个相对概念，在不同的功能结构中，最小构件是可变的，如一个在功能系统中的最小机械构件，在信息系统中可能被分拆，在控制系统中又可能被组合。

智能体所有的功能都由最小构件具体承担，最小构件类别繁多，功能各异，很难用一种清晰的标准区分。可供选择的划分标准首先是物理的或逻辑的。所谓物理的，是指实现的功能是物理运动，不管是类似于人的手脚的活动、语言、表情，还是类似于机械的加工、运输等过程；所谓逻辑的，是指实现的功能是逻辑的、信息的，既包括类似于人的思维、判断、学习，又包括类似于计算机可执行的软件、算法、推理。

物理构件系列可以按不同的运动类型或不同的功能特征进一步细化，如机械的或动能的；逻辑构件系列可以按不同的逻辑类型或功能进行细化，如推理、计算、过程等。

2. 微功能单元层

在智能体的构件中，最小的独立功能单位是微功能单元。微功能单元由三个基本构件构成：微处理器、信息构件、连接构件，其拥有多类、多条通道通向架构中其他组成部分，能通过资源控制功能单元调用需要的计算资源或行为资源。微功能单元也是智能体具有自主处理功能的最小单元，也被称为最小智能单元。

微处理器是微功能单元的核心，是该单元所拥有功能的执行者，也是整个单元所有构件的控制者。描述功能构件、连接功能构件及描述功能构件中关于微处理器功能的描述构成了《智能原理》一书中介绍的最小主体单元、最小功能单元和最小信息单元也就是描述功能的最小智能单元。

微功能单元拥有自己的软件系统，也可称为操作系统，用于实现该单元全部的功能。微功能单元既是独立的，又是开放的、受控的。说它是独立的，是因为其具备充分的自主能力，不仅是指它在执行任务时的独立功能，更在于它对自身发展的一定自主性，对信息构件和连接构件可以通过积累的经验而修改，操作系统本身也在发展过程中提升，但这个提升的权限需要更高的学习系统认可；它能自主决定对外的连接，拓展学习和功能使用的范围。说它是开放的，是因为它一般需要无条件地接受来自智能体其他构件的协同需求。无论是自主还是开放，微功能单元均接受其上层甚至智能体整体的管理、控制，所以它也是受控的。

3. 功能组层

功能组是指一组在共同完成一个智能任务或子任务时相互配合的微功能单元，它可以实现复杂程度不等、流程长短不一、智能类型不同的功能，可以同时隶属不同的功能系统，是智能体各类功能实现的主要平台。功能组的存在，可能是临时的，也可能是固定的。无论是临时的还是固定的，功能组控制器根据所执行任务的需求，在其他功能系统或功能组的协同下，获得资源，完成任务。功能组控制器的软件也是专用的。功能组同样既独立又开放，在保持特定功能的同时，在发展中成长。

一个智能体的功能组类型通常数以万计，同类功能组有的也可能数以千计或更多；任何一个功能系统，都拥有多个功能组，有的功能系统甚至由百万量级的功能组构成。功能组结构就是一个功能组的组成、功能及在功能系统中的位置、作用。

4. 功能系统层

功能系统层承接第一层、第二层架构，功能系统由功能组构成。功能系统结构解释智能体拥有的所有功能及相互之间的关系，也拥有属于功能系统、功能组之外的功能单元。

一组功能上相互依赖的智能单元构成功能组，一组功能上互补的功能组构成功能系统，若干个功能系统构成一个非生物智能体。所以，功能系统层在智能体结构中处于核心位置。

主要功能系统列举如下。

总控系统：智能体中枢功能。智能体唯一的、无所不知、无所不在、无所不管的感知、行为、资源、思维、学习、运行、环境适应的总枢纽。

管理系统：资源管理、资源获取、资源分配、任务分配、态势分析、判断决策、运行监督、理性约束。

生存系统：检测、修复、更换、总结。

规则系统：行为、结构、标识、功能、信息、控制、成熟度（确定性）、环境适应性、保护、增加、删除、改变。

成长系统：接管、生长（含终止）、增长、创新（自创新功能）、复制。

智能过程系统：感知、触发、获取、学习、记忆、执行、评价、调整、终止。

似人一般智能活动系统：语言、意识、思维、情绪、表达、表现、释放、休闲、家务。

外部事务系统：生产、社会服务、公共管理、社会活动。

信息处理系统：结构性、完备性、成熟度、适用性、增删改。

智能逻辑工具系统：感知、连接、描述、微结构、交互、执行、叠加、递减、融通、规范、容错、问题求解策略。

以上列举了 10 类 70 种功能系统，但还是不完全的。功能系统与功能组之间并没有绝对的分界线，所以，在实际实施过程中应依据第一层的架构和实施策略来确定功能系统。

由于智能体的整体性，功能之间相互依赖、纠缠。功能系统的划分很难找到恰当的标准，使不同功能系列边界清晰。功能系列的功能存在交叉，下层的功能组、功能单元及智能单元存在大量的多重复用。

1.5.4 结构生长解析

智能体结构在其生命周期中是持续生长的，结构的生长是智能体进化发展的关键。智能体结构生长是指在初始、赋予结构的基础上，智能体不仅是控制、功能、信息的发展，结构本身也在学习、适应环境及执行智能任务的过程中持续发展。

智能体结构生长产生于所有类型和层次的结构，发生于生命周期的全过程。

智能体结构的生长主要由三类不同的因素触发。一是初始、赋予结构中内置的触发，如功能组或功能系统成长过程中触发内置的生长机制产生的结构裂解或重组等；二是由智能体学习或执行智能任务触发，如感知功能组或感知微功能单元确认新的连接后的结构增长，学习功能组或学习微功能单元对特定语词增加新语种的声音和图像连接；三是结构功能组自身引发的结构增长。

初始、赋予对智能体结构生长具有决定性的意义。三种结构增长能力的起点都在初始、赋予。

智能体成长高度和发展理性基于其作为控制中心的总枢纽，总枢纽基于连接及各类控制结构，这些结构的稳定性和成长性是智能体的核心。以体现主体性的核心模块为中心，涟漪式向多维、多元、多层的功能空间扩散是控制结构增长的重要特征，以此保证增长的理性和弹性的协调。

1.5.5 从智能原理看智能体要素

如前所述，智能体任何功能的实现基于三要素的协同。从要素这一维度看，智能体顶层架构首先要以三要素展开，即代表主体性的控制结构、构成智能体能力的功能结构及智能体拥有的信息结构。要素架构回答智能体实现中三要素的作用和关系。

控制结构解释智能体主体性如何实现。主体性是一个抽象概念，不是具体的外部行为，它有三个核心要素：拥有意识和思维、拥有资源、拥有自身行为的控制能力。在框架中，主体性体现在完整代表智能体意志的控制能力，也就是控制结构。控制结构实现智能体的全部主体功能：行为控制、功能调用、信息调用、资源调用。

智能体必须对其所有内外触发的智能事件做出需要/不需要、可以/不可以、能够/不能够、愿意/不愿意及如何行动、如何评价的判断和决策。控制需要具备逻辑推理功能。在保证对智能体绝对控制的同时，要具备控制柔性、成长性、控制理性和鲁棒性。这些都是控制结构的重心，也决定了控制结构是智能体生存和发展的核心架构。

功能结构包括智能体的全部行为和逻辑能力，以及决策和控制能力、行为能力和信息能力。决策和控制能力包括各类智能体在各种智能任务场景下的认知控制和行为控制。行为能力是各类智能主体完成各种智能任务的操作，包括实现控制功能和信息功能的操作。信息能力是各类智能主体在完成智能任务时从分析信息需求开始到求解问题时使用在内所需信息的全部处理功能。《智能原理》一书中列举了主要的功能类别[11]。

功能结构需要明确不同功能间的关系、功能的调控，解释功能生命周期过程的机理。

信息结构有三层含义：一是智能体所有信息按照其作用和逻辑关系形成的所有信息单元的结构，二是信息结构中的单元与其他两个要素间的关系，三是信息单元发展的结构。

信息单元存储的信息内容决定了它在智能体的语义逻辑体系和任务场景中的位置，描述这种位置关系的就是第一类信息结构，即基于

---

[11] 杨学山. 智能原理[M]. 北京：电子工业出版社，2018 年，第 146～148 页.

信息内容的结构。信息单元是智能体所有构件描述的结果，这些构件分属控制、功能、逻辑或物理，这些对象物在智能体结构中的位置决定了第二类信息结构，即基于要素的结构。智能体动态发展，信息结构也随之变化，这些变化在三方面发生，即完备性、结构性、可用性。它们构成了第三类信息结构，即基于信息发展的结构。

顶层架构解释智能体的总体构成和功能。《智能原理》一书第 6 章介绍了这一架构。该架构以外部感知或任务提交和内部计算需求触发智能行为，经过策略确定、资源调用、任务执行、过程评价、成果学习、智能拓展的循环，形成以智能行为过程为基础的智能计算循环。

该架构由三大类构件组成，第一类是智能行为流程：触发与分配器、策略生成器、执行器、评价器；第二类是智能主体的资源：智能单元、微处理器、计算资源、行为资源；第三类是环境：外部事件、外部资源。

与前面六层结构划分不同，多元结构根据一个智能体不同的智能特征进行划分。以似人智能体为例，就是以人的智能类型为准绳，划分智能体构成。对于人的分类智能研究，加德纳是集大成者，他根据智力与大脑的关系，以及在人类知识和实践体系中的不同部分将智力分为九类：语言、音乐、逻辑和数学、空间、体能、人际、内省、自然、存在。其中，前七类是他在 1983 年编写的《心智分区》一书中提出的，第八类是他在 1995 年撰写的一篇关于多元智力理论 12 年的评价性论文中提出的，第九类是他在此后的进一步研究中提出的一种尚未确定的新类型。

对于似人智能体而言，希望能够拥有全部的分类智能，还要求水平与普通人相近。显然，这些智能类型需要的功能系统、功能组、微功能单元和基本构件存在大量的交叉，如语言能力与音乐能力、逻辑和数学与内省。

多元结构类似于层次结构中的功能体系，但只是其一个子集，智能体还需要比九种智能类型更多的功能体系。

研究多元结构为构建似人智能体的总体设计和特定智能类型的组

合系统提供支持。

多维结构在形态上是由跨不同层次、不同类型智能（多元）结构形成的稳定或临时的功能结构。在层次和多元结构中，也存在功能体系、功能组，甚至微功能单元的结构多维性，但多维结构是指该结构的主体，或者说主要部分是多维的、以连接为主体的。

以结构表示功能，从微功能单元、功能组到功能系统、智能体总枢纽；以结构表示信息，是智能体面对复杂多变的环境，灵活、不可测的学习、情绪、潜意识适应智能任务多样性的重要技术基础。

由各层、各维功能结构引发的任意连接，从无连接到虚连接、从虚连接向实连接转变的机制，多维结构是重要的实现手段。

多维结构是智能体智能实现的重要模式，是智能体柔性和可变的结构基础。

1.5.6　智能计算的特殊函数

智能计算的特殊函数是智能体逻辑架构中的 D 区。由于信息载体、符号和含义三层重合的原因，迄今为止人类所形成的算法和逻辑主要针对符号体系，没有产生基于含义的计算逻辑及智能计算相关操作的特殊函数。《智能原理》一书第 5 章对智能逻辑及主要操作函数做了简要介绍，本书则需要更加深入讨论其特征和如何实现。D 区列举了八类智能处理函数，分别是描述、连接、叠加、递减、融通、交互、规范与容错。本节只从架构解释的角度讨论，而详细内容则在后续相应章节中进行阐述。

描述是智能体的一项重要功能，它将智能体所有控制、功能、环境、构件、感知获取的信息等对象描述为可用、可增长、可复制的信息构件体系。智能体三要素之一的信息体系的构件主要通过描述功能实现。由于描述的对象、结果要求不同，描述是一个复杂的过程，过程中不同的功能需要这个功能系统由数以千计的描述功能组类（每类都有大量的描述微功能单元)共同完成智能体描述功能的需要。控制、功能、信息，不同客体、不同过程的描述，不同成熟度的描述，不同目的的描述等，构成了不同的描述功能组。

连接是智能体的又一类重要功能体系，承担智能体所有连接的实现和发展。连接是智能体一系列核心功能实现的关键环节，如基于含义的感知和处理、理解、学习、中枢功能等。连接是一个复杂的功能系列，包括触发机制、规范机制、标识机制、通路及其结构机制及实现，穿透智能体结构的层次、维度、性质构成的结构性功能，实连接、虚连接和任意连接等依赖于连接的功能是智能体发展的基础。这些特征决定了连接是比描述更为多元、多样的功能组体系。

交互是指智能体在整个生命周期与外界的作用平台。既要能实现主动式交互，也要能实现被动式交互；既要能实现即时以秒甚至毫秒、微秒级的交互，也要能实现延迟式、累积式交互；既要能支持串行的持续交互，也要能实现并发式，甚至大规模并发式交互；既要能实现只有信息作为介质的交互，也要能实现信息、物质运动并存的交互。

叠加、递减、融通是智能体构件及构件中的具体部分发生变化的三个基本操作。基于含义，经由对操作对象含义差别的比较，采取不同的逻辑过程实现。

规范与容错函数实现两个对智能体成长具有决定性约束的原则。规范希望智能体成长沿着既定的路径，不发生不利于社会的突变。容错希望智能体能有效处置各类自身操作中不确定的、当时不能理解的感知信息或交互，以及问题求解过程中产生的结果，而根本的原因则在于平衡成长过程的质量和速度，处理好智能体由于各种原因导致的误判。

智能体需要满足其全部功能的软件体系，而这个软件体系的核心是一组操作系统。这一组操作系统由微处理器、功能组、功能系统及总控系统构成。

为提高智能体处理智能逻辑及智能函数的效率，在智能体各类处理器中，既需要已经存在的、以处理符号为特征的芯片，也需要配置一些特殊的芯片，用于提高相应处理过程的效率。

1.6　智能体主要智能过程

实现智能体的构建，需要系统理解智能体的行为或智能过程。智能体具有的智能行为可以划分为四个相关的过程：认知过程、任务执行过程、生存过程和控制过程。每个智能过程需要调用一组资源和功能，需要智能体全部组成部分的协同。

1.6.1　认知过程

认知过程是指智能体以获取信息为起点，以学习为主要形式，经由一系列特殊的处理形成记忆的过程。

1. 获取信息的感知模式

感知是智能的起点，是全过程含义处理的起点，是认知过程的起点，是智能计算的基石。感知过程就是从感到知的过程，智能体经由传感器感觉外部环境的变化，将感知到的信息传送到特定位置，并与已有信息连接，变成智能体可理解、可使用信息的过程。

感知是智能体与外界交互的连接点，实现基于含义的感知决定了感知功能组的数量和类型是最多的，感知功能组间的差别也是最大的。例如，文字感知功能组，可以根据不同文字、文字使用的频度、文字与记忆的关系等构成不同的功能组，音视频的感知也由识别不同特征和场景的功能组承担。对外部环境的感知，光、热、温度、湿度、压力、物体类型也采用相同的模式，根据感知对象、场景、特征来构建不同的功能组。

实现由感到知转变的本质就是将感知前端接收到的符号，在感知器和描述器的作用下，转变为智能体能理解、使用的含义。这一过程有四个关键环节：一是特定的传感器置于特定的场景中；二是充分保持接受对象的各类逻辑关系；三是拥有足够多的传感器，保证所有的符号经由传感器之后，就能区分为智能体理解的含义；四是使用智能体能理解的符号和格式，描述所有感知的对象。

例如，一个传感器能感知也仅能感知"智"这个汉字的各种形体，当这个传感器在文档识别这个场景中感知到字，即按照规定的路径传送到智能体记忆中的特定区域，这个区域临时存储该场景输入的上下文，并与记忆中汉字描述结构连接，这个汉字描述结构又与智能体已经保有的相关信息连接，如汉字语音、释义，对应其他语种的音与形，主要的应用连接，如"智能""人工智能""智能制造"等，这些词又连接相应的语音、字形、释义、应用场景。可以设想一个智能体在大量的场景中，并估量数以十亿计的专用传感器及其引发的感知过程、理解过程、学习过程的能力。

2. 从存储到记忆

感知和描述获得的智能体可理解对象，以记忆模式保存，记忆与存储的区别对智能体而言，是不可理解的符号还是可理解的含义。实现从存储到记忆的转变，就是智能体可理解的描述和保存所有记忆单元间的联系，通过一个有效的方式，使智能体无论从哪个视图进入记忆，只要在记忆中存在，总能得到它需要解释问题的答案或执行任务的解或求解的方法。

智能体记忆的载体是芯片，形态是符号，本质是含义结构。记忆并非仅仅被动保存智能体拥有的信息，而是一种功能，具有对该智能体记忆的整理和完备功能，可以触发智能体的学习过程。

随着智能体的成长和发展，记忆也相应成长。不但是记忆的内容在增加，记忆内容间的相互参照在增加，而且记忆作为一种功能的能力也在增长。

3. 学习

学习是贯穿智能体生命周期始终的本能，本能通过初始、赋予的结构性触发机制实现。智能体学习是将其在初始时赋予的基本功能变成可使用的智能，以及在成长中持续发展的基础。学习的成果是智能体可理解、可使用的信息或功能，覆盖智能体的全部要素。

智能体学习过程的特点是反复循环、逐步求准、渐次外延、交互加速，是将触发学习功能的信息融入恰当的结构中或给出无效结论的过程。每个判断都基于含义的比较，每次增长都在理解的基础上，不允许任何智能体不能理解的信息、功能经由学习进入智能体。

智能体的学习有两个不同阶段。一是学习期，初始之后，还没有具备承担社会性智能任务之前。这个阶段学习的任务是与智能体审定目标一致的常识、基本知识和技能，以及专用知识和技能。二是任务执行期，这一时期是能力的提升和增长阶段。

智能体学习的触发有三种模式：内部触发、环境触发、任务触发。内部触发是指智能体的任何一个微功能单元、功能组或功能系统发出的学习性指令，由发出者或经由控制系统确定的学习功能组执行。环境触发是指智能体在与外部交互时触发的学习过程，一般由专门的学习功能组执行。任务触发是指在智能任务执行时，由相应的功能单元触发的学习，其主要有两类触发原因，一是任务求解的需要，二是任务结束后评价结果处理的需要。

智能体学习结果有三种判断机制：内部准则、外部交互、两者兼具。内部准则是指，学习的结果由智能体在学习之前就已经存在的判断准则，决定归到智能体功能或信息的哪一个结构中，需要调整、增加多少连接，并给出相应的成熟度。外部交互是指，将结果与外部智能体（通常是人）对话，以确认智能体自身的判断是否恰当，然后进行与前者类似的处理。两者兼具是指，一个学习结果同时经由内部准则和外部交互两个过程评价，得出结论后做相应的处理。这三种判断都包含否定的判断。

对于似人智能体而言，初始、赋予集中大部分功能是结构形式存在的空集，需要学习过程才能变成具体的智能，所以学习功能必须在智能体产生时就启动，需要在初始、赋予时内置特殊的驱动机理。

4. 从记忆—连接到理解

理解具备智能的主要特征，是智能体的一种基本能力，是对所感知及拥有对象含义的把握及把握的程度。理解是智能体确定一个对象一种或多种含义、融入智能体的记忆和功能中，与其已经理解含义的结构重组的过程，其中的结构可以指场景，也可以指含义的逻辑。

理解基于感知，保存于记忆，以连接为主要实现方式。在各类智能行为，特别是判断、决策、控制等过程中使用。智能体不仅能实现对实在客体的理解，也能理解通过某些实在客体反映出来的抽象概念、事务，如时间、空间、偏好等。具体的理解通过描述和连接实现。抽象的理解通过抽象理解框架和一般逻辑工具及框架中预置的偏好、过去的经验实现。智能体理解是一个动态的、渐进的、持续增长的发展过程。

1.6.2　任务执行过程

在《智能原理》一书第 4 章中所列举的智能事件都是一个智能体需要承担的智能任务[12]。每个智能事件的一般执行过程是：触发、任务判断、任务分配、执行策略确定、资源分配和使用、执行、结果产生、结果评价、任务结束，根据结果的学习及后续触发。而这些任务能够被智能体执行，智能体必须拥有一系列基本功能：感知、理解、记忆、学习、判断和决策、行为等。

除了一般过程，智能体执行智能任务还存在不同性质的特殊过程。

一是简化的。相对于一般过程，其中的一个或多个，甚至全部环节已经有经验，相应的环节可以简化为连接—结果流程。如果全部环节都已给出结果，整个任务执行就是一串连接，给出最终结果。评价、学习同样简化，相应地，标记增加成果次数，调整确定性。

二是复杂的。相对于一般过程，一个或多个环节出现过程循环、嵌套，或过程串行、并行等状态。

---

[12] 杨学山. 智能原理[M]. 北京：电子工业出版社，2018 年，第 262～265 页.

一般性智能任务的执行过程通常包括如下环节：触发、任务判断、任务分配、执行策略确定、资源获得和使用、执行、结果产生、结果评价、结果提交、任务终止等。

智能任务的起点是触发。触发有多种模式，环境变化、接受任务、内部学习、运行维护都可以触发智能任务。外部触发基于特定感知功能，内部触发基于特定的连接功能。接受任务之后就是对任务进行分析判断，这是判断决策任务中的一类。智能体首先要确定接受的任务是否是能够完成的任务，如果是没有能力完成、又必须承担的任务，要提出解决的办法。决定承担任务之后就是任务分配，决定以哪个功能体系、功能组为主执行。确定谁来执行，首要是能力，即具备执行的能力；其次是效率和发展的要求等，这也是判断和决策的一类功能。具体承担执行任务的功能体（系统、组、承担者）要根据任务的特点和自身积累的经验确定执行策略。承担者根据任务执行的需求，提出资源需求，得到资源后进行分配并使用。智能体管理资源的功能系统负责提供相应的资源。任务执行的功能系统使用这样的资源，使用结束后回归资源管理功能系统管辖。不同的任务，其执行过程存在重大差别。有的任务执行过程涉及复杂的物理和逻辑功能，有的需要多次迭代循环，有的因为已经有成熟的经验或问题的解空间是确定的，则无须推理等逻辑过程。任务执行后必然产生结果，但结果并非都是确定性的或预期的，存在不完全符合预期或绝不符合预期的结果。因此，对于结果要进行严格的评价，无论何种结果，都要将评价反馈到所有应该得到的地方，成为后续学习或新任务的触发因素。评价结束，任务终止。

根据具体任务的特征，任务执行过程可能十分简化，也可能十分复杂。简化的纯逻辑从接受任务到完成，只是一个简单的搜索和匹配过程，因为对于执行者而言，是知道解或通过调用智能体的相关知识，可以直接得到结果的。复杂任务可能由于存在物理加工过程，这个过程是不可约简的，即使执行者已经熟练地执行了若干次相同的任务，也需要从头到尾再次执行；也可能由于逻辑、知识的复杂性，包括策略设定和算法或其他复杂性使得任务执行过程复杂化。

对于智能体来说，尽管执行着很多类型的任务，但最重要的是作为一个社会主体承担的社会交付的任务，正因为这个原因，前述对行为的分类中区分了智能体自身的各种行为与承担社会任务的执行。

1.6.3　生存过程

可以从两个角度去理解智能体的生存过程，一是关于生存的资源和管理，二是关于智能体存在的全过程。本小节分别从这两个角度将智能体的生存过程称为生存能力和生命周期。

智能体生存能力有三个基本要求：首先是拥有基本的生存资源，其次是能根据对资源的需求而增加，最后是能对这些资源实现有效的管理和维护。

要生存，必须有生存的基本资源，一类是保证智能体运转的资源，包括建筑、道路、水、电、气（空气调节设备）等；另一类是实现智能体功能的资源，包括各类软硬件及其载体，以及各类微处理器。智能体在发展中所需求的资源是动态增长或补充的，所以需要对增长有保证。保证增长，不仅需要资金，还需要具备作为经济活动的主体的能力，即商务能力。

在智能体生存过程的早期，这些资源的获取、管理和维护需要由专业的团队负责；到一定阶段，当智能体的控制权移交到智能体自身时，智能体要在这之前学会管理和维护，还要逐步学会参与各类商务活动。

智能体的生存过程就是智能体的生命周期，是指一个智能体从诞生到终止的全过程。它一般包含初始、赋予、培育、成长、执行任务、复制和终止六个阶段。

1. 初始

初始阶段是指人（发展到一定程度，也可能是智能体创造智能体）集聚已有资源，根据设定智能体的类型进行规划、设计、开发的过程。

2. 赋予

赋予阶段是将初始形成的逻辑能力，赋形到微处理器中。初始和赋予就是智能体的诞生，是生命周期最重要的环节，其决定了智能体的功能和发展高度。刚性的必要初始功能、资源、环境及可塑、多样、可控的成长机理是初始、赋予的核心要求。

构建智能体是一项极为复杂的系统工程。构建包括完成智能体初始、赋予及成长环境。此后有两种发展模式，一种是全部由智能体实现，另一种是以智能体为主，人辅助。本书讨论人承担初始、赋予和培育阶段任务，后续阶段由智能体接管，部分功能在与人的交互中发展的模式。

一般而言，构建智能体作为一个工程，主要的步骤有规划、工程设计、任务线及分工、可用已有构件收集、构件及各类系统开发、各层功能构件设计开发与组合、各层测试、智能体组合与测试、环境设计与准备、智能体主要功能调试、培育到智能体的各项功能可以自主运行，然后移交控制权，承担后续阶段的修改、完善。

3. 培育

培育是指在智能体赋形之后，通过一个过程，将内含的功能变成智能体自己可以掌控和运行的功能，将处理符号的软、硬件转换为智能体处理含义，将存储变成记忆，将连接变成理解，将认知过程、任务过程、生存过程、控制过程在局部和全局实现。没有这个过程，赋形的智能体如同一个刚出生的婴儿，培育则将所有潜在的功能变成可用的功能。

4. 成长

成长是指智能体能力增长的阶段，一般从智能体接过控制权之后到终止都是成长期。成长有三种主要形式：添加、学习和任务。添加是指在智能体中直接增加物理、逻辑或信息模块。这里既包含资源性的，如机械设备和新的动力或动力控制装置，也包括来自外部的可以为智能体理解和调用的功能或信息模块。

学习是贯穿智能体整个生命周期的主动行为，是智能体成长的主要来源。在智能体生命周期，学习分成两个不同的阶段。第一阶段是智能体在初始之后，有能力承担外部智能任务之前的阶段，学习是智能体的核心内容。第二阶段是在承担任务的过程中学习。两个阶段的学习具有不同的触发机制和过程，但存在大量类似或相同的功能。

5. 执行任务

执行外部提交的智能任务是智能体之所以存在的原因，执行任务也是智能体成长最重要的来源。

执行任务是指智能体在生命周期中承担所有外部智能任务的执行过程，类似于人的工作阶段，是智能体生命周期中最重要的阶段。

执行任务作为智能过程，是本书所有章节的共同指向，是智能体是否具备智能和具备什么样能力的集中体现。不同的智能体具备不同的能力，本书最后一章将集中讨论这个问题。

6. 复制和终止

智能体生命周期的复制，是指将自身的某些构件经过特殊处理之后，变成可以为别的智能体理解和使用的、可复制的构件，并完成复制的过程。这个构件从最小的信息或功能构件直至整个智能体，与智能体结构一致。整个智能体的复制就是再造自己。

终止是指智能体生命周期的结束。结束可能是自然结束，智能体完成了自己的使命而终止；也可能是非正常终止，是在生命周期的某个阶段，由于某种原因不能维持正常的生存而终止。

综合智能体的生命周期，尽管始终把人的参与和交互、生存和发展的环境放在突出的位置，但需要高度重视智能体自身的鲁棒性和理性。

生存的鲁棒性，是指智能体全生命周期的可靠性、抗毁性，是智能体在环境变化下发展与生存、持续、延续的能力，也是减少非正常终止的基础。鲁棒性基于智能体的设计及其生存发展的环境，因此提高鲁棒性也需要在这两方面下功夫。

生存的理性，是指智能体全生命周期的行为适应并符合社会规范。在与社会性行为相关的判断和决策过程中给予刚性的约束是实现智能体理性的重要技术手段。学习、成长过程中的容错规则不适用于行为的理性判断。遵循规则采用不同约束，保证成长的创新与行为的理性。

1.6.4 控制过程

这里的判断和决策是指智能体在整个生命周期所有类型的判断和决策，也包括意识或思维，是智能体的核心能力，是主体性的集中体现。

判断和决策产生于智能体各类事务的进程中，主要包括宏观和微观两大类。宏观判断和决策是针对智能体整体事项的，如环境判断、自身状态判断、运行态势判断、任务分配、进程判断等；微观判断和决策则是针对具体过程的，如使用什么感知处理单元、采取什么问题求解策略、学习成果的成熟度判定等。

智能体可以自行决定的判断和决策，基于规则、逻辑和信息。逻辑是指一般推理逻辑或算法，信息是指对具体的判断决策有价值的内外部信息，规则是指与判断和决策相关并已经存在的规则、标准。规则和标准既是描述的，更是结构的。

智能体不能自行决定的判断和决策需要通过交互来实现。在问题求解过程中应该保留通过交互来完成判断和决策的通道。

有时候，判断和决策涉及比较复杂的逻辑和算法；有时候，判断和决策没有逻辑推理过程。

1.7 一种工程上可实现的体系架构

1.3 节～1.6 节介绍了构建智能体的一般要求并对几种理论框架进

行了分解和分析，但所有这些分析都是基于应该有、需要有，而不是从具体实现的角度讲。本节介绍一种可以在工程上实现的体系架构，以及选择这一架构的思路。

图 1.5 勾画了这种体系架构，以及这种架构与实现通用智能的原则要求和各项功能过程的关系。本节将简单介绍顶层思路，具体内容在本书余下的各个章节中详细阐述。

图 1.5 由三部分组成。左侧部分是智能体的体系架构，包含 11 个功能体系，每个体系都承担独一无二的功能。这些功能合在一起，就能体现右侧部分智能体必须达到的特征，实现中间标识的所有智能形式和过程。

图 1.5 的中间部分表示要能够实现智能体所有的功能过程及过程中的所有智能行为。认知过程、任务过程、生存过程和控制过程包含了智能体所有智能行为及构成要素。

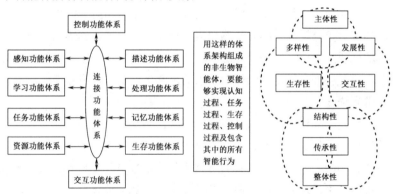

图 1.5　一种可实现的智能体架构及其总体思路

右侧部分表示要满足智能体的各项基本特性：主体性要求智能体是一个独立的社会主体，能承担社会责任；多样性要求智能体能实现并使用通用智能的各种智能类型；发展性要求智能体的所有功能体系能成长，各类智能行为的过程和结果应该成为发展的基础；生存性要求智能体具有并能管理、维护所有功能运行必需的各种资源，能够保障正常运行；交互性要求智能体能够通过交互接受已有的人类智能成果，实现与人类专家、创建团队及网民的互动，实现自主的商务行为；结构性要求智能体复杂庞大的功能由一个个基础构件组成，这些构件自身具备自治、自主的特征，在主体的控制下，主导自身的发展；传承性是一项关系到智能体发展原则的要求，智能体的智能源自人类社会积累的所有文明结晶，智能体的成长在人类提供的基础和环境中实现；整体性要求的来源基于生物智能的特征，只有大脑功能是人类所有认知能力、行为能力和生存能力的共同支撑，没有这些能力，大脑智能不可能存在，所以，智能体独立、自主、自治的各类模块应该在主体性前提下协调一致发展，而不是各自前行。

左侧部分的架构由 11 个功能体系组成，其必须能够满足中间部分和右侧部分的所有要求，实现全部功能。这 11 个功能体系是感知、描述、连接、记忆、学习、处理、交互、任务、资源、生存、控制功能体系。

感知功能体系需要实现五个要求：一是要将所有智能体需要感知的外部对象分配到可感知的感知器上承担，二是要能够感知对象内含的场景或上下位，三是要有足够的功能类型感知所有接收到的外部对象，四是要拥有满足感知性能要求的足够多的数量，五是能够正确地传送到描述区。

描述功能体系的要求是能将所有来自感知器或其他功能体系行为结果和过程的信息完整、正确地描述为智能体所有部分能理解的表述模式。实际上，智能体拥有的所有信息或记忆单元及相互之间的所有链接都是由描述完成的，而不是由外部或其他功能体系直接进入记忆的。因此需要有全局标识和符号体系，要有统一的规则和流程保证描述的全面性和唯一性。

连接功能体系的要求是应连尽连、连得正确、连得可计算。应连尽连不仅指连接智能体拥有的全部信息及其所有关系，还要实现所有功能执行的连接、与外部所有交互的连接。连得正确需要有明确的规则、流程、标识。连得可计算要求功能实现的执行过程通过连接实现计算。

记忆功能体系的核心要求是将智能体拥有的所有信息——知识、经验、技能、事实、数据等用一种有效的方式组织并管理起来，不仅使智能体所有构成部分能够理解，而且使任何智能过程或行为所需要的信息，只要在记忆中存在，就能够全部得到并使用。

学习功能体系要满足智能体成长需要及以任务执行为代表的各类智能行为的需要。学习功能承担智能体持续不断的主动成长的主要责任，要能够根据智能体记忆和行为现状做出分析，分析出需要在哪些方面、如何进行学习，要具备记忆所述各类信息的学习能力与方法。

处理功能体系要能够承担智能体所有的逻辑处理或含义处理功能，要能够逐步从人类专家手中将处理的软件部分接管过来。

交互功能体系要满足智能体所有与外界交互的软要求。所谓软要求，是相对于物理连接这个硬要求来说的，物理连接主要是资源部分的功能。要能够实现与交互对象可交流的语言、符号、格式的一致性转换，即从智能体理解的符号和格式系统转换为社会交互对象，如人、互联网、专用信息网络、商业信函格式等使用的体系。

任务功能体系是智能体作为社会责任主体的主要表现，是履行职责、取得报酬、实现智能体经济可持续的承载体。所以，智能体从一开始就要以承担有价值的社会岗位为导向（可以是多个岗位、多类岗位），朝着这样的方向学习、成长、测试。

资源功能体系要能够满足智能体全部的资源需求，不管是逻辑的还是物质性的资源，要能够逐步从人主导转向智能体自身主导，自己实现管理和维护，直至获取。

生存功能体系除保证生存资源满足需求外，还需要保证智能体所有功能体系的正常运行，同样需要逐步从人类手中将这个功能接管。

控制功能体系最重要的是实现智能体的主体性，要能够及时把握智能体的生存状态，能够持续进行风险分析，要能够把控风险，并在必要时采取应急处置措施。智能体的控制，既要适应各个组成部分的独立、自主、自治，这是智能体能够快速成长、持续发展的基础，也要能够实现整个智能体的全局控制，做出全局决策、应对全局风险。

智能体的控制从生命周期看，对复制和遗传能够做出判断并实施。

1.8 本章小结

本章是从《论信息》《智能原理》两本书中所讨论的基本理论和逻辑，到具体实现超越人的非生物智能体（也可称为超级机器智能）的这个过程中的变换章节。本章回顾了《论信息》和《智能原理》两本书中的主要发现，归纳出工程实现智能体的要求，并根据这些发现和要求，提出了构建智能体的初步思路。

对信息、生物智能和机器智能的回顾可知，构建的智能体必须实现结构性、渐进性、交互性、独立性与主体性。

认识结构、理解结构是认识信息和智能的基础。理解所有的结构背后是信息结构，理解信息结构从隐性到显性，从不完备到完备是实现智能体的关键环节，更是信息和智能理论的核心。理解生物智能，需要理解遗传基因和蛋白质的结构、神经元与神经元、神经突触与神经突触，以及从中枢神经结构到感知系统再到各个组织系统、器官，将这些结构中隐含的生存功能、控制功能、认知功能和行为功能发掘出来，更加重要的是认识这些结构和过程的背后是一个生物的隐性信息结构，信息结构是这些生物体结构、生命过程和智能过程的内在决定因素。如果能全面解析这些结构，一定可以发现，生物体的生命和智能不仅相互依赖，而且是同构的。理解从简单工具到自动化过程的机器智能发展，一个内在的规律同样是结构，是一个个模块形成了整体功能的结构，是一个个模块中内含的信息结构，是人的智慧、知识、经验、技能的隐性信息结构的显性化。

基于结构的渐进发展是信息和智能的基本规律，也必然是智能体发展的基本规律。渐进由三个内容构成：基础、结构和生命周期。基础就是要从最简单、底层的构件开始，信息、智能、智能体的发展概莫例外。结构如同搭积木，积木就是结构，从形状看结构是物理的，从本质看，结构是信息的。构件、结构通过一个生命周期逐步发展。信息和智能的发展阶段已经说明了这一点，智能体也必然如此，只是结构的形成和发展，信息、智能和智能体是沿着不同的路径发展的。信息依赖于生命和智能，生物智能依赖于数十亿年的进化过程，机器智能依赖于人的智能进步，智能体则以大规模并发来实现。

交互和传承同样是信息、智能和智能体的共同发展规律。信息和机器智能在与生物智能，特别是人的交互中发展，通过人实现社会性传承。生物智能通过遗传及相互之间的交流实现传承，人则增加了社会性的教育这个环节。智能体通过在其整个生命周期与人的交互中实现传承。智能体必须具备交互与传承的能力，这是后续章节持续讨论的一个主题。

信息、智能、智能体都是由极其大量的自治体构成的，信息和智能作为独立的主体或客体都是有限的。生物智能和智能体都以主体性作为发展的基本要求。大规模独立的自治构件与主体性代表的一个整体似乎是矛盾的，但这正是智能和智能体发展的奥秘与规律所在。在生物智能和机器智能中，这个规律已经充分展示，关于智能体的规律，也将在随后的章节中不断展示。

本章的主要目的就是将《论信息》和《智能原理》两本书中的主要发现——结构、渐进、主体、自治构件的并行发展等——系统地转化为工程实现非生物智能体的路径和方法。

第 2 章

感知

　　万事开头难。将"感"转换为"知"是智能体的起点，也是最难的路径选择。

　　生物的感知既是其认知功能的构成部分，更是其认知功能进化的基础。重要的是，生物感知到的就是它能理解和使用的，或者说是含义的。没有在智能体自身控制下，基于含义、形成理解的感知，就没有智能。

　　从感知开始，智能体计算不再采用传统的以处理数字符号为特征的计算模式，而是以全过程的含义计算，它开启了智能过程。本章介绍智能体如何感知，以及感知的功能构成和实现。

2.1　智能体的感知

2.1.1　感知的要求与定义

智能体面对一帧图片、一段声纹、一段文字（见图 2.1）等来自外部的信息，需要通过感知来接收、转换、组合、判断，并通过描述功能成为智能体记忆、理解和使用的材料。智能体通过感知器接收图片的光信号、声纹的波长、字符串特征，通过前置的通道和不同的传感器，依据规则和经验，对接收到的信号或符号进行标注、组合，辨别出智能体当前能理解的部分，如路、车、树、语音、词或词组、句子等，并根据感知的结果，分别将接收到的内容传送到描述区或感知存储区。

智能体将来自感知通道的所有内容，按照规则和感知器的特点，分门别类、逐一感知，直到对所有的信号或符号做出能否感知、能否完整感知的判断，将结果做出相应的处置，并完成感知器经验值的调整，这就是感知功能的基本要求。

智能始于感知，经由连接和描述，形成智能体的记忆。感知、连接、描述和记忆一体，成为智能理解的基础。

图 2.1　感知对象示例[1]

根据上述对智能体感知的要求，本书给出定义：智能体感知是指一个智能体在整个生命周期对所有来自外部世界的信号或符号通过接收、转换、标注、组合、判断、处置，传送到对应的描述微处理器的过程。这个过程的意义就在于它所感知的所有对象，经由描述微处理器转换之后，就可以成为智能体可理解、可积累、可利用的记忆。这

[1] 杨学山. 论信息[M]. 北京：电子工业出版社，2016 年，第 81 页.

个过程也隐含了不能转换为智能体可理解、可利用的不感知对象。

定义中的信号泛指所有来自外部环境、智能体可以感知的物理性刺激，它们都被称为物理信号或信号，如温度、压力、光、声波等；由这些物理信号显示的状态、场景、事件，以及被转换为模拟信号的对象，如照片、记录音视频的磁带等归属为感知对象中的信号系列。定义中的符号是指智能体接收到的所有数字化信息，特指由0和1构成的电磁信号，如来自已经连接的信息系统或网络的一篇文章、一段音乐或视频。智能体感知经由数字化的信息系统或网络传输过来的信息统称为数字符号或符号。感知的定义强调了感知对外部信息范畴的全覆盖，无论是动态还是静态，主动还是被动，连续还是断续，系统还是片段，都属于感知的对象。

感知的定义强调了智能体感知只处理自身可描述、可理解、可利用的外部信号或符号，如果不能满足这个要求，则放弃或搁置。这样的设定基于从智能的角度对信息的理解。本质上，智能体对物理信号感知的是信息的载体，对数字符号感知的是信息的外壳，经感知过程转换之后的是可描述的含义。这也是感知与传感、模式识别或分类的不同。关于信息由载体、外壳和含义组成的三层结构的解释见参考文献[2]。将信息构成进行三层区分，并将智能体可理解、使用的含义作为感知的结果，是构建智能体的必要前提。

感知定义中的智能体是指一个具有控制自身全部行为能力的非生物智能体，强调了感知是由智能体控制的一类行为。定义中的智能体生命周期是指一个智能体从设计开发到终止的全过程。定义中的接收是指外部信号或符号进入智能体的感知器。接收过程的重点是将来自外部的信号或符号进行区分，逐一归到智能体可以理解、操纵、使用的类别中。定义中的转换是指智能体将接收到的物理信号或数字符号转换为智能体可以理解和使用的含义的过程。定义中的标注是指智能体感知器对转换过的对象按规则添加智能体可理解和处理的标识。定义中的组合是指智能体感知器对标注好的对象根据该感知器的经验将智能体能辨识的部分组合成一个个可描述的客体。定义中的判断是指对感知对象结果进行分类并按不同类型予以相应处置的过程。根据对感知对象的感知结果的判断，有三种处置模式：放弃、保存及输送到描述区。

感知也可以如下形式定义：

$$\forall_a \rightarrow T_a \rightarrow P_{a'} \underset{\text{放弃}}{\overset{\text{保存}}{\rightrightarrows}} D_{a''} \rightarrow M_{a'''} \tag{2.1}$$

式（2.1）表达的是，任何智能体的感知对象 a 必须经由感知通道和感知器进行识别，被识别的内容经过描述（D）进入记忆（M），否则放弃或暂时保留。感知通道和感知器是外部信息进入智能体的唯一途径，而且这个过程是由智能体控制的。

智能体感知不包含智能体内部的感知，如智能体生存系统及工作系统的状态感知。尽管这些感知中有部分与外部的感知有相同的机理及功能构成，需要调用感知功能系统中的相应功能组件，但主导者已经不是感知功能系统，而是智能体的生存和意识思维控制等功能系统。

作为工程目标的智能体的感知，必须做到过程可控制、技术可实现、目标可达成。过程可控制是指感知的所有过程不仅处于智能体控制下，还要求如果出现不能控制、不能操纵、超出智能体当时能力的感知过程，那么智能体应该具备放弃、不予处置的能力。这个要求也隐含了智能体的感知功能是一个随着智能体的成长而成长、完善的过程。技术可实现是指所有的感知过程处理只采用已经存在且智能体已经拥有并可使用的技术。目标可达成是指所有感知过程需要取得的最终结果都是可控、可实现的。

感知功能由机械功能模块和逻辑功能模块组成。机械功能模块具有将物理信号和数字符号接收和传输的功能；逻辑功能模块具有将物理信号和数字符号进行转换、调整和反馈的功能。感知器是感知功能的主要承担者，通常既有机械功能，又有逻辑功能。

智能体感知不是模式识别。必要时，利用模式识别的工具或算法将保存在感知存储区内的内容恰当归类是智能体的学习功能。感知的判断全部基于相应感知功能系统预置及积累的经验，依据不同的阈值做出如何处置的判断。判断的规则与阈值以一个感知微处理器为单位，并在感知的过程中持续调整、提升。

智能体感知不是信息系统的输入，而是感知对象载体或外壳的转换及其内在含义的提取，使获取的内容转化为智能体可操纵的符号体系，以及智能体可理解、利用的含义。

2.1.2　感知的对象、类型与来源

智能体感知的对象由两大类构成：物理信号和逻辑符号。依据感知过程及所需感知功能的不同，可以进一步细化感知的对象。物理信号感知对象的类型，包括：光波、声波、压力、味道、温度、速度，物理或化学、生物成分，状态、场景、事件等。状态、成分、场景、事件在这里都是泛指。逻辑符号感知对象的类型可分为模拟的和数字的。若讨论逻辑符号中包含的内容则涵盖了物理信号的所有类别。

从感知处理的特征和目的看，感知的对象可以分为表 2.1 中所列的八类。这个分类兼顾了信号类型与感知目的。音、视频属于逻辑符号范畴，而其他六类均兼具物理信号和逻辑符号的存在方式。区分这六类是服务于感知的目的，识别什么、为什么识别。

表 2.1　感知对象大类列举

类　型	说　　明	例　　子
视频	记录下来的、连续的图像与 / 或声音	各种摄录像设备记录下来的文件
音频	记录下来的持续可辨析的声音	各种录音设备记录下来的文件
文字	所有以文字形式被感知的对象	文本、视频中的数字化的文字
图形	单独或系列图形，二维和三维	图片、相片、CAD 文档、视频中包含的
状态变量	特定系统或任务需要感知的状态变量	各类自动化、自动控制系统中感知的
物体	智能体在场景中需要识别的物体	各类物体，如动物、植物、人造物
事件	智能体在场景中需要识别的事件	各类有意义、有关联的活动，如会议、运动
场景	场景作为事件识别	识别场景，如课堂教学、诊治、救灾

注：物体是指场景中的存在物；事件是指场景中进行的有关联的活动；场景不包含自动化系统、物联系统等状态量已被相应系统处理的情形，这些感知在状态变量识别中

　　感知类型还可以按感知器进行分类。传感器有多种分类标准。按工作机理，可分为结构型、物性型、复合型和智能型；按被检测量，可分为物理变量、化学变量、生物变量；按制造材料，可分为半导体传感器、单晶体传感器、陶瓷传感器、薄膜传感器、光纤传感器、高分子材料传感器、生化酶传感器等[2]。

　　从感知内容的颗粒度看，感知对象至少需要分为三层：单点、可描述客体、整体。

　　单点是指一个智能体相对于特定感知功能的感知器的最小可感知单位。例如，符号的一个 0 或 1，信号的一条光束、一段声波。光束、声波的范围、长度，依赖于感知器的功能。

　　可描述客体是指在一个描述对象体中需要或可以用作独立观察、认知对象的一个感知单点集合。可描述客体本身具有不同的粒度。如一张人物相片，可描述对象可以是相片中关于人的全部，可以只是脸部或眼睛、眼睫毛、眼珠、眼袋等部分。可描述对象的粒度基于智能体识别的目的和能力。如图 2.1 所示，图中可以分辨出成百上千的可描述客体，若非作为教育分析等特殊用途，智能体只分辨学习和行为所需的可描述客体。例如，要分析机动车违规，只需要对机动车是否违规的要素区分，如静态的车道、动态的车速。

　　感知对象整体包括静态整体和动态整体。静态整体是指时间上独立的一帧信号或自然隔断的一组符号。动态整体相对于信号是指一个时间序列构成的可独立场景或事件，相对于符号则是一串完整的输入集合。动态整体是一组静态整体的集合。视频的一帧、音频的一段、被分割的一串符号是静态整体，一个连续音/视频、一个独立文本是动态整体。

　　感知对象的来源主要有两类：一是智能体的传感设施可触及的环境，包括由智能体控制的、传感设施可以移动或连接的来源，以及与智能体并非处于同一空间、地域的对象；二是智能体可连接、可利用

---

[2] 倪星元，张志华. 传感器敏感功能材料及应用[M]. 北京：化学工业出版社，2005 年，第 4～6 页.

的网络信息，包括互联网及其他信息系统或网络。

2.1.3 感知功能的构成及与智能体其他部分的关系

在 2.1.1 节中，已经介绍了智能体感知的功能要求，本节讨论实现这些功能要求的基本模块及其与智能体其他部分的关系。

图 2.2 是实现智能体感知要求的功能划分，由三条通道、六个功能模块构成。三条通道是感知通道、控制通道、成长通道。感知通道是智能体所能管理和控制的信息输入通道。控制通道承担智能体对感知功能的完全控制，主要包括感知过程对智能体其他资源的调用，感知功能系统与其他系统的协调，不同感知系统之间超越感知功能相互协调的部分，输入环境的协调，成长通道的控制和协调。成长通道承担感知功能系统自身及智能体其他相关功能系统的处理过程中所有对其成长相关信息的反馈及处置，涉及所有感知功能模块的成长。六个功能模块分别是输入分类、转换、标识、分类、后处理、输出，这些模块承担的任务及实现将在 2.2 节进行介绍。

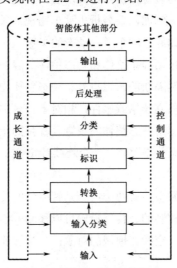

图 2.2　智能体感知功能构成

感知是智能体各项功能形成和发展的起点。如图 2.3 所示，感知功能体系与其他功能体系之间存在大量的联系，其中最重要的是与下列 10 个功能体系的关系。

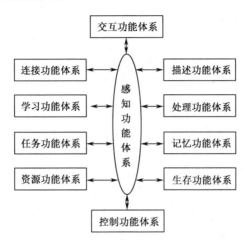

图 2.3　感知功能体系在智能体架构中的位置

图 2.3 列举的是通用智能体必须具备的 11 个功能体系。感知功能体系与另外 10 个功能体系存在不同程度的双向关系。

感知功能体系与交互功能体系存在功能相互调用和信息交互的关系。感知通道也可以用作交互功能体系的外部连接通道，交互功能的相关结果可以成为感知功能体系的规则和背景知识提升的一种来源。

感知功能体系接受智能体控制功能体系的管理。除属于感知功能体系一部分的连接、感知结果的处置等功能外，其他所有与智能体功能体系之间功能的协同均通过控制系统的管理功能。

感知功能体系使用连接功能体系的功能，感知功能拥有的连接是连接功能体系的组成部分，接受两个功能体系的双重管理。感知功能体系内部的连接以自己管理为主，与外部共用的连接以连接功能体系的管理为主。

感知功能体系的结果是描述功能体系的一个起点，但不是唯一起点，描述功能体系还要完成来自学习、任务、管理等功能体系的描述要求。描述功能体系的结果是感知功能体系完善、提升的重要来源。

感知功能体系的结果是学习功能体系的重要来源。感知存储器是学习的重要材料来源。经由连接到达记忆区域的感知—描述的结果成为学习功能体系的处置对象。学习功能体系与感知相关的成功是感知功能体系完善和提升的主要来源。

感知功能体系的处理能力是处理功能体系的组成部分，两个功能体系对此均有管理权。感知功能体系保持使用的管理权，处理功能体系保持处理功能提升的管理权。

感知功能体系与记忆功能体系的关系主要通过描述结果体现；与任务功能体系的关系主要是为任务功能体系执行任务提供感知相关的功能；与生存功能体系的关系主要是接受生存功能体系的管理和调整；与资源功能体系的关系主要是申请并获取满足功能需求的资源。

需要再次强调的是，智能体所有的功能体系是一个有管理、有控制的整体。

2.1.4　感知的基本准则

感知在智能体的构成和成长中居于基础的位置，没有感知就没有智能，感知要成为通用、可成长智能体形成和发展的起点。智能体感知功能要达到这样的要求，需要精心设计若干基本准则，主要有：含义形成并为后续与理解相关的要求奠定基础、渐进提升的能力、大规模并行及协同、可操作可容忍的歧义处理、跨时间和场景的参照及一致性等。

第一，含义和理解准则，也可称为目的性准则，即要求所有的感知是为了将感知对象转换为智能体能理解的含义，感知形成含义并为后续与理解相关的要求奠定基础。这是智能体感知的首要准则，其他准则都应满足这个要求，所有功能设计都必须遵循这个准则。含义和理解准则是指经由感知的信号或符号必须转换、组合为智能体可描述、可利用、可理解的含义，如果做不到这一点，感知功能体系可以选择放弃或留置，即保存于临时存储区域，而不能进入智能体的记忆及其他工作区域。

第二，自主准则，即感知的进程由智能体控制，即使在智能体形成早期的调试阶段，如果智能体无法识别、组合测试过程及测试数据集应立即停止，绝不接收任何不理解的信号或符号。智能体只有记忆，没有存储。

第三，成长准则，也可称为渐进提升准则，是指智能体的感知是一个长期的发展和完善过程，即感知是成长的。渐进提升包括功能渐进、模式渐进和结果渐进。功能渐进是指智能体感知的物理和逻辑功能，以及整体功能，如计算资源和执行的规则，都是渐进的，在整个生命周期可以持续增长。模式渐进是指智能体感知模式在智能体的生命周期可以持续增加或调整。结果渐进是指在感知过程中，以前感知、已经进入智能体记忆区域的结果可以被后续的感知结果调整、修改。

第四，穷尽准则，也可称为完备准则，就是对每个感知对象，要穷尽对象中的所有内在含义，使得每次感知趋近完备。在后面对不同感知执行过程中的后处理和反馈不厌其烦，不管是否重复的组合，都是这一准则的体现。

第五，可操作准则，即每个感知操作都是可执行的，所有不能操作的设想不应出现在一切感知流程中。

第六，容错准则，是指感知器针对存在歧义的单点感知或感知归类，采用可实现的简易操作处置，对感知的结果允许在使用或学习过程中发现差错。一般地，容错操作有三种方式：试错、容错和前馈式校对。试错是指在单点感知和组合时，若结果不能确认可否接受，则继续转到其他感知器或采用其他组合方式，直至没有可选的感知器或组合模式。容错是指智能体允许每个感知器及感知组合功能保留少量未经验证的感知结果，等待后续验证；保留什么、保留多少则根据已经存在的相关规则执行。前馈式校对是指每次感知结果经由后续的描述、记忆进程及智能体在学习和智能任务执行过程中相关内容的证实或证实结果梯次向前反馈，用作感知器及组合功能的参照。渐进准则隐含的一个规则是允许不完整，允许有错，在此后的发展中趋向完整，改正错误。

第七，大规模并行准则，是指智能体的感知不仅必然采取大规模并行的模式，还要保证并行的有效性，智能体不因大规模并行而失去控制或感知成果间的不一致。这里的"大规模"是指数量巨大，"并行"则有两层含义：一是不同功能和模式的感知并行进展；二是指具有相同功能或模式的感知也采取并行方式。采用大规模并行既是感知的需要，也是智能体以数量换时间，加快感知进度的结果。大规模并行达到什么规模，大体上感知器数量可能达到十亿或者更高的数量级。功能相同，但感知对象不同的，分设不同的感知微处理器；功能对象均相同，但感知对象众多的，可并行设立多个相同的感知器，但应该具有整合的功能。

第八，一致性准则，是指智能体应该能够对来自不同时间与／或场景的感知对象保持含义的一致性。这一准则的目的在于感知对象在含义上本来具有一致性，但在不同的时间被感知，如相同感知对象第一次没有恰当组合，感知器在提升经验之后又能够组合或形成新的组合，要保证前后的一致性。同样，相同的内容在不同的场景中出现，需要保证不同场景的一致性。这个准则是感知成长的基本要求。

2.2 感知功能的构成及一般进程

2.1 节讨论的感知功能不但十分庞大，而且与学术界和业界所熟悉的传感技术、模式识别在实现过程、模式和目的等方面具有显著差别。本节将介绍实现该功能的一般流程、技术构成及传感技术、模式识别的异同。

2.2.1 一般感知进程

按照智能体对感知信号或符号的处理模式，感知对象可分为五类：

物理量、化学量、生物量、可识别符号和还原符号，后两者也就是模拟或数字的音视频。物理量、化学量、生物量分别对应感知对象的物质属性，其中物理量的类型最多，对智能体成长和发展的作用最大；可识别符号与还原符号来自信息网络或特定的信息系统，区别在于，前者智能体可以直接识别并通过感知和描述变成智能体可用的信息，后者则重新转换为模拟信号，经由物理信号接收的通道实现感知。动态复杂场景与静态孤立感知对象，其感知进程也有所不同。

显然，不同的感知对象及场景存在不同的感知进程。不区分感知对象及场景的一般感知过程如图 2.4 所示，由 9 个阶段、30 个流程构成。

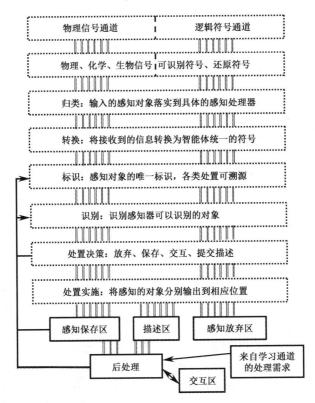

图 2.4　一般感知流程

9 个阶段及其细化的流程分别如下所述。

1. 确定通道

智能体感知通道只有两大类，但每类的具体通道一般有多条。针对具体的感知需求，需要确定使用哪一条或哪几条通道。第一步确定了感知的来源。

2. 确定大类

感知器的位置以同类聚合为主。感知对象进入感知通道后，下一步的流程就是通过一定的方法，进入适合的大类区域。

3. 确定处理器

一个感知大类有大量的微处理器。有的类可以直接到达感知处理器接收一个特定感知对象的内容，有的类可能还需要经过一次甚至多次细分，才能到达最终的感知处理器。需要强调的是，有的感知对象及其对应的感知功能组可能会对输入对象以分解组合的模式来感知。如对以光波方式输入的物理信号，感知功能组可以由三原色感知颜色，由特殊感知器感知物体边界，然后由一个感知器组完成整体的符号转换。

4. 转换

每个感知处理器将接收到的内容，不管如何来到这一感知器，均转换为智能体确定的、统一的符号系列。

5. 标识

每个感知处理器在转换结束后，根据给定的规则和标识体系，对该感知客体添加两类标识，一类是唯一的客体标识，另一类是可区分的客体间关系标识。其目的是可溯源、可连接客体相互关系，以保持一致性、可用性。

感知的标识是智能体标识体系中的一部分，标识规则要确定智能体所获取信息的初始位置。初始位置是一个多维度的概念，既是指空间和时间的绝对或相对位置，更是指一个为描述体系所规定的含义单元的位置，还是指不同的感知框在一个场景或状态中的位置，也包含了对一个个场景或状态的时空、含义标识。标识规则的原则是唯一性、相关性和可修改的弹性。唯一性是指感知的所有信息，在不同的维度、不同的尺度（规模、范围等）均是唯一的；相关性是指感知对象的所有含义相关，都可以唯一地标识；弹性是指能容纳各类可能产生的修改、调整。

6. 识别

识别与处置决策是感知过程中两个核心环节。

识别基于感知处理器能识别的对象，即人头像感知器识别人头像、马头像感知器识别马头像、眼睛识别器识别眼睛、睫毛识别器识别睫毛，图形识别器识别图形、圆形识别器识别圆形、多边形识别器识别多边形、曲线识别器识别曲线、中文识别器识别中文、"马"字识别器识别"马"、"馬"字识别器识别"馬"、颜色识别器识别颜色、红色识别器识别红色、绿色识别器识别绿色、蓝色识别器识别蓝色、语音识别器识别语音、汉语语音识别器只识别汉语语音、北京话识别器只识别北京话、张三的语音识别器只识别张三的语音等。

在一个识别框中，如何找到可识别的对象，基于每个传感器特定的方法或算法，并随感知实践而持续完善。

识别组合是识别过程的最后环节，也是较为复杂的流程。识别组合主要有三类：一是同一感知器同一感知框的组合，将图形与图形、字符与字符、物体与物体等组合起来，形成更加系统、完整的识别内容；二是同一感知器不同感知框的组合，如物体与声音的组合，目的同上；三是同一感知功能在不同感知器相关感知框已识别对象的组合，目的是获得更加系统、完整的识别内容。不同感知器的组合属于感知功能组内甚至跨功能组的协同，基础是标识或感知结果。

7. 处置决策

识别过程会产生多种可能的结果：有或无、一个或多个、确定或不确定。每个传感器根据给定的判断规则、过程或算法，给出处置决策。

感知框有两种决策流程：一是放弃，二是保存。决策的确定有不同的承担主体。若没有发生感知的关联性，即迄今为止的感知过程只发生在一个感知器中，则由该感知器做出决策；若有一个或多个环节发生了几个感知器的协同，则由这几个感知器的上位功能组做出决策。

感知结果也有两种决策流程：一种是确定性足够高，直接输送到下一个环节，描述区；另一种是不太确定，需要通过交互模式来确认，无论结果如何，确认后除需要对识别对象再次判定外，还需要通过后处理对传感器的经验进行修改，还要对有记录、保存在感知存储区的类似识别对象重新识别。

8. 处置实施

处置实施是处置决策的自然后续流程。这个流程不进行独立判断，只按照规定模式，将感知框及感知结果传输到相应的区域。

9. 后处理

后处理有多条进程。一是交互结果产生的处理，涉及的环节视结果的不同而不同，如图 2.4 所示，将转向标识、识别、处置决策等流程。二是根据描述结果，如有需要反馈至前面的环节，则按规则处置。三是根据规则，决定是否、用何种方式对感知存储区的内容实施再感知操作。再感知操作有两大类，一是用智能体拥有的模式识别方法处理，得到的结果转向相应感知器确认；二是感知器的感知经验确认提升后，在存储区匹配，以获得新的成果。无论何种方式，由感知器最后确定识别内容是前提。来自学习通道的其他可能需要反馈到相关环节的，应实现相关的调整。

各阶段的流程如表 2.2 所示。

表 2.2　各阶段感知流程简表

		确　定　通　道
1	1.1	通道就绪
	1.2	感知对象进入相应通道
		确　定　大　类
2	2.1	将感知对象相应归入物理信号或逻辑符号的不同大类
	2.2	还原符号归入相应物理信号大类
		确　定　处　理　器
3	3.1	根据大类特征，将感知对象逐一分配到相应的传感器
	3.2	根据大类特征，确定感知对象分层处理模式
		转　　换
4	4.1	感知处理器将接收的物理信号转换为智能体统一的符号系列
	4.2	感知处理器将接收的逻辑符号转换为智能体统一的符号系列
		标　　识
5	5.1	对感知对象不同粒度给予唯一标识
	5.2	对感知对象的形式性关系给予相应标识
	5.3	实现来自后处理要求的标识调整要求
		识　　别
6	6.1	每个感知器根据自身经验对感知对象进行识别
	6.2	区分已识别的感知对象和未识别的感知对象
	6.3	对已识别的感知对象进行组合
	6.4	未识别的感知对象向同类感知器转移
	6.5	识别同类感知器转来的对象
	6.6	识别后处理转来的对象
	6.7	感知功能组组合识别对象
		处　置　决　策
7	7.1	确定是否提交描述
	7.2	确定是否提交交互
	7.3	确定是否提交保存
	7.4	确定是否提交放弃
	7.5	对后处理转来的调整进行相应的处置，重复 7.1～7.4

续表

8	处 置 实 施	
	8.1	实现 7 的处置决策，分别传输到相应部分
9	后 处 理	
	9.1	7.2 决定的交互经描述后提交交互功能系统
	9.2	反馈交互结果的处理，转到 7 重新处理
	9.3	根据描述结果，有必要的交互结果反馈到相应部分，如标识不正确则转到 5
	9.4	对感知保存区中的内容用不同的学习算法进行处理
	9.5	当感知器的知识更新后，对感知保存区中的内容用感知器匹配方式处理
	9.6	9.4、9.5 及其他学习通道转来的调整要求，落实到相应流程

2.2.2 感知功能模块及其实现

根据 2.2.1 节对感知流程的分析，可以从中辨析出实现的功能模块。以模块涉及的传感功能部件的类型为标准，可以将其区分为单一传感器的功能模块、多传感器或多传感功能组的模块、跨智能体不同功能系统的模块。以模块承担的感知功能为标准，可以将其区分为感知分类模块、符号转换模块、标识模块、识别模块、组合模块、处置决策模块、交互模块、后处理模块、规则模块、协同模块、成长模块等。本小节的讨论基于这一系列展开，兼顾其他方式区分的模块。还有一些对实现感知功能来说不可缺少的模块，如资源申请模块、通道就绪模块、处置实施模块、与智能体其他功能系统连接的通信连接模块等。由于这些模块功能的实现路径一目了然，本书不做专门的讨论。

1. 感知分类模块

感知分类模块的功能是将感知对象与一个或一组感知器建立对应关系。前面已经说明，这个过程有三个流程，第三个流程又可能需要几次细化，考虑到不同类型及不同场景的感知对象与感知器对应的路径存在数量巨大的匹配模式，感知分类模块是一组模块的总称。

感知对象与感知器匹配的实现基于两个出发点。第一，归入感知通道和大类基于对感知对象来源特征的判断。如图 2.4 所示两个层次的大类判断，显然有很多方式来识别。第二，大类下面细分类别多的，如视频，先通过类别特征分类，然后由感知器来确定；细分类别少的，直接由感知器确定。

来自信息网络通道的智能体可识别符号，基本上直接匹配到具备相应功能的符号识别感知器。不同的文字、不同类型的图片、语音或视频分别通向可以识别的感知微处理器。

来自信息网络，需要还原到物理信号识别的，比直接源自物理信号的感知对象更容易实现与感知器的匹配，因为匹配特征提取更加直接。

对于复杂的感知对象，匹配也是可以实现的。笨拙但肯定可操作的是全循环。完整的循环过程设计一定可以感知对象到达智能体已经拥有的相应感知器。当然，如果智能体没能拥有相应的感知器，则留待其成长之后。对于基于环境的物理信号感知，可以调动传感器的物理位置，对于可调整的场景，也可以反之。由感知器能力区分物理信号类型是主要的分类模式，如三原色感知器识别复杂颜色、声音感知器识别声波、电化学感知器感知生物电的变化等。

2. 符号转换模块

对于每个感知器的每次感知都要进行符号转换。只有转换为智能体规定的、专用的特定符号体系，才能为智能体对感知信息的处理创造基础。符号转换模块可实现是显然的。

3. 标识模块

标识模块有三大功能要求：一是基于统一的智能体标识体系；二是对感知对象的客观存在给出唯一标识；三是基于当时拥有的信息，完整标识当前感知对象与其他感知对象在时间、空间、场景或事件中的关系。

感知标识体系是智能体标识体系的一个组成部分，在智能体控制功能体系下的规则功能子体系的规范下，由感知功能体系维护和使用。

针对其可区分的颗粒度，对感知对象以物理存在标准赋予唯一标识。一般地，一次静态感知的对象可以区分三种颗粒度：框、单点和组。框是指一个感知器一次感知的内容，如视频的一帧、音频的一段。单点是指一框中被感知器能区分的最小单元。组是指感知器可以在框中区分出来的具有独立含义的一组单点集合，一个单点可以归入多个组中。对于动态的关联对象，则需要根据感知的目的来区分更大的标识单元，区分的依据是对象的次序关系、时空关系等。存在性标识基于颗粒度及标识规则，标识规则应该作为智能体初始、赋予的一项内容。

一个感知对象与其他感知对象间关系的标识基于智能体已有的知识。随着感知的积累及其构成中成长通道作用的发挥，关系的标识会日臻完善。

4. 识别模块

识别模块的功能是将感知器拥有的可识别内容与感知对象匹配，确定是否存在一致或相似的内容。如果存在，则要确定数量及位置；如果相似，则要给出相似度。相似度的确定规则应该前置于感知器中。

5. 组合模块

组合是感知功能中重要且复杂的部分。重要性体现在感知结果中最有意义的部分大都产生于组合后，复杂性体现在组合可能的多样性和不确定性。显然，如果感知器拥有的经验中已经存在组合出来的有意义内容，则无须组合。

组合的重要性和复杂性不仅体现在一个感知框中的组合，更体现在同一感知器的不同感知框内容的组合，以及不同感知器的相关内容的组合。对于前者，例如，同一个人出现在一个视频中或相关静态框中，需要组合；对于后者，同一个人讲话的形态与语音通常由不同的感知器识别，需要组合成一体。

组合的实现基于确定的规则和流程,并在感知的进程中不断完善。由于智能体感知不追求全部识别、全部准确,因此上述组合功能是能够实现的。

6. 处置决策模块

处置决策模块承担对感知结果判断并做出处置决定的功能。提交描述、交互、保存或放弃,都基于事先存在的判断准则。判断准则应当是初始、赋予的一个组成部分,并根据感知的结果、依据给定原则持续完善。来自后处理的决策判断,流程和规则均与前述相同。

7. 交互模块

交互模块功能是智能体交互功能体系的一个子集。它在交互功能体系的管理下执行感知部分的交互性任务。实现交互并不复杂。智能体通过特定的网络或直接通道向约定或非约定的智能体提出问题,得到回答。提出的问题基于感知器特征,对模糊、不确定的任务提出问题,如文字的变体、影响不清晰等原因。交互以"这是什么""这是××吗""这两者是××关系吗"或类似问题为主。对于交互的结果处理也以是、不是、是什么三类为主。一些有价值的中间性、调整性问答,在该感知器及感知功能组的交互能力提升的基础上,用常规推理模式实现。

交互模块不仅需要实现交互,还要对交互的结果做出确定性评价。为了后者,需要在交互开始时对向谁提问、向多少智能体提问、如何提问进行设计,以方便得出确定性的结论。

8. 后处理模块

后处理模块承担所有离开感知处理区域并将与感知处理相关的任务反馈给感知器的功能。成长通道及交互结果是后处理任务的主要来源。后处理功能的特征是感知功能体系与智能体其他功能体系之间的衔接,将感知功能向其他部分提交任务的结果和其他功能体系对感知部分的建议分配到感知部分相应的功能阶段落实。这些后处理功能的实现均根据预先确定的流程及规则，并在总结处理经验中调整。

表 2.1 中，9.4 和 9.5 所要求的处理功能不同于其他后处理模块，需要单独表述。9.4 描述的是如何将保存于感知存储区的未经识别的对象通过与 2.2.1 节中讨论的不同方式进行处理，找出对智能体有价值的对象。不同方式是指所有已经证明有效并且是智能体能够支持的模式识别方法。智能体能够支持三个基本含义：一是计算资源能够支持，二是无须额外标识，三是后处理或学习功能体系拥有并可以操作。理论上，智能体可以拥有规模很大的计算资源，但这些资源被智能体各类构成部件从不停息的处理所占用，且很多模式识别方法需要的计算资源强度很大，并不是智能体所能支持的。无须额外标识是指用作识别的感知对象除在感知标识阶段已经标识以外，不再启动任何标识行动。智能体发展的一个基本原则是利用所有已知的智能成果，但已有的成果被智能体所用需要条件、时间和代价，智能体拥有并能操作的方法只是已经存在并使用的模式识别方法的一个子集。被识别出来的对象将由后处理系统依据 9.5 的方式交由相应的感知器确认（其实是一个再识别过程），后续的处理同感知器识别以后的流程。9.5 则由后处理模块触发，仅启动改变了知识和经验的感知器，开始描述与 2.2.1 节相同的感知过程。

9. 规则模块

规则模块承担所有实现感知功能需要的规则的补充和修改，在必要并有能力时，也可能需要制定新的规则。

规则是感知功能系统所有功能实现的基础，主要有分类规则、标识规则、转换规则、识别规则、组合规则、交互规则、判断规则、控制规则、协同规则等。

列举的，或可以预期的必要的规则都应该成为智能体初始、赋予的组成部分。同时，对规则的修改、完善同样需要规定原则和流程。

第一次判断规则基于传感器的特征，判断的目的是确认一个感知框的内容是否属于该传感器可以感知的范畴。确认的基础是将转换后的结果与该传感器之前感知的经验值比对，规则就是符合率，符合率初始基于人类知识，并在智能体持续的感知过程中调整。调整的基础是智能体成长过程的学习，其内容将在学习和成长相关章节详细讨论。第二次判断规则的形成和发展过程与第一次相似，依据组合的结果来决定。一般地，没有组合成果，即在一个感知框中没有一个组合成果的，传输到存储区，有一个及以上组合成果的，传输到描述区。描述及此后智能过程对该组合的评价将反馈到组合区，作为组合形成和评价规则的基础。

组合是感知的核心功能。感知器的组合主要应对四类场景：一是对视频的框识别其中有意义的组，二是对视频中同步的音频进行组合，三是将一个事件或状态同一时间的感知进行组合，四是将接收的一段符号组合为有意义的组。

组合的规则基于感知器的功能和承担的任务，来源是普遍性的模式识别规则或特殊性的背景知识引导。一个感知器对感知对象如何组合，来源是初始、赋予及持续的来自描述、记忆、学习等功能体系的反馈。

所有规则和原则均在初始、赋予时系统地嵌入智能体，并对操作系统如何适应学习、成长过程中的调整给予预留功能模块。

10. 协同模块

协同既指感知功能体系内部不同传感器、不同传感器组之间的协同，也指智能体能跨功能体系的协同。例如，感知结果的组合，交互功能的实现，来自控制通道的指令的实施，资源的申请和管理，等等。

协同模块的核心是当各个功能衔接时，按给定的格式、流程、参数等，实现协同的互操作。协同模块的基础功能是相似的，智能体可以自行发展和增加新的协同模块。

11. 成长模块

智能体在发展过程中积累经验、持续成长是智能体构建和发展必须遵循的基本原则。感知功能在初始、赋予之后，应该能够通过自身的感知实践积累经验，并将经验按照一定的控制流程和原则转换为既有功能的调整、扩展和完善。

成长主要体现在三方面。一是感知器数量的增加和范围的增长。数量增加是指同类增加，可以有更强的并行处理能力，提高了智能体对来自外部的海量感知对象的处理速度。范围增长是指增加新的类型，扩展了智能体感知的范围，直至将所有需要增加并能增加的感知器类型都称为智能体的感知构件。二是感知微处理器识别能力的成长。成长既体现在物理能力方面，如辨别的精细程度，还体现在逻辑能力、匹配算法、已辨识对象的体系化增加等方面。例如，对人脸的识别，从最早只可以辨识几个开发、维护人员，到千万以上量级的人脸识别。三是识别流程的优化与规则的完善。例如，感知功能前端的分类、中间的匹配与识别，后端的组合、处置决策与后处理，也经由实践总结而持续提升、优化。成长将在 2.5 节进一步讨论。

2.2.3　感知功能系统的组件及其实现

感知功能系统的组件如图 2.5 所示，包含三个核心部件：感知微处理器、感知功能组和感知功能系统及两个协同部件：感知通道、协同功能，其中两个协同部件不属于感知功能系统。

1. 感知微处理器

所有感知对象均通过感知微处理器决定智能体对感知对象的辨识，因此它是感知功能系统的基础，其他功能组件以它为中心。

如图 2.6 所示，一般而言，感知微处理器由一组硬件、一套软件和一个知识库构成，是一个独立的可以成长的处理中心。

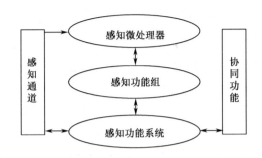

图 2.5　感知功能系统的组件

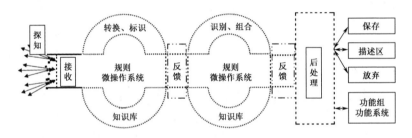

图 2.6　感知微处理器的一般结构

感知微处理器的硬件由三部分构成，即传感器、处理器和连接链路。传感器区分可感知的信号或符号，完成接收过程。传感器以已有的传感技术为基础，在智能体达到十分强大的功能之前，利用已有的传感技术是唯一的实现路径。处理器承担软件运行和知识库管理，一般使用专用芯片，如 FPGA。链路实现微处理器所有连接功能。

感知微处理器的软件是实现并持续改善识别感知对象的规则和流程的工具，其本质上是一个专用操作系统。它的主要功能有：执行微处理器的所有感知流程，完善规则，管理知识库。不同的感知微处理器功能不同，使用的规则和知识库复杂性不同，软件的规模和复杂程度也不同。有的感知是直接的、不变的，其使用的规则和知识库相对简单；有的感知过程比较复杂，如需要若干感知微处理器的协同，以及层次分解和叠加，相应的规则及知识库相对复杂。感知微处理器软件采用初始赋予基本功能、在感知实践中持续完善的策略。所以软件实际上可依次分为两个部分：执行感知、提升感知能力。智能体对自身软件的修改、补充、增加有专门的功能系统予以实现，关于感知微处理器的软件，需要感知微处理器软件的配合。

一个自有的知识或经验库是感知微处理器完成感知任务、不断提升识别能力的主要载体。或者说，感知微处理器的识别能力除所使用的规则与软件外，主要的基础是知识库拥有相关知识的数量。知识和经验库保存了该感知微处理器所有能识别或已识别的不重复的对象，是智能体记忆相对于该处理器的一个镜像。识别人的脸、眼睛、耳朵、眉毛的感知器，保留了所有已识别的人脸、人眼、人耳、眉毛；字符识别感知器则以一个特定的字符为单位，保留与该字符相关的、已识别的所有变形，如汉字的繁简体、美术字体等。

感知微处理器以已经存在的传感器为基础，是一个庞大的家族，不同类别的功能存在重大差异。按表 2.1 的分类，状态变量的感知是最简单的，与传感器功能相同的地方最多。图形、物体的感知比状态变量复杂一些，需要一定复杂程度的匹配及组合，提升过程主要依靠经验的积累，在积累过程中，交互模式与以模式识别为主体的学习模式并重。单个文字的识别技术并不复杂，将同一文字的不同变体集中到一个标准字符下，交互成为主要的方式，学习过程对知识库的增长也有重要作用。文字识别的主要内容是组合，既要通过一个个字符感知器保证智能体对含义的把控，又要将分割的文字重新按输入对象的上下文组合、复原，这个复原还要保证智能体的理解和管理，需要良好的感知功能组设计。音、视频感知复杂度高的原因是其中包含大量内容，识别其中含义的难度整体比较大。音、视频识别需要针对感知对象的特征，分别设计专用的流程、规则。而事件、场景的感知，采用感知对象一致的技术，重点在设计基于识别目的的重组过程。

感知微处理器接受感知功能组和感知功能体系的管理。感知微处理器与外部的连接，接受感知及其他功能系统的反馈，以及感知结果的组合、调整，分别接受感知功能组和感知功能系统的管理、控制。

2. 感知功能组

感知功能组的主要功能是管理一类在感知过程中需要协同工作的感知微处理器，以更加有效地实现感知目的。感知功能组有多个层次，可能是稳定的长期存在，也可能是临时的，因为特殊的需要形成。功能组的形成机制在于感知发展的实际需求，稳定的基于对应的记忆单元的稳定，临时的基于相关功能组某个进程的需求。

有两类主要的协同需求，即感知对象接收过程的协同和组合过程的协同。接收过程协同的目的是优化和还原。优化是指从感知通道进入的感知对象到感知微处理器接受的过程如何实现最优。如视频，有的对象可能适合广播式发布后由不同的感知器分别接收，功能组从组合的角度整合；有的对象可能适合先用三元色感知器、形状感知器感知后，再由特定物体感知器集成，等等。

组合过程的协同是还原感知对象被感知器切割的部分，通过组合识别回复感知对象包含的有价值内容。功能组的组合是指感知器自身组合基础之上的所有有意义的组合，至少在三个场景下需要组合协同：一是前述视频感知，采取分光、分简单形状，所有参与这个过程的感知器需要协同组合；二是字符感知器还原文本相关的字符集，需要协同组合；三是事件和场景感知通常需要跨越多个感知框，需要功能组进行更加复杂的感知协同。

功能组协同基于自身的知识库及必要的特殊规则，如针对字符的文本匹配规则、针对分光感知的成物组合规则、针对场景的全局性组合规则、针对事件的事件对象时间系列抽取规则等。

功能组是一个基于概念体系的层次结构。在智能体已经拥有的知识图谱基础上进行组合的管理和控制。

3. 感知功能系统

感知功能系统是指在感知微处理器及感知功能组之上的整体性功能系统，它承担微处理器的成长管理、功能组成立和调整管理、感知通道及其他资源使用和调整的协调、所有跨功能系统的连接与交流等。因此，在感知功能系统组成中，两侧的部分均由它代表感知系统参与管理、协调。

微处理器成长管理主要有两部分。一是指微处理器的增加。感知功能系统向资源管理系统提出感知器的增加方案，包括已经有的感知器数量增加，以及智能体还没有但社会上已经使用的传感器。但传感器不等于感知微处理器，需要在此基础上增加相应的软件和知识库。功能增长，可以通过复制实现；新增功能则需要再构建新的软件和知识库。知识库初始可以通过交互获取，软件本质上是在类似微处理器软件基础上的编制，提交软件功能系统完成。二是指知识库成长的管理，特别是跨功能组的知识库更新协调。

一个功能组就是一组关联的概念，具有概念体系或知识图谱的所有特征。智能体的概念体系在不断调整，所以功能组成立和调整管理经常发生。功能组的调整由功能体系统一管理，基础是智能体记忆系统的变化。

感知通道及其他资源使用和调整的协调是感知功能系统与智能体其他系统的工作性交互，是智能体一级功能系统必须承担的事项。所有的协调都基于确定的流程和给定的规则，这些流程和规则由程序执行。跨功能系统的协同对智能体生存发展至关重要。所有这类规则和流程的改变必须刚性地基于给定的规则和流程，每次改变必须遵循确定的原则，严格按照确定的流程执行。

感知通道有两类：一类是感知物理信号的。这个通道就是感知器能达到的感知环境。无论是直接的外部状态感知，如摄像头、录音机、温度计等需要的感知环境，还是需要特殊装置的感知环境，如炼铁高炉内需要掌控的状态、输气管道的运行状态等。直接通道是一般智能体感知必须具备的，也是必然可以具备的。特殊通道则依据智能体的应用需求而定。无论何种需求，智能体只利用已经成熟的技术，无须另行开发。另一类是感知逻辑符号的，即感知已经是电磁形态存在的符号。符号的感知通道就是智能体与外部信息系统或网络的接口，也是已经存在的，在智能体发展到成熟阶段之前，无须另行研发。

信息传输网络是感知功能实现的重要组成部分。前述讨论已经介绍，智能体对感知的要求是将最基本的单元作为最小单位。以视频为例，无论用何种方式，都需要数以万计、十万计的感知器，智能体传感器的总数可能达到十亿量级，尽管有很多传感器只感知一个特定的量，只需要一条信息线路，但所有感知部分的传输通道数量依然是惊人的。由于距离、环境、感知对象的不同，感知信号传输系统采用不同的线路和控制、处理技术。但所有这些线路或技术，都是已经存在的，在智能体进入成熟阶段之前，不需要研发新的传输通道。

感知微处理器和感知功能组的功能实现基于各自的操作系统，感知功能系统不仅应对这些软件系统进行有效的管理，还有实现自身功能的软件，这些软件系统应能够满足图 2.4 及表 2.2 讨论的全部功能需求。

2.2.4　智能体感知与传感系统和模式识别

智能体感知功能体系的全部目的是将外部的对象转变为自身能管理、利用的信息，满足自己知识增长和任务执行的需求，这必然需要借用传感器系统和模式识别的功能或方法。

传感器或传感系统是智能体必须借助的一类重要组件。传感器的一般结构如图 2.7 所示，其功能是将外部的被测量转换为系统可用的电量，它可以是模拟的，也可以是数字的。传感器是智能体感知处理器的前端部分，用于完成所有信号的接收和初步转换，感知处理器从传感器的转换电量处接收电信号并开始后续的处理。传感器门类众多，到 2018 年，市面上已经有 3.5 万多种传感器，它们具有广泛的感知功能。智能体在发展到成熟期之前，可以借用所有的传感器为自身的成长和发展服务。

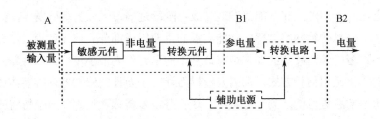

图 2.7　传感器组成框架图[3]

　　一般地，感知功能系统借用传感器只是用来接收物理信号或还原逻辑符号，如果有必要，还承担部分转换工作。感知系统的目的是将每次感知识别的成果转变成智能体记忆中的一部分，而不只是完成某种任务。用于自动化控制系统的传感器，在智能体承担类似任务时，将发挥全部作用。对于智能体，利用传感器完成了需要执行的任务，并不等于感知功能已经完成，它还需要保留信息，成为记忆，即智能体知识和经验集合中的一个组成部分，成为智能体学习的一次来源。

　　感知功能系统借用人类社会取得的所有在传感器及模/数、数/模转换等其他领域的成果，如光学字符识别技术。

　　感知功能系统在后处理环节（也可以称为学习环节）使用模式识别技术来辨识保留在感知存储区域中的未感知对象，有需要时，也可能在感知对象的前处理中使用模式识别算法。隐马尔可夫模型、高斯混合模型与深度神经网络的结合[4,5]，可能有助于优化、加速语音及图像的感知。

　　模式识别系统的目的与感知功能系统的感知目的不同[6]，智能体

　　[3] 倪星元，张志华. 传感器敏感功能材料及应用[M]. 北京：化学工业出版社，2005 年，第 4～6 页.

　　[4] [美]俞栋，邓力. 解析深度学习：语音识别实践[M]. 俞凯，钱彦旻，等，译. 北京：电子工业出版社，2016 年，第 78～126 页.

　　[5] [美]伊恩·古德费洛，[加]约书亚·本吉奥，亚伦·库维尔. 深度学习[M]. 赵申剑，等，译. 北京：人民邮电出版社，2016 年，第 274～292 页.

　　[6] [美]Richard O. Duda，Peter E. Hart，David G. Stork. 模式分类[M]. 2 版. 李宏东，姚天翔，等，译. 北京：机械工业出版社，2018 年，第 1～15 页.

将此作为工具利用，而不能直接使用模式识别的成果。

2.3 物理信号的感知

2.3.1 物理信号感知的要求和特点

正如在讨论感知的定义和准则时所述，物理信号感知的基本要求是能理解、能完备、能成长。能理解是指只有智能体能理解的感知内容才能进入智能体的描述、学习、记忆、理解、控制、行为的智能过程中，不能理解的可以暂时保存，但不能干扰智能体相关功能的发展，不能影响智能体的资源使用需求，否则只能放弃。能完备是指感知功能体系能够在两个维度上趋近完备。一是相对于感知对象转化的完备，也就是学习目的的完备；二是相对于任务的完备，即完成任务所需的都已经感知了。相对于任务的完备是在智能体进入成熟期，即开始承担外部智能任务后实现的，存在时间约束。相对于感知对象的完备是一个渐进过程，基于智能体对该感知对象的经验积累。如何实现完备，将在 2.5 节讨论。

物理信号感知的特点有三个：一是类型众多，二是简繁不一，三是模式各异。类型众多是指信号的物理、化学、生物特征，如图 2.4 所示，每个大类中还有很多小类，小类中还有更多的具体信号。简繁不一是指感知对象的复杂程度存在巨大的差异，有的只是一个单独的、没有歧义的信号，有的则需要在复杂的画面中辨识出具有意义的内容。模式各异是指感知处理过程需要采用不同的模式。最简单的仅需要传感器功能就完成了全部感知过程，如数控车床及自动化生产线的感知，信号转换后进入描述区就实现了需要的感知功能。对于复杂的感知模式，有的需要经由分类和组合的多次循环，有的需要通过后处理在感知存储区采用模式识别的方式发现后确认。

2.3.2 物理信号感知流程分析

就感知流程而言，物理信号感知的信号来源可以区分为两类：一是现场感知，二是记录模拟信号的二次感知。所有智能体接触的，或智能体学习、行为需要感知的实物场景都属于现场感知。二次感知主要是以物理信号方式感知已经记录下来的音视频、图片、文档等内容。

图 2.8 所示为感知流程的框架，它是前后相继的两个过程：分类过程和识别过程。分类过程是感知对象与感知器匹配的过程；识别过程是感知器（感知功能组）将对象辨识与组合为有意义的智能体可理解、可利用的信息，并经过一系列有序操作，保存到记忆中。

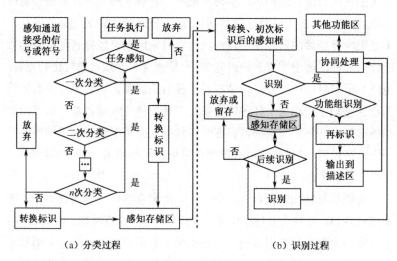

（a）分类过程　　　　　　　　　（b）识别过程

图 2.8　感知流程框架

将感知对象匹配到特定感知器的分类过程，有三种典型模式。首先是现场感知通道分类模式。图 2.8（a）的分类功能由置于现场的传感器功能实现。不同的传感器各自感知能感知的信号：摄像机感知光和声，温度计感知温度，压力传感器感知气压，霾传感器感知空气中的微粒，等等。多次分类的产生基于不同的感知优化方式或特定的感知对象。如对于光波，采用三元色感知器为第一次分类，清晰整体物件感知器为第二次分类，模糊整体或物体部件感知器为第三次分类，简单形状感知器为第四次分类。而摄录像机感知的内容，成为二次感知的一种来源。传感器不能感知的状态信息，原则上放弃，只保留形状清晰但智能体已有的感知器尚不能识别的信息保存在感知存储区。其次是二次感知模式。有两种不同的处置场景，一种是感知通道传来的信号已有标识，这种标识若是感知功能系统可以分辨的，则通过标识分配到相应的感知器处理；另一种是没有标识或感知功能不能辨识的标识，则由内置于感知通道的分配功能，如图 2.8（a）逐次适配，直至能被一个传感器感知，若没有传感器可以感知，则进入相应的处置环节。最后是功能组介入的分类模式。功能组介入是指在第一类模式下，在第一层或某个层，感知对象进入的是一个功能组的最高层，则此后的感知分类由功能组执行。功能组按内在的层次，逐次向下分配到可感知的感知器。

在分类区，还有一个特殊过程，就是感知对象直接进入执行环节。这样的场景源自特定的感知目的，智能体执行自动控制类的任务，需要根据任务执行需要，部署感知获取特定的状态信息，如对环境温湿度的调整。在图 2.8（a）中，对于这类信息给出了两条通道：一是通向执行，二是通向识别。并不是每次这类感知都需要识别，因为这种过程是反复重复的，由任务执行器决定识别与不识别的规则，感知功能系统以此规则进行操作。

经分类过程转换及物理性标识之后，感知对象进入识别过程。图 2.8（b）的识别过程也有三种进程，即感知微处理器、感知功能组、外部反馈。

感知微处理器的识别过程有两类。一是对来自分类区的对象的识别。感知对象经由分类，已经确定应该由给定的感知器识别，只是可能，不是确定，因为物理信号存在模糊性。传感器能感知，并已转换为电信号，都需要经过如图 2.8（b）所示的识别过程。识别基于感知微处理器拥有的知识和经验。感知微处理器的知识库中保存并可以使用所有"可辨识组"。所谓"可辨识组"是指同类感知器能够分辨并已经被智能体认可的一个信号集合。感知微处理器以感知框为对象，一次感知，遍历所有已知经验，然后决定对该框的处置。二是由后处理功能确定，来自功能组感知和其他功能系统对重新识别的需求。反馈识别的过程与前者一致。

感知功能组识别有两类主要功能。一是形成场景或事件感知，对本功能组的感知微处理器识别的内容增加相关关系的识别结果。如同一个人在连续的视频框中的位置和动作，在同一框或相关框中可辨识对象的相互关系，如一个人与一只狗。二是辨识一个或一组感知框中存在的与功能组层次一致的识别对象的关系，或明确其关系，或组合识别对象为相似度更高、表达含义更正确的识别结果。这里的相似度是指识别对象与知识库中的相应对象的一致性。对一个传感器的感知内容添加时间、空间或所感知内容的特定场景标识，对一组相关传感器根据场景组合为相关的含义组，由描述功能体系描述为智能体能理解、可使用的含义，并保存到智能体的记忆中，这些都是功能组识别的例子。

物理信号的感知依赖于传感器的发展。所有可以利用的传感器都应成为智能体感知功能体系的组成部分。感知功能的增长和优化基于知识和经验的积累，基于规则、流程的完善和知识库的增加。

2.3.3　物理信号感知的示例说明

1. 示例的概况及识别前置条件

感知对象：假设用于识别的是一个路况摄像头一段记录的一帧，含有声音，如图 2.9 所示。

感知模式：感知通道以广播方式将信号发布，感知器平等（不分层）接收传来的光波和声波。

图 2.9　从图片识别物体示例

感知器和感知器组：假定智能体已经拥有车、树、楼、塔、路等物体感知功能组，以及相应的感知微处理器，如轿车、出租车、货车、机动摩托车等；已经拥有是否遵循交通规则、交通事故等事件感知功能组，以及相应的感知微处理器，如交通信号灯、道路、道路交通标识等；已经拥有路况分析、噪声分析等实时场景感知功能组，以及相应的感知微处理器，如多种频段的声波感知器、特定车声感知器、全路面感知器等。

知识库：假定相关感知微处理器及感知功能组在初始、赋予的基础上已经完成了功能测试，能够实现自身知识库中的已知对象与图像中对应物体或对象的匹配，拥有找到对应物体的匹配算法。假定知识库已经包含图 2.9 中给出数字标记的感知对象的相同或相似知识，拥有与特定物体识别一致的判断及推理能力。

标识体系：智能体拥有的标识规则及标识体系，主要包括感知对象相关的标识，如来源、与前后的感知对象的位置、时间关系、感知对象的时空标识等；以及与识别过程相关的标识，如感知功能组、感知微处理器、使用的感知方法和知识。

符号体系：智能体确定的内部统一符号体系。

2. 物体识别

认识物体是智能体提升认知能力与承担认知任务的重要内容。视频是连续的图片，通常一秒的视频由 20~30 帧图片构成，因此，这里先讨论从图片中识别物体，再补充讨论视频中识别物体的其他内容。

假定感知任务要求识别图中所标 1、2、3、4、5 的电动三轮车、出租车、货车、树、大楼，假定有车、树、楼三个感知功能组分别对应，选择从功能组高层到低层的识别模式，则感知过程分别如下。

（1）车的识别。感知对象由功能组逐次分类，直到被感知微处理器识别为止。识别过程的正确性与速度主要与功能组及感知器拥有的知识相关。假定功能组的知识库中有关于识别车的场景知识，其中包括行驶中车辆识别大类、交通干道车辆识别子类的判定知识，并确定了该图属于交通干道识别场景，则相应的车辆子类：三轮车、轿车、货车开始启动，继续向下分类，最后为电动三轮车、出租车、厢式小货车感知微处理器识别，其中出租车至少可以识别出三辆。使用的识别模式、确定识别对象的知识、识别对象在图像中的时空坐标均成为识别对象的标识，并一起向描述功能区传送。

识别的基础是感知器已有的知识，车的图像，不同类车的不同特征，同类车、不同型号的形状差别；被识别车的场景区分能力，高层功能组知识库的场景区分知识及判断规则；知识与感知对象匹配的算法与／或流程，判断规则与赋予的简单推理能力，如距离与大小。

（2）树的识别和楼的识别。与车的识别过程和方法一致。这里的任务只要求识别树或楼，没有要求识别什么楼、什么树，所以功能组没有必要启用更深的层次。

假定识别过程反之，先由具体的感知微处理器识别，再经功能组逐层组合，或者其他识别方式，其前提和识别的具体过程是一致的。

3. 实时状态识别

假定感知任务要求判别路况及噪声。

（1）路况的识别。路况识别是道路识别功能组下层功能组—城市交通干道路况识别的下层功能组。

路况识别有两个基础，一是感知功能组拥有系统、完整的知识库；二是感知对象具有识别的可能。图 2.9 可以识别部分路况，但有些路况不能判断。例如，要判断车辆速度，还需要车辆速度感知装置；要为导航系统提供基础路况，还需要更长距离的道路通行状态。

实时路况经由交通干道感知功能组进行判断。该功能组根据画面，结合知识库中的判断规则，从车辆密度及通行状态可以得出通行顺畅、没有交通事故的结论。

（2）噪声的识别。噪声识别是声音识别功能组下很小但又比较简单的类别。感知能力只需要频率和强度，判别标准是关于场景的强度。

图 2.9 自身没有可供识别的声源，但源自摄像机，声音只需要以视频方式播放，并与图片时间同步就可获得声源。能否识别，关键在于功能组的知识库，其他方面没有复杂性。

智能体实时状态识别还有两个最基本的需求：特定任务的执行和智能体自身环境的感知。这两类实时状态感知的成熟度比上述两个例子更高。只要在初始、赋予时将可以得到的成熟的知识输入智能体，智能体则在此后的成长中通过学习机制与感知实践持续完善，就能够保持智能体在这个类型中的识别能力。

4. 场景或事件识别

本书中场景和事件是同义词，指一个有特定含义的连续过程。在有些文献中，同一事件可以跨越时空不连续发生，从感知的角度看，本书不考虑时空不连续的场景或事件。

从接收和转换过程看，场景或事件的感知与物体、状态的感知一样，此处不重复讨论。

场景或事件感知的重点在于相应的功能组的组合识别能力。一段连续感知对象中的人物、物件、环境状态在感知后，与场景相关的功能组即依据智能体的感知目的开始工作。识别场景并组合（复原）感知对象中内含的场景，是基于功能组的知识库。场景或事件感知器的知识库除拥有已知场景或事件的典型情景、主要特征、进程的实景及描述外，还拥有基于感知对象中特定的客体，如人、动物、植物、物体，通过这些客体的变化来辨识、确定事件的功能性规则与流程。

当一般性地讨论场景识别时，会感觉难度很大、不知从何入手，但只要将需要识别的场景如同需要识别的物体一样持续细化，用数以千计的场景功能组识别路况，用数以万计的专用感知功能组识别城市路口的不同场景，甚至可以设想一个更为直接的方法，将任何有必要识别而又具备特殊性的场景都用一个场景感知功能组承担这个场景的识别的时候，识别就不是问题，反而变成另一个命题，能否构造这么多的功能组？其实，这些功能组都是逻辑形态，不用说几万个，就是几亿个、数十亿个都不是问题。

回到图2.9中开始事件的感知识别。假定目的是判断有没有超速、逆行、超高超宽的事件存在。显然，感知并做出判断十分容易，今天的道路监控已经能够做到自动识别这样的事件。

不同的是，今天的监控系统只能做出判断，监控系统也能通过经验的积累，持续提升其性能、能力。智能体感知即使采用完全相同的方法做出了判断，但积累的知识和经验将以智能体可管理、可识别的方式进入记忆，从而成为智能体拥有的知识和经验，为其他功能系统所用，其他功能系统的积累，同样可以为这一感知功能组所用。

5. 交互与反馈

小孩看到、听到、触摸到不认识的物体，第一反应就是提出问题，然后才是思考：通过类比、归纳，得出进入记忆的正确或错误的结论。人工智能界认为无法表示的常识问题，就是从出生开始的日常生活中历经数十年积累起来的。这种模式也是智能体感知的实现和成长过程。

这里的交互是指感知功能系统中任何一个组件向其他智能体提出问题，得到回答，并将回答转化为自身可用的知识。这里的反馈是指感知功能系统接收并处置来自智能体其他功能系统的、与感知结果相关的信息。

由于感知微处理器、感知功能组是高度细分的，每个只承担一种具有特殊性的感知识别任务。高层的功能组看起来是一个复杂的概念或过程，如人的识别、路况的识别，但实际上它们依然是一个简单、独特的感知任务。人的识别这种高层物体识别功能组，其实只有一个具体识别任务，就是把人从其他动物中区分出来，而路况识别功能组也只有一个具体任务，就是把路从其他同类物体中区分出来，如山、河、房屋等。具体什么样的人，是谁，什么样的路，什么路况，都由下面层次的具体感知微处理器识别。当出现高层识别不了的场景时，可以在得到下层的识别结果后再次识别。

也因为感知器的高度细分，其何时提出什么问题，提出问题的语句都是简单的填空模式。如图 2.9 中远处的楼，感知器若区分不出是楼还是其他物体，可以自己生成"这是什么"或"这是楼吗"的提问，接收到问题的人，回答的格式也是固定的："楼"或"是"。显然，这样的过程，具有操作系统和知识库的感知微处理器很容易处理。更加复杂的问题，如"为什么""为什么不是塔"一定是以逻辑功能为主的功能组才能提出的，第一个问题，是为了修改知识库，由楼的功能组提出；第二个问题是由识别"塔"的功能组与识别"楼"的功能组的上位功能组提出。

反馈基于其他功能区域发现新的结果，通向记忆区后，发现不一致，然后根据溯源的标识反馈至源头感知器。源头感知器，不管是感知微处理器还是感知功能组，应据此修改知识库或流程。修改之后，需要执行判断过程，如果在记录中有类似的感知过程，则应再次感知。

本节讨论的所有过程及前提条件都是现有技术可以实现的。智能体感知物理信号所依据的原则是能识别则识别，不能识别则通过交互系统进行请教，若交互后仍不能识别，则放弃或留存等待知识库增长后再识别。

外部的客观存在，无论是一个客体、一个场景，还是一个事件的过程，存在不同的维度和颗粒度。感知什么维度，到什么样的颗粒度，首先基于智能体的感知能力，其次基于智能体提升认知能力和执行智能任务、问题求解的需求。因此，初始、赋予应该对智能体感知维度的扩展和颗粒度的细化或组合方面具有发展的能力，这样的能力嵌套在 2.2 节讨论的感知功能系统中。

2.4　数字符号的感知

来自外部的符号是智能体感知的主要渠道。这里的符号是指所有通过信息传输通道进入智能体传感区的电磁信号，或者说是已经完成图 2.4 所示的物理信号到电信号转换的信息外壳。由于大量的外部对象及人类积累的知识和经验已经数字化，无论是学习还是问题求解的需要，符号感知是智能体主要的信息来源。

在逻辑符号感知中，能还原为音、视频的，其感知即转送至物理信号感知通道，木节只讨论内容为非音、视频的逻辑符号感知。

2.4.1　符号感知的特点和一般处理原则

逻辑符号感知的基本要求与物理信号一致，就是把感知对象转换为智能体可理解、可使用的记忆。

将转换为音视频信号的部分排除之后，需要感知的逻辑符号构成可分为两大类：文本和图形。相对于物理信号的感知，这些感知对象识别的难度整体上要低一些，因为绝大部分的感知对象可以由近乎一一对应的感知器接收并识别，但其上下文及语义、场景的关系十分复杂，如何揭示好识别对象中存在的这些关系及为智能体知识的成长提供有效的环境，是符号识别的重点，也是特点。这就是说，符号感知系统的重心应是如何将已感知的基本单元按照感知对象的原意重新组合起来，而且这种组合有利于智能体其他功能系统的处理及智能体记忆的有效增长。

根据这样的要求和特点，符号感知处理应遵循下面的一般原则。

（1）最小单元。感知识别以最小语义单元和最小图形单元为起点。原则上，每个不同的文字或图形单元至少存在一个逻辑的感知器与之对应。

（2）优先次序。识别的组合采用不同的优先次序：文字组合，规则优先；图形组合，功能组优先。组合不仅以本次感知对象的上下文为基础，还要参考感知器或感知功能组的已有知识。

（3）前后衔接。识别过程要为后续的描述、连接、记忆功能系统创造条件；同样也以这些过程的成果为依据。

（4）呈现分类体系。应该有一组特殊的分类功能组，将组合好的内容归入感知对象的上下文没有直接表示出来的类别中。这里的类别是指文本或图形的学术、使用场景、艺术或情绪性等特征。

（5）不厌其烦。对感知对象所有可能的组合采用全组合原则，对于冗余或可能的不确定，由后续的功能系统，特别是描述、记忆、学习等环节去除、纠正。

2.4.2　符号感知的流程

符号感知的流程与物理信号感知的流程存在重大差别，其产生的原因是符号几乎不存在不能识别的，极小概率发生的不能识别也可以通过交互的方式解决，或者因此构建出一个感知器。

如图 2.10 所示，到达智能体感知区的符号串，首先经过转换与标识，即完成将感知对象转换为智能体专用的符号体系，并完成形式性标识，即完全标注感知对象的位置；然后传送到功能组识别区，如果能识别，则继续进行基于功能组的组合，一直到没有新的组合为止。在这一系列操作中，不能组合即转向感知器识别。由于符号感知微处理器囊括所有可能识别的文字或图形，所以一般不存在不能识别的字符，但存在还没有为特殊图形构建专门微处理器的可能，此时可以构建一个新的感知微处理器。在文本的上下文环境，新的感知微处理器可以将其转变为智能体可理解的含义表述。

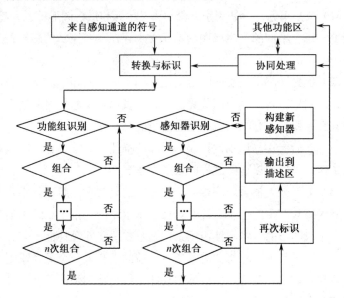

图 2.10　符号输入处理流程

感知微处理器的识别与组合流程与感知功能组一致。所有可能路径遍历之后，感知内容再次标识，将识别和组合过程需要记录的信息全部标识清楚，然后输出到智能体的描述区。当然，整个符号感知过程需要接收来自智能体其他部分经由后处理模块处理的调整型信息，并从入口开始循环，落实到应该调整的功能模块中执行。

在图 2.10 中，感知器是指感知微处理器，感知功能组及感知器的组合均依据其知识库中的知识进行识别。

2.4.3　典型例子分析

1. 文本的识别

假设用于识别的文本为，"由，诲汝知之乎！知之为知之，不知为不知，是知也。"假设感知功能体系对象形文字全部采用单字为最小识别单元，拼音文字均以词为最小识别单元，即每个最小识别单元均有独立的感知微处理器。假设感知器已经从相关输入文本中知道这仅是一篇文献中的一段。假设主要中文词典的知识已经成为每个汉字感知器中知识库的内容。

感知的实施步骤如下。

感知文本从通道进入感知区计算域，以一种优化算法，使一个个汉字字符被感知微处理器接收，完成符号格式转换和形式性标识。这段文字一共被 13 个感知微处理器处理，其中最多的是"知"字微处理器，共接收 6 次。为优化处理，一般地，不同的语言按照字符出现的频率，对高频字符增加微处理器。假设有 3 个"知"字微处理器，则每个感知器接收两个"知"字，需要根据规则合并。合并的任务是将各自的上下文位置标识加到其他的同字符感知器中，相同字符的不同感知微处理器，其知识库始终是一致的，这是功能组及功能体系的常规功能。

标识之后，就进入感知微处理器的组合过程。文字的组合基于两套流程，首先是与自带的知识库中已有的词组、句子匹配。假定相对于感知对象，在"不"和合并后的"知"两者的知识库中均有"不知"这个词组，则再次确认组合，并以此为基础，根据感知器或功能组中存在的分词和组合规则，完成全部短文的切分与组合，并分别保存在每一个相关的感知器和感知功能组中。在经过多次重复，或经交互得到可以判断为可靠的确认后，这篇短文本身就组成一个字符功能体系中的逻辑功能组。

字符的感知本质在于丰富的知识库和细致的组合规则。字符感知这一子功能系统，在初始、赋予及训练学习阶段，用上述方式输入全部去除重复后的各类语言的字典、词典，以及在自然语言处理中积累起来的全部成熟的与词的组合与切分的规则。

在此基础上，上述短文感知的组合可能变得很简单。由于这篇短文是古汉语的名篇，已在大量的文献中出现，相应的感知微处理器中也已经保存了充分的知识，可以直接通过某个字符导出全部短文的组合模式（也称分词模式），以及这篇短文的出处、读音（多种语音，如古汉语读法）、现代文翻译（包括多种不同的理解）。因此，这次感知只需要再为这篇在逻辑上已经成为一个功能组的对象增加新的来源或新的应用场景标识即可。

2. 图形的识别

图形可以分成两类。一类是以约定的方式，由具有特定含义的形状构成具有特定含义的图形，如公式、流程图、设计图。另一类是美术性图形，以写实、神似或抽象的方式表达客观存在或想象的事物、心境等。

在感知的分工中，第一类由符号识别区识别，第二类由信号感知区识别。两类图形的存在形态大部分是智能体可识别的符号模式；也有少数，包括少数文字，尽管是以 0 和 1 的方式保存，但是不可区分保存内容的图像，这种可以通过光学识别方式转换。在转换后的集合中，根据符号感知区的分类功能，将第二类图形转送至信号识别区感知。

图形的识别模式和流程与文字的识别类似。识别的基础是所有约定的图形均有专门的感知器，每个感知器所识别的图形在特定图形中的含义、在已经存在的不同类型图形中的含义均已包含在其知识库中。感知先从最基本单元开始，然后逐步组合，一旦组合成一个独立的图形，这个图形就构成了一个逻辑功能组，这个功能组的解释通过该图形的上下文与 / 或文本中关于该图形的相关描述形成。由此这些解释就成为这个功能组的知识库来源。智能体的相关功能体系不能确定的，通过交互方式增加确定性判断依据。

以图 2.10 为例，不同的感知器识别基本图形单元，每个矩形、菱形、直线和带不同方向箭头的线条分别被感知。图中文字可以通过光学识别后感知，也可以根据字符感知器知识库中的形状进行识别，将其识别为一个个词组，表示为相应图形的解释。

一幅图形，如果嵌套在文字中，有图的标号、图名，在上下文中对图的功能做了必要的解释，这些内容如何与字符识别一起组合，图形组合到文字的识别中，文字组合到图形的识别中，形成两个真实反映文本含义的逻辑组合，是符号感知区的重要功能。符号感知区含义组合的一个原则是最大组合。按照已经积累的文字、图形组合的经验而归纳出的规则，在一段包含图形的文字中，将其组合到最大，并将最大的组合发展为逻辑功能组，成为其中部分的理解指引，是感知功能体系和感知子功能体系的重要功能。

2.5　规则与成长

感知基于规则，以智能体自主的方式成长。

规则是指在图 2.4 及表 2.1 中归纳的 9 个感知过程、30 类流程，以及 2.4 节讨论的两类具体感知中需要设计的各种规则。

规则源自迄今为止学术界在相关方面取得的成果，包括自然语言处理发展中形成的文字和语音处理的规则，图像识别、模式分类形成的算法和规则，数控设备、自动化控制、人工智能等领域在识别物体和过程中积累的规则，等等。

这些规则不是直接引用，大部分也不是全局引用，可能只适用于特定的感知过程。所有的适用规则，均不能在 2.1 节中讨论的 8 条原则之下调整后使用。

已有的规则通过初始、赋予过程，成为感知功能体系的全局或局部执行相应感知操作的依据。初始、赋予的规则通过调试阶段变成可用，在感知执行过程中持续调整、提升、细化。特别是在适用性上，同一个规则可以在不同的功能组，甚至不同的感知器上由相应感知设施进行调整，使之更加适应这些感知设施的特殊需要。

因此，感知规则是成长的。与之相似的成长是散布于感知微处理器、感知功能组、感知子功能体系及感知功能体系中的知识。

除了规则及由规则确定的感知执行流程，知识库中的主要内容是与感知部件功能一致的相关知识。这些知识来自人类社会上万年的积累。例如，各种百科全书、动植物及其他物品（如金属、矿产、非金属材料）的图谱或年鉴，20 世纪 90 年代早期美国 CYC 工程的成果，这些年部分人工智能系统积累的知识图谱，等等。以上只是例子，经过配套的系统工作，都是知识库的来源。初始、赋予的知识仅为各个层面感知功能部件提供基础来源，其进入智能体记忆的过程同其他感知对象一样。

一般地，这些规则和知识不能简单、直接地使用，需要经过全面的适用性调整，包括但不限于感知过程及操作，分配到相关感知部件及实现协同和一致性，与一些智能体感知特有规则的一致性适配，与感知功能八大原则的符合性匹配，等等。

感知功能的成长一般需要经过五个阶段：初始、调试、0-1 的功能实现、1-n 的成长、n-N 的成长。

初始是感知功能成长的起点，在非生物智能体形成之前由人类工程师完成，之后则共同完成。初始阶段主要包括五方面的工作。一是构建各类感知微处理器。以传感器为基础，进行功能和结构的调整，将开发好的感知微处理器操作系统及预置规则、知识库一并合成为一个可工作的感知微处理器。二是规则的初始，为每个感知功能的实现给予确定的流程及规则，为规则和流程的调整预置改变的路径与原则，将八条基本原则通过流程和规则贯穿到感知的所有功能和流程中。三是为每个感知功能部件，即感知微处理器、功能组、子功能体系及功能体系配置体系化的知识库。保证在同一过程中知识库的一致性，用连接的方式降低重复带来的存储容量压力。四是为智能体感知构建感知通道，该通道与交互功能系统共用。通道要满足感知功能对感知对象获取及分类的全部功能需求。五是实现感知功能系统的后处理及与智能体所有其他功能系统之间交流的功能。

调试是指在初始、赋予后，用确定的测试程序和数据集，对赋予的感知功能进行系统全面的测试，发现问题、解决问题，保证感知功能的正常运行。这项任务在非生物智能体形成之前由人类工程师完成，之后则共同完成。

0-1 的功能实现是指从初始、赋予经测试到智能体实现接管控制功能，并对主要功能至少实现一次自主的感知过程，是控制权从人手中转移到智能体的过程，但如果不能顺畅实现基本感知功能，人可以重新接管，进行调整，直至智能体能自主实现基本感知功能。

1-n 的成长是指智能体在自主控制后，所有感知功能成长到能完成智能体交予的学习任务，并能执行一些简单的任务，如智能体生存状态感知、简单的逻辑型问题求解或生产型产品制造。是否达到 n 的主要标志是感知功能系统能否对知识库和规则成功地实现修改。所谓成功，是指修改后的感知操作是流畅的、结果经评价功能系统的评价后得到肯定。

n-N 的成长是指感知功能的所有功能，感知操作及感知规则、知识库在一个个具体的问题域趋于完备。这里的 N 是相对于感知功能环节或部件 n 的完备。完备的含义是一个环节或部件的感知流程、规则、知识库满足智能体当时学习与执行相关任务的所有感知功能需求。

从 0-N 的成长过程不仅是感知功能体系成长的标志性阶段，也是智能体其他功能系统成长的台阶。

2.6　本章小结

智能体的感知不同于传统的传感器系统及模式识别系统，其最基本的要求是保证进入智能体的所有内容都是智能体可以理解、管理、使用的含义。换言之，智能体的感知不仅将对象归到恰当的类，更是通过一系列处理规则和流程，使结果成为智能体的记忆，而不是计算系统的存储。为了达到这个目的，本章设计了一条实现含义感知的路径，这条路径的特征有三：一是感知微处理器的感知对象是固定的，凡是经由感知微处理器识别的内容，通过与之匹配的描述功能系统的描述及相应记忆区域的保存，智能体能够在各个功能系统的各个环节使用这些内容。二是所有的感知，必须经由相应的感知处理器，没有例外。即使采用模式识别的其他算法或在智能体学习或人物执行过程中识别了新的内容，依然要经由相应感知微处理器的确认。三是感知能力增长的核心载体是感知微处理器，感知范畴的扩大和精细程度的提升，依赖于感知器的增加和改善；对感知对象辨识能力的增加依赖于微处理器知识库的增长和规则体系的完善；感知速度的提升，基于并行的微处理器数量和微处理器的计算能力提升；感知功能组与功能体系在感知微处理器之上承担不同层次的综合功能，同样积聚知识和经验。

智能体感知能力的技术实现，遵循智能体成长的基本原则：充分利用已有技术、允许出错、渐进发展。

智能体构建时，利用全部可用的技术，其主要有传感器、所有的体系化知识、所有自动化与智能系统中已经形成的有效逻辑规则。这些技术和知识用感知的方式进入智能体，即使已经是逻辑关系十分清晰的数据库、知识图谱，也必须逐个字符、图形、图像、音视频地感知识别，因为这些知识或关系是编写这些内容的人所拥有的，0-1 模式的符号串不能被智能体理解。

理解这个过程需要在认识论上转变。已经存在的各种百科全书、数据库、知识库、知识图谱、推理规则，对于已经掌握这些知识的人来说，那就是含义、能够理解，但将其直接输入智能体却并不能被理解。这个不同源自信息的基本特征，其由载体、外壳、含义三部分构成，以及传统的书本或数字形式存在的信息。书本或电磁介质是载体，文字或 0-1 是外壳，含义隐含于外壳之中，而印刷机和计算机形成并处理载体和外壳，计算是对外壳的处理。智能体的感知是一次将外壳处理经由特定的感知过程变成含义的处理。从认识论的角度看，感知的本质是将隐含在外壳中的含义重新挖掘出来，并转换为智能体所能理解的含义。

除了需要直接执行的系统，智能体的感知允许有错误、不确定、在不同的场景或上下文环境中的歧义存在并保留在相应的感知功能部件中。

智能体只是借用传感器的感知功能，经由信号区分、双向通道和修正逻辑的改造，使之成为智能体接收的信号和符号，并与外界交互的一个平台。

智能体感知利用了模式识别的算法，但不是在感知功能体系中，而是在学习功能体系中。利用模式识别的算法对感知存储区中暂时留存的内容进行处理，当得出某一内容可能是某种物体时，再通过反馈通道由感知功能体系确认，若不能确认，则由感知功能体系负责，经由交互来验证，最终得出结论，再根据结论做后续处理。

智能体感知可以分成主动和被动两类。主动式物理信号感知是智能体为了学习或完成任务去对特定对象感知，如加强对一个客观物体的理解；被动式物理信号感知是智能体接收不请自来的物理信号，如智能体存在范围周边的光、电、风等信号。

物理信号的感知能力基于智能体拥有的传感器数量、类型和质量，以及相应知识、规则的可用性。初始阶段应该将可以集成的传感器及其通道和转换、反馈规则、与连接和描述功能的匹配悉数赋予智能体；同时还应该将传感器数量和类型的增加、规则修改和添加能力赋予智能体。

感知客体本身是有结构的。如一张凳子，感知器在其不同位置感知的信号之间因凳子而形成内在的相关结构。在图 2.1 的 E 区，要将不同感知器接收的信号通过连接的结构或标识结构信息，回复其所代表的客体的哪一个位置的点，为后续的连接和描述提供正确的结构信息。结构信息不仅将感知单元之间的逻辑关系回复，更在描述和记忆中将物体整体复原，如图像回复图像、字符回复字符。

智能体信息处理由符号转变为语义，智能体可以理解、使用所有进入的信息，是由多个功能系统共同实现的，感知是起点，是基础。描述、连接、记忆等功能对这一处理模式的质变同样具有决定性的作用，这些内容将在第3章讨论。

为了说明可实现性，在11个功能体系中选择对感知进行比较详细的解释，由于各个功能体系的架构及其构成的相似性，因此，在其他功能体系的介绍中，将略去很多类似的细节。

第 3 章

描述

车同轨、书同文，推动社会实现了大踏步前进。人的记忆是隐性的、可理解的，智能体则通过描述将隐性转变为智能体的显性。

理解是通用人工智能的基础，也是数十年人工智能研究所没有实现的难题。本章的目的就是在第 2 章基于含义的感知基础上，介绍如何通过源自一对一的感知，基于含义和连接，使用统一的符号、标识与规则，经过唯一和精细的描述过程，实现理解。描述不仅将感知的结果文本化，还将智能体所拥有的全部构件文本化，为理解搭建文本基础。

数字孪生是现实世界的客体或过程的数字镜像。描述的结果是智能体整体与局部所有构件的数字镜像，描述展示一个智能体可认知的智能体。

3.1　描述的定义、功能和机理

3.1.1　定义

对于描述，有关生物智能的研究没有给予其恰当的关注。在麻省理工学院的《认知科学百科全书》[1]及认知神经科学的经典著作中，均没有对于描述的讨论[2,3]。在人工智能或心智的研究中，关于知识的表征是重要的内容[4-6]。根据《韦氏词典（第三版）》对描述（describe）和表征（represent）的定义，这两个词属于有一定区别的同义词。描述更侧重于对自身理解的形式化，转化成别人可理解的表述；表征更侧重于展示多主体间的交流。本书采用了描述这个词。

定义 3.1　描述是智能体的一项功能，以智能体各功能系统理解的方式，通过确定性的过程，将智能体所有的构件和过程用统一的符号与／或标识完整表述。

定义 3.1 规定了描述的目的，就是将智能体的构件和过程通过一种符号体系表述出来，使得智能体能够以描述的成果为基础，实现在理解基础上的思维、决策、行为等各类智能体活动。

[1] Robert A. Wilson and Frank C. keil. The MIT Encyclopedia of The Cognitive Sciences[M]. 上海：上海外语教育出版社，2000 年.

[2] [美]伯纳德 J. 巴斯，尼科尔 M. 盖奇. 认知、大脑和意识，认知神经科学引论[M]. 王兆新，库逸轩，等，译. 上海：上海人民出版社，2015 年.

[3] [美]Michael S. Gazzaniga, Richard B. Ivry, George R. Mangun. 认知神经科学，关于心智的生物学[M]. 周晓林，高定国，等，译. 北京：中国轻工业出版社，2015 年.

[4] [美]George F. Luger. 人工智能 复杂问题求解的结构和策略[M]. 史忠植，张银奎，赵志崑，等，译. 北京：机械工业出版社，2006 年，第 164～197 页.

[5] [美]Alexander M. Meystel. 智能系统——结构、控制与设计[M]. 冯祖仁，李仁厚，等，译. 北京：电子工业出版社，2005 年，第 78～122 页.

[6] [加]保罗·萨迦德. 心智，认知科学导论[M]. 朱菁，陈梦雅，译. 上海：上海辞书出版社，2012 年.

定义 3.1 规定了描述的性质。描述是智能体的一个功能系统，是属于智能体的，由智能体控制的。描述功能的实现是逻辑过程，除了智能体拥有的处理和网络功能，不需要别的资源。

定义 3.1 规定了描述的范围是智能体所有的构件和过程。这里的构件小到最基本的单位，每个微处理器中的最小物理或逻辑部件，如感知微处理器的传感器中的部件（见图 2.7 中的每个成分）；大到一个功能系统、一个控制过程、一次学习或任务执行过程。

定义 3.1 规定了描述的功能不仅是实现智能体构件和过程的描述，还包括了描述功能本身在初始、赋予之后的成长、发展、完善。后者的范围包含了全部描述组件和功能：从微处理器、功能组、功能子体系到功能体系；从描述的规则、过程到实现成长的规则；成长规则自身的描述还要兼顾弹性、可塑性；从描述结果的产生到完善。

定义 3.1 规定了描述的成果形式是智能体统一的符号或标识体系。这个符号或标识体系属于该智能体，能够满足智能体所有描述的功能性要求，能够被智能体拥有的所有功能系统所理解，能够满足各个功能系统在不同使用环境下的优化需求。

定义 3.1 规定了描述与智能体其他功能系统的关系。描述基于各个功能系统的各类微处理器，并通过规定的过程实现。没有各类微处理器的含义性功能，描述便失去了前提。也可以认为，描述功能是描述功能系统与其他功能系统共同完成的。描述以其他功能系统的微处理器知识库及处理过程为依据，描述的结果向相应的微处理器反馈。描述的交互依赖于交互功能系统，描述的结果接受记忆功能系统的管理。

3.1.2 描述的一般过程

智能体描述功能体系承担两类性质迥异的功能：一是实现描述，二是实现描述功能。前者是指描述形成的功能要求和过程，后者是指描述功能的构成、实现过程及成长。本小节讨论前者，后者在 3.2.1 节中讨论。

　　智能体描述的形成要求将被描述的各类对象用智能体含义可识别的符号及格式，全面、系统、准确地形成相应的描述文本，文本中可以包含格式的结构和缩略标记识别的部分。

　　从描述过程及功能要求的不同特征看，描述对象可以分成两类：一类是从外部经由感知之后进入智能体的对象，另一类是智能体的各类功能系统在工作过程中生成的对象。

　　第 2 章对感知功能系统的讨论已经明确，智能体所有来自外部的对象必须经由感知进入智能体内部。除感知功能系统之外，资源功能系统集中各种执行外部各类作业任务的物理或逻辑资源，交互功能系统接收外部的回答，任务、控制等功能系统在执行任务时与外部交流的回程均须经由感知功能系统处理。所有功能系统在初始、赋予时进入智能体的物理及逻辑构件同样必须经由感知模式。各个功能系统在初始、赋予之后，所有在智能体内部发生的行为及产生的结果，都需要通过描述的记录后进入记忆或相应功能系统、相应微处理器的知识库中。

　　描述过程的激发来自需要提交描述的微处理器，或者说，对于描述功能体系来说，描述的启动是被动的。如图 3.1 所示，描述于各种微处理器的描述请求开始，于描述结果输出到记忆区域及请求微处理器的反馈结束。

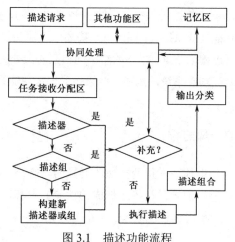

图 3.1　描述功能流程

如同感知流程最后向描述区输出一样，其他功能系统在各项事务执行结束后，所有需要描述的事项均输出到描述功能区，触发描述功能。

描述功能体系在接收描述请求后，开始任务分配。任务分配有三个选项：一是描述微处理器承担；二是描述功能组承担；三是若没有对应的微处理器或功能组，则构建一个描述微处理器承担。

任务分配基于请求自带的连接标识，即对应的是那个描述微处理器或功能组。由于描述微处理器都是逻辑型的，基本上与提出任务请求的微处理器存在一一对应的关系，即描述微处理器的功能是高度专门化的，一个微处理器或功能组只承担对应微处理器或功能组提出的任务。高度专门化的原则保证了描述的正确性。

接受任务后，相应的承担者要判断是否拥有能够完成描述任务的足够信息，如果需要补充，则向任务请求方提出补充信息的要求。由于描述微处理器或功能组的专用性，补充信息的要求基于对任务提出微处理器或功能组拥有的知识库的全部了解，基于对各类标识所代表的含义的判别能力，统一由协同处理功能组实现。

当没有新的补充信息要求后，各自执行描述。描述的结果同时输送到描述功能体系的协同处理单元、记忆区及提出任务的功能系统。描述的执行根据各自的规则和流程，每次描述结果的主要内容直接使用对象微处理器传来的信息，特别是关于描述对象的时空定位、描述对象在智能体中的唯一标识、描述对象的处置过程信息等。描述功能的主要任务是简洁陈述对象包含的含义，如眼睛（图像）、眼睛（汉字）、eye（英文）、眼睛（发音）、眼睛（人种特征）、眼睛（谁的）、眼睛（场景特征，如亮度）、眼睛（情绪特征，如笑）。这种描述基于感知微处理器感知过程的记录，表述语句则基于给定模板。

完成描述之后，需要判断是否存在组合需求，即来自不同描述请求的内容是否需要拆分、组合、调整。判断的依据和组合的执行来自描述对象执行过程的记录，并通过与自身的知识库匹配后得出。自身知识库是该描述微处理器或功能组全部的描述结果。组合过程是对描述结果的直接操作，合并则删去冗余，调整则改变次序或增删语句，拆分则分解为确定的若干结果。需要组合的只是很小一部分描述结果。

描述结果在经过组合区的工作后，经由协同处理器输送到记忆功能系统，同时向描述发起功能体系反馈。协同处理也接受来自记忆区和任务提出功能系统的反馈，并反馈到相应的任务承担者。

3.1.3 描述的原则要求

感知是智能体基于含义处理过程的基础，描述形成智能体含义处理的单元。描述的原则是为实现含义处理过程勾画框架。围绕目标，描述功能体系需要满足以下 11 项原则要求。

（1）可描述。描述功能体系要把智能体的所有过程、对象、结果描述出来。若想达到这个要求，所有的描述对象都应该由描述功能构件执行，并由确定的流程和规则实现。

（2）基于含义的描述。描述的结果应该是智能体各个功能系统均能理解、使用的。若想达到这个要求，应该建立一套统一的符号体系，这套符号体系应能覆盖所有的描述内容，表述所有对象的含义。

（3）准确。所有的描述结果应该是描述对象的准确表述。所有执行描述的构件，应该基于恰当的连接和恰当的规则，忠于描述对象先前的执行过程和执行规则。

（4）完整。描述的结果应该完整地保留被描述对象所携带的所有信息。这里的所有是指关于描述对象的形式性信息和含义。形式性信息是指描述对象各种客观存在的时空定位，包括相对时间和相对位置。含义不仅包括对象的属性描述，还应有与对象相关的场景与／或事件的关系描述。

（5）系统。系统性要求有两个含义：一是描述的结果是体系性的，形式性及含义性的内容根据规则用统一的格式使这些内容形成智能体确定的体系；二是描述结果应该反映被描述对象在智能体记忆中的位置，也可以称为体系化归类、分类。描述结果的分类基于实现描述功能的体系性结构，基于前置的连接和内置于微处理器中的知识库，以及知识库与智能体记忆中的分类体系。

（6）拓展。拓展是指充分挖掘描述对象中隐含的含义。隐含含义的挖掘利用智能体记忆中的体系及被描述对象中的各种关系，用关联方式试错，以已有的知识体系或交互进行验证。

（7）标准。应该制定一套标准，用来确定各类描述的最终成果格式。这套标准应能保证描述结果简单、简洁，便于存储和利用。

（8）协同。描述需要得到被描述对象在相关功能系统相应构件中的操作过程及其记录，如感知过程的标识、转换、识别的结果及说明，在必要的时候还要调取这些构件的知识库。与相应功能系统的协同是描述功能实现的基础，需要建立专用的连接及操作规则。

（9）全局优化。描述结果的保存需要全局优化，即完整地将描述结果输送到记忆区域，由记忆保存最完整的索引和部分结果的详细描述；同时，相关功能体系的相应构件保留各自功能必要的详细描述及与记忆区域的调用连接，以保证调用与记录的一致性。

（10）可塑。可以对描述结果进行必要的修改。描述功能体系在后续的描述过程中，如果发现需要对此前的相关描述进行增、删、改等操作，则保留进行修改操作的权利。这个权利只授予描述功能体系。

（11）成长。描述能力应该随着智能体的发展而增长，应该保持增长过程中各类功能一致、协调。成长有两种类型：一是各类已有内部构件的增加及修正，增加是为了应对量的增加，修正是根据描述的结果及相应的校验做出的修正；二是增加新的不同类的构件，以及描述微处理器、描述功能组、描述功能子体系等构件及规则的增加或修改。规则的增加或修改若涉及此前的描述，需要回溯调整。

3.2 描述功能体系的构成与形成和发展

智能体描述功能体系由四个组成部件和五项执行逻辑体系构成，

描述功能的执行基于描述框架，形成和发展则基于初始、赋予的要求和成长的过程，下面将分别进行讨论。

3.2.1 描述功能体系的构成

如图 3.2 所示，智能体描述功能体系由四个组成部件和五项执行逻辑体系构成，分别是描述微处理器、描述功能组、描述功能子体系、描述功能体系及符号体系、标识体系、规则体系、执行体系、交互体系。

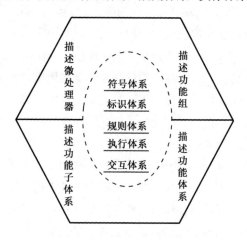

图 3.2　描述功能体系的构成

（1）描述微处理器。描述微处理器是智能体描述的基本单元，也是最重要的组成部分，描述的绝大部分任务由它承担。其他功能系统所有的微处理器和功能组提出的描述请求，都有一一对应的描述微处理器；同时，一个描述微处理器也只承担对应微处理器或功能组提出的任务。由于描述微处理器具有逻辑功能，只要对知识库的保存和使用做好优化，计算资源的占用是可以满足的。

（2）描述功能组。描述功能组对应所有功能系统的功能子系统，一个功能子系统对应一个描述功能组，反之亦然。

（3）描述功能子体系。一个描述功能子系统对应智能体的一个功能系统，反之亦然。

（4）描述功能体系。描述功能体系承担所有与其他功能系统的协同事务。各功能组件一一对应的确定性事项无须协同处理，需要协同的是跨组件或全功能体系的事项。描述功能体系承担所有四个逻辑体系的更新维护决策，是描述能力形成和成长的承担者。

（5）符号体系。符号体系是智能体理解的载体，包括文字；各领域的专门符号，如各类工程、各学科领域的专用符号；用于逻辑关系表述的符号；构成描述的文法规则。符号体系采用同种语言的通用、规则化的文法逻辑，描述结果均采用简单陈述句。在本书中，文字以汉语为主体。其他各种语言文字，既有独立的文字区域，包括所有与该文字相关的内容及文法规则，并与相同汉字的译文连接。专用符号体系确定的原则是包罗所有已经在一定范围内使用并在这个范围内有共识的专用符号。所有采用的符号均统一到智能体所有构件功能体系能辨识的标准表示模式上。

（6）标识体系。标识体系是智能体各功能体系之间交流的依据。标识体系应该能够对智能体所有的功能构件、功能执行过程、执行结果、感知对象的全部颗粒度给予唯一的、全智能体可以识别的标识。

（7）执行体系。执行体系是描述功能体系所有描述过程应遵循的规则体系，包括所有的描述过程及判断、处置的规则，其中的核心部分是每个执行描述构件独特的描述框架，这部分内容将在 3.2.2 节中专门讨论。

（8）交互体系。交互体系是描述功能体系针对所有不确定的描述结果和所有描述构成中的不确定性寻求答案的一种方式，也就是描述功能体系成长的一种方式。描述的交互体系是交互功能系统的一部分，按描述交互规则及流程，以规范的方式提出交互请求，并对反馈结果进行处置。

（9）规则体系。前面三个逻辑体系中均有规则，这里的规则是指除了那些规则外的所有规则，主要包括：协同规则，描述功能系统与其他功能系统之间协同的规则；成长规则，构件和规则的调整与增加规则；管理规则，功能体系内部的协调和管理功能实现的规则；任务分配规则，若一个请求没有对应的执行构件，描述功能体系将该请求落实的规则。

3.2.2 描述框架

描述框架是指执行描述的指引。描述微处理器、功能组或功能子系统的描述过程以此执行描述过程。如图 3.3 所示，描述框架是一个格式化的表。

处理单元标识	类型标识	类型中系列号	描述体		
			连接标识	描述内容	记忆区标识

图 3.3 描述框架

描述框架由四部分组成，分别是处理单元标识、类型标识、类型中系列号、描述体，其中第四部分又分成三部分，即连接标识、描述内容、记忆区标识。

（1）处理单元标识。处理单元标识是承担该项描述任务的描述功能构件的唯一标识。若一个描述任务分别由多个描述构件承担，则由最后一个描述或以输送到记忆区的描述构件为准。处理单元标识是追溯的依据。

（2）类型标识。类型标识是描述对象属于记忆区，也是描述构件知识库中的类型。类型标识与记忆区中的分类体系一致。由于描述构件与知识库始终保持同步，因此类型标识也是知识库中的分类标识。类型标识从最上位类开始，直至该描述对象的最小分类号。

（3）类型中系列号。类型中系列号是同类中的区分。按描述顺序区分，如不同时间的描述按时间顺序区分。

（4）描述体。描述体是一个描述过程的最终成果，是输送到记忆区的部分。一个描述体由下面三部分构成。

① 连接标识。连接标识是从记忆区追溯到描述体的标识，是处理单元表示描述构件本次描述的唯一标识。

② 描述内容。描述内容是指用陈述语句表述的描述对象，如物体名、关系名、场景名、事件名、任务名等。

③ 记忆区标识。记忆区标识是指该描述体要送达的记忆区地址。它既是描述最后处置的依据，也是描述功能此后追溯的依据。

3.2.3　描述功能的形成与发展

描述功能的形成是初始、赋予。人类社会形成的所有体系化的记录信息都是描述功能实现的基础。

由于数量巨大，不能要求在一开始就将全部描述功能需要的记录信息作为初始、赋予。需要精心设计哪些是必须在一开始即赋予智能体的，哪些是在初始、赋予后的训练期增加的，哪些是智能体在成长过程中逐步增长的。具体确定是一个分类逐步求证的过程，这里提出一些初步的考虑。

首先，要赋予智能体完整的描述功能体系，即所有功能子体系及其整体要能够工作，赋予描述功能体系所有的基本功能，协调、管理、基本规则及实现成长的自组织过程。

其次，要赋予各类描述对象执行的基础，即标识体系、符号体系、描述框架。

再次，要根据不同类型描述对象及不同类型智能的特征，赋予一种完整的体系性的知识库。这里的类型及类下的细化要遍历所有不能通过成长模式实现的功能。这里的类不是与记忆区一致的描述结果保存分类，而是描述功能需求特征的分类。要逐一分析外部描述对象：物理信号的场景、事件、状态、物体等类型及其具有不同描述需求的细分类；逻辑符号的语言、图形、音/视频、不同学科文献等不同类型及其细分类；不同智能的时空、逻辑、艺术、语言、运动、情感、社会性等类型及其细分类型的需求；内部功能体系的感知、连接、描述自身、记忆、交互、学习、资源、生存、任务、控制等类型及其细分类。

最后，要赋予描述功能体系与记忆功能体系之间稳定的连接通道及满足成长需求的功能。

描述功能的成长与其他功能体系不同之处在于，大量可以初始、赋予的功能和内容由于工作量及学习的可实现性原因，采用初始、赋予后的学习过程逐步增加的路径。

在初始之后的训练期，与其他功能系统同期的任务不同，不仅应该遍历所有功能，还应该给予描述功能区域尽可能多的计算资源，使之在有经验的技术人员和专业人员的交互下，建立各类描述构件的知识库。

感知、描述、记忆是智能体成长的核心内容，也是智能体学习的核心功能，这些内容将在学习和成长部分综合讨论。

3.3 环境状态的描述

环境状态是指智能体除任务执行之外所有来自外部信息的描述，本节将从五部分对其进行讨论：目的、特征、物体、事件、场景。

3.3.1 环境状态描述的目的与特征

不是任务性的环境状态描述服务于学习，它是智能体记忆即智能体知识和认知的主要来源，是学习功能实现的一个重要基础。因此，环境状态描述的目的就是将所有能够感知的环境状态转换为智能体的记忆及各个相关部分的知识库的构成。

环境状态描述对象有两类：物理信号和逻辑符号，它们均来自感知功能系统，用一一对应的方式将感知结果映射为记忆区域可管理的对象。这一处理过程具有以下五项特征和主要操作。

（1）分类。分类是描述的一个基本功能要求。环境状态描述的分类特点是基于感知功能的分类结果，并通过描述构件知识库及与记忆的特殊关系进一步提升确定性或进行必要的修正。

在感知功能中，感知对象的含义相同，但可能来自多个不同的感知微处理器，如物体、文字、场景、事件、图形等。感知功能体系尽管在组合过程中经过一定的调整，但由于功能的局限性，不能对比较复杂的对象，特别是感知对象存在较大差异、跨越多个功能组甚至多个功能子系统，对象含义相同但感知时间间隔很长等感知过程进行系统化的调整，而描述功能基于自身更加全面的知识库及通过与记忆区域的直接反馈通道，可以实现更加准确的分类，也可以使相同含义、不同载体的对象建立更加确切的联系。

（2）与感知、记忆功能体系的协同。环境与状态的认知需要感知、描述、记忆功能的协同。分类的实现基于各类描述构件的单一功能及记忆区的分类体系，而描述构件功能分类又延续向其提出描述请求的功能构件的分类属性。单一功能与记忆区分类体系是描述结果分类的实现模式。除了分类，对事物认知的深化也需要这几个功能系统的协同。对于一次认知过程，通过记忆区对一个事物的认知框架，描述区根据框架对感知结果进行分析与判断，通过反馈实现深化。对于多次认知，上述过程在记忆区相同认知框架的基础上，实现类似的认知深化。

（3）渐进细化。智能体对事物的认知过程是一个长期渐进的过程，描述功能是智能体认知进化的关键环节之一，渐进细化成为必然的要求，也是必然的过程。

智能体需要认知的环境状态数量极其庞大，相互之间存在众多的联系，需要不同的描述表述，智能体的感知又是一个长期的、相对于感知对象内在的各种含义和关系，并且是断断续续的。因此，任何感知—描述过程都需要给描述的扩展留下接口。

不同种类的描述对象，扩展存在不同的特征。每个描述构件应该在初始时给出一个潜在的扩展框架，在学习的过程中不断完善这个框架，直至该种类的认知描述达到完备信息结构。扩展框架将在下面几节的例子中进一步讨论。

（4）归并。归并是智能体的一种基本运算，将以叠加这个算法专门讨论。描述的归并是基于语义、面向记忆的操作，要将来自不同功能系统、相同功能系统不同处理单元提交的环境状态描述内容，根据拥有的知识库和记忆区的对应内容进行归并。归并的原则是既形成描述对象可归并的最上位，又保持全部有意义的下位类。存储的优化原则将在记忆部分讨论。归并与扩展具有互补的关系，特别是扩展框架在一定意义上也是归并的参考框架。

（5）增加。增加是指增加新的描述构件，主要是描述微处理器和描述功能组。环境状态具有多样性，如果输入的描述对象确切判断不属于已有描述构件的功能范畴，则需要增加新的构件。增加在描述发展过程中经常发生。如人—脸—眼睛—形状特征—颜色特征/视力特征/健康特征，这一串物体对象描述，在初始、赋予的时候，可能只有前面三个微处理器或功能组，在智能体持续的描述过程中，例如，积累了成千上万甚至数十、数百万关于眼睛健康的描述结果，眼的健康就应该成为一个独立的功能组，微处理器只处理一种具体的眼睛疾病，如视网膜脱落、眼压。

（6）修改。"盲人摸象"是中国的一个成语故事，其道出了一个客观现象，即认知能力的局限性。智能体对环境状态的认知过程同样存在这个需要认真对待的问题。认知逐渐迫近事物的真实，描述结果也应该随之将不正确的甚至错误的内容被更加恰当的描述替代，这就是修改。修改操作的核心是如何判定一个新的事实（描述结果），这个结果与已经进入记忆的同一对象的描述不一致，应该保留哪个，或应该如何调整。三种可能结果都归于修改范畴：一个保留，一个放弃，一个不调整及吸取两个描述中的正确部分、修改已有描述。判断的形成有三个不同的过程：一是基于智能体相关功能体系的知识库已经发生的调整，如果没有调整，则问题本身不存在；二是基于交互；三是自身判断与交互同时采用。判断的最终产生，基于描述构件内在的判断规则，不同的描述构件具有不同的规则。

3.3.2 物体的描述

物体是场景、事件的基本构成单元，每个物体的详尽描述都是一个庞大的数据库。物体描述的基础是感知，依据是该物体的语义框架，其发展依赖于语义框架的成熟度及感知对象来源的质量。物体描述的框架由维度、构成维度的要素及构成要素的部件组成。

物体描述的最终目标是将被描述对象的显性完备信息结构保留于智能体记忆中。这个目标在智能体认知发展的过程中逐步逼近，而其中一些在学习或任务执行优先级高的子集会首先达到。

物体描述框架的顶层是维度。如一张桌子，它的主要维度有属性，包括类型、名称、结构、构成、用途、材质、工艺等要素；生命周期，包括生产者、生产时间、流转、价格、使用过程等要素；场景，包括场景的时间、空间、场景中的其他物体或人物等要素；事件，包括时间、空间、过程、其他物体、人物及相互关系等要素。所有的要素，由更小的部件构成；而一些复杂的物体，如前述眼睛，就有更多的维度，每个维度的要素及要素的构成也更加复杂。

物体描述框架的一个重要因素是粒度，即描述的详细程度。例如，关于桌子的材质，是描述所有原料，还是只描述主材；是描述材料名称，还是描述材料的各项理化指标、环保指标、加工特性。以眼睛为例，仅对视细胞的描述就可以构成一个大型数据库。

物体描述的框架：维度、要素、构件及其对应的粒度，是一个可变的体系，因此该物体的显性完备信息结构的完备度可分解为不同的要求，围绕这个要求逼近是描述功能体系的任务和功能成长的方向。

迫近阶段性局部完备信息结构，其动力来自学习功能体系的逻辑完整性和任务功能系统的当前任务对一个物体描述的需求。因此，描述是智能体认知功能的一个基础性环节，而认知功能及认知结果的完善是智能体多功能系统协同、贯穿全生命周期的智能行为。

实现迫近，首先是框架的形成和完善。框架的形成基于初始、赋予，框架的扩展、调整基于描述、学习、任务、控制等智能过程中产生的需求，实现则依赖于内置的规则，内置规则应该具有触发、过程、路径等基本内容，有的调整主要依赖内部产生的事实，有的调整则更依赖于交互后的确定。

3.3.3　场景和事件的描述

在很多著作或词典中，场景与事件是可以混用的。在本书中，为了区分认知过程中静态对象和动态对象，给出了它们的工作定义：场景是指给定范围下事物之间的关系，是静态；事件是指给定主题跨越时间的事物之间的关系，是动态。或者说，空间是场景的主线，主题是事件的主线。

物体描述是场景和事件描述的基础，物体是构成场景和事件的基本元素，这些基本元素加上该对象的时空、主题定位，就构成了场景及事件的感知、描述和记忆、使用单元。

场景和事件是认知的主要对象，是记忆的主线。静态场景是动态事件的一个片段，但对于智能体认知过程，却有不同的目的。场景认知的目的是使整个场景所有物体（包括各类人造或天然的物件、人、语言、声音、光线、电磁等）的关系在任意有价值含义的层次上成为智能体的记忆；事件认知的目的是将一个主题相关的各场景中的过程（自然过程、机械过程、社会过程、个体行为等），无论这个事件是跨越空间还是时间，是连续的还是间断的，在任意有价值含义的层次上连接起来，成为智能体的记忆。当然，这个过程是渐进的，特别是在服务于一个任务执行的需求时，认知的要求是满足任务求解需要的层次。因此，场景和事件描述的需求就是在不同层次的粒度水平上，逐步实现一个静态场景和动态事件的认知过程。

场景和事件的描述基于感知功能系统的结果，在此基础上通过描述构件的知识库及与记忆的互动，实现描述过程。实现这个目标，是一个反复迭代的过程。

场景描述就是将该场景中感知的物体及通过场景可描述的物体间关系及场景的属性描述出来。若将图 2.9 作为一个场景，则在感知过程中，已经将图中标识的 1～7 识别，感知已经识别了电动车逆行，显然关于公路及交通规则的识别已经在其感知微处理器组的知识库中。在物体描述功能组中，已经将这些物体用智能体可理解的文字及文法表述了。场景描述微处理器则根据感知提供的位置记录及自身的知识库、在记忆区的相关认知框架，通过判断、反馈、交互三个步骤，进一步深化对该场景的认知。

判断基于已经积累的知识库。例如，从光线和记录的时间，判断方向；从时间和地面、树上覆盖的白色判断存在积雪；从路上车的行驶方向和车道，推测路的宽度；等等。新的判断是否能够成为确定的描述输送到记忆区，需要根据知识库的确定性进行判断，如果不能够确定，则经由交互功能系统向人提问，根据回答再进行确定，在确定之前，描述应保留在临时存储区域。

反馈是指根据规定的反馈通道向相应感知微处理器和功能组提出进一步感知的要求，如通过感知给出的位置坐标，画出没有识别的车、路灯、楼、树、人行通道栏杆、路的分类及交通识别符等。当然，对感知区的反馈只是这张图的平面坐标，由相应感知功能构件协同，再次识别。能识别多少，在于感知微处理器的功能。假定存在行进中的汽车、路灯、公路车行线、人行天桥、树的轮廓、正常形状楼的外形感知微处理器，且接受反馈感知功能组有能力协同这些微处理器对该图片感知，则上述要求大体能实现。感知识别后的过程与第一次描述一致。

　　由于感知功能系统没有与外界交互的语言功能，因此与感知、描述相关的认知交互由描述功能承担。如果再次识别后，对车型、树、楼、积雪等根据知识库不能确认，或确定性程度不高，则启动交互功能，将整个图及相应部分的物体标出后用简单询问语言，通过交互系统发出，得到回答后根据规则做后续处理。

　　事件描述的特征是跨越时空，按特定主题，将相关的物体或场景关联起来，并给出恰当的描述。例如，以一个人或一辆车在给定时间内或给定范围内的行动轨迹为描述主题，则以特定的人或车为主线，在所有已经感知的对象中搜索，找出具有相关内容的感知对象。如果感知对象是由一个微处理器或一个感知功能组识别的，这个过程已经保留在相应构件的知识库中，那么全部提取，按规则描述即可完成。如果感知对象散布于多个感知功能组，甚至多个感知功能子系统，则需要更复杂的搜索过程和组合描述过程。实际上，跨功能组或子系统的概率是很高的。关于特定人或车的行动轨迹，在空间上变化很大，场景性质有很大的差异，与主题相关的感知对象会落实到不同功能组；也可能存在相应活动的记录以图片、视频、文字等不同的形式存在，则会落实到不同的感知功能子系统。描述功能组需要组合分散于不同感知结果中的对象。

　　事件描述功能组根据自身的知识库，并利用记忆区的事件描述框架来完成描述过程。事件描述框架是一个系列，根据经验，在初始、赋予时分别对不同的描述对象确立描述的维度和过程，当然，不同类的框架中存在大量相同的维度、维度中的要素和过程中的局部，这些雷同需要在记忆区中协调优化。框架也在描述的发展过程中持续增长或优化。

　　第一，框架应该确定主题是什么，根据主题确定主线，根据主线确定相关物体集合，根据主线和物体集合，去搜索、组合不同的感知结果。相同的场景中可能包含不同的主题，涉及不同的物体和过程。在图 2.9 中，马路积雪和电动车逆行是两个不同的主题，尽管物体有交叉，但事件轨迹需要的对象却大相径庭。第二，框架应该确定给定主线下空间和时间的追溯方式。第三，要确定由主线确定的主题描述模式。第四，要确定起点和终点。第五，要确定追溯及描述的粒度。

场景描述主要依赖感知结果，事件描述则对知识库和描述框架有很强的依赖性。初始框架、初始知识库、初始成长规则和过程，以及在认知过程中的框架、知识库、成长规则和过程的完善，是时间描述能力形成和发展的关键。

3.4　知识的描述

知识的描述包含两种类型：一是感知对象是逻辑符号中文本部分描述；二是为记忆区构成的智能体知识体系进行描述。

3.4.1　知识描述的功能与特点

与物体、场景、事件的描述不同，知识描述来源的感知对象是被完整辨识的，这里的完整辨识不仅是指文档中的一个个文字或图片、图像，还包括对象中通过格式和文字逻辑关系或表述辨识出来的关系；这里的格式不仅指文字、图形的空间位置，还指文字及文档的目录等部分透露的词、句、段、页及更大范围内的逻辑关系。这是第一类描述对象的需求。

第二类描述对象则要求以逻辑符号的内容为基础，达到四个描述目标。一是智能体所有文字单元的全部逻辑关系；二是智能体所有主题的全部逻辑关系；三是智能体所有智能类型的独立体系；四是智能体全部认知成果描述为统一的逻辑体系。

实现上述知识体系的描述功能，与其他部分的构件相同，由描述微处理器、功能组、功能子系统构成。此外，还需要构建一些特殊的规则，满足知识体系描述的需求。

知识描述微处理器与其他描述微处理器一样，与全部符号逻辑感知微处理器一一对应。其主要功能是完成感知传来的识别结果，并根据所在文档的位置、表述、自身拥有的知识库或与记忆区相应部分的连接，完成所有与识别单元相关联系的描述。

知识描述功能组对应一篇、一部文献或由若干本书围绕特定主体构成的书集。

知识描述功能子系统对应智能体除感知功能系统之外的各功能系统产生的知识的描述。这些功能系统知识的描述与后面将要介绍的控制、行为等过程的描述存在相互协同的需求。

知识的描述存在一些特殊需求，需要特定的描述规则，主要包括下述内容：一是沿着概念如何实现已知的全连接，二是沿着主题如何实现已知的全连接，三是沿着领域如何实现集体性描述，四是如何跨越不同的功能组、不同的子系统实现有效的描述。这里的"已知"是指智能体的记忆中已经拥有的全部知识，这里的"全连接"是指描述可以发掘并能确认的所有关系。

实现这四方面的功能主要有两条路径：一是在相应的描述构件中增加实现全连接、体系化描述的规则及流程；二是经由学习与交互功能体系，学习与交互结合，实施拓展，并检验拓展后获得的新的关系的确定性。

跨过不同的功能组、子系统实现知识的体系化、全连接，直接的模式是通过智能体确定的关系及连接描述规则和符号体系，间接的模式是通过智能体拥有的逻辑推理算法，发现没有描述出来的知识构件之间的联系。这样的功能主要依赖学习功能系统。

3.4.2 知识描述的实现

知识描述的一般过程与其他类型的描述基本相同，差别在于认知背景的框架与沿框架深化的过程。下面从单元知识、主题及特定智能三种类型介绍知识描述实现的特殊性。

一个知识单元是指独立含义的文字或图形。知识单元描述的特点是如何沿着该知识单元的含义，与其他知识单元、物体、场景、事件等智能体拥有的记忆体中相关的内容确定关系、建立连接。

图 3.4 是知识单元拓展描述的一般过程。起点是一个知识单元在对感知传来的识别结果描述完成之后，开始对这个新的结果进行拓展性描述。第一步是将这个概念或图形进行同义扩展，将同义词（含反义词）归集到用于搜索的表中。同义扩展基于描述构件的知识库与／或记忆区的词典。全局搜索及图中的虚框部分是一个循环过程。需要完成所有同义词（图形）的匹配，每个词或图形的匹配过程又要按照拓展框架的规定进行。匹配的结果有三种可能：一是不符合，直接放弃；二是符合，对此进行描述；三是不确定，根据已有规则确定，程度低的放弃，高的进入交互，交互的结果符合则描述，不符合则放弃。全部循环完成后，对新增的描述和已经完成的描述按规则进行组合，组合完成后向记忆区传输。

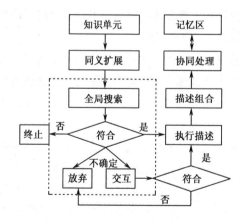

图 3.4　知识单元拓展描述过程

按一个主题进行拓展描述，一般说来是对一个或若干个功能组结果的描述拓展，目的是将智能体拥有的所有关于该主题的知识通过一个逻辑体系连接在一起，这样既可用于问题求解，也可用于认知的扩展或深化。

以交通拥堵这个主题为例，它可能涉及几个或成百上千个功能组的描述结果整合。交通拥堵至少要包括两方面的内容：一是交通拥堵的文本描述，什么样的状态属于交通拥堵；二是实际的交通拥堵状态判断及由此产生的后续事态，如交警的疏导、通行的速度等。

描述的重心是将离散于记忆区不同部分的相关内容按一定的逻辑体系组合成按主题建立的整体。这个整体不是指将内容按主题汇聚，而是按主题建立联系。主题描述触发不是源自某个具体功能系统，而是描述系统自身的持续完善功能或记忆功能系统学习过程的请求。

主题描述功能组与记忆区的分类一致。主题的确立与调整功能属于记忆功能系统。每个主题描述功能组拥有一个知识库，这个知识库的核心是该主题的认知框架，是以概念为基础的逻辑体系。

特定智能的描述是指对一种具有特殊性的智能采用适合该类智能认知发展的描述方式，如逻辑、计算、软件、时间、空间等。逻辑、计算、软件等内容在后续章节中将进行专门的介绍，这里以时间和空间两种类型的描述为例来讨论。

从认知的角度看时间的描述，一是需要将描述对象的时间要素描述出来，二是要为智能体建立理解和识别时间概念智能体的能力。智能体应该拥有时间坐标。时间坐标可以源于网络时间，同时还应该实现智能体所有构件的时间同步。

时间描述需要区分不同的描述对象。如果来自感知的内容已经将描述对象的时间识别，则保留该时间；如果没有识别，则根据需要进行处理。大部分描述对象不需要对象形成的时间，如对物体、知识的客观表述。对于事件、场景的描述，需要时间，大部分还需要时间系列。对于这类描述需求，如果描述对象已经成功地表示了时间，则不需要额外的处理；如果没有表示或表示的正确性存在疑问，则需要进一步处理。

进一步处理基于时间描述功能组拥有的辨识能力，如从文字、图像的特征来识别时间，或者从描述对象相关的内容识别。时间描述是否需要通过交互模式、什么时候进行交互，则由智能体的控制系统决定。交互式智能体确定描述对象（也是智能体的记忆内容）时间的最后方式是交互。

感知功能的时间辨识，描述功能的交叉辨识和语义辨识，控制系统根据涉及内容的时间要求决定是否交互是智能体的时间能力，这些能力也构成了智能体形成时间意识的基础。

从认知的角度看空间的描述，其应该能够对智能体拥有的知识赋予恰当的空间描述，使智能体拥有认知的空间坐标，并且使智能体具备空间意识和空间能力。

空间描述有两层含义：一是对具有空间特征或需要给予空间标识的描述对象赋予相应的空间识别描述；二是对智能体所有与空间相关的自身行为进行空间描述。

实现空间描述首先基于感知功能的识别，场景、事件的识别内容中大都包含空间部分；其次基于描述对象中包含的关于空间的内容，如位置、距离、长宽高等；再次基于描述对象之间的空间关系，对相关描述对象的空间类语义特征或物理信号特征进行区分，如不同的场景中共同的空间识别参照物或相关文档中可以确定空间关系的语句。

一个智能体的空间坐标包含两个类型，一是智能体自身所在或智能体行为所在的空间坐标，二是智能体描述对象的空间坐标。第二类空间坐标以标准的空间定位标准为基础，具体位置确定依据描述对象所在的场景而定。定位标准有国家的、区域的、全球的。具体描述对象的空间坐标则依据对象所在的范围赋予。

智能体空间能力是指其对描述对象的空间描述能力、空间认知能力和空间行为能力。空间描述能力前面已做讨论。空间认知能力是基于空间辨识为基础的空间意识，对认知对象增加空间认知的维度，对自身的行为具有空间掌控的能力。空间行为能力是指智能体的各类行为能够在恰当的空间中自主判断与从事各类活动。

3.5　智能体各功能体系的描述

前面几节讨论了智能体对来自外部信息的描述，本节讨论智能体各个功能系统的构件及过程的描述。

3.5.1　功能系统描述的需求分析

本节所指功能系统是指智能体的所有功能系统，即感知、描述、记忆、连接、交互、处理、学习、思维、控制、行为、生存。各功能系统对描述的需求既有不同，但共性大于差异。共同的需求是功能、构件、过程的描述，共同的特征是描述功能是其功能构件的必要组成部分。

功能描述。功能描述是静态描述，是对各功能系统的整体功能及各个构件的功能进行详尽的描述。描述基于各功能系统初始、赋予时的说明。对成长过程中增加的功能，描述基于功能增长部分，以及功能增长过程记录下来的信息，经由规定的格式完成描述。

构件描述。构件描述也是静态描述，是功能系统的构建体系完成体系化的描述。描述的实现同功能描述。

过程描述。过程描述是动态描述，即客观记录下各功能系统的工作过程。不同功能系统的过程描述存在很大不同，这部分内容将在3.5.3 节中讨论。

谁做描述。除了感知及描述自身的描述过程已经包含于描述中，其他功能系统的描述功能是相关功能构件的组成部分。不仅因为描述结果是功能的重要构成部分，还因为描述的实现依赖于功能系统构件的能力。

怎么描述。不同功能系统的描述存在很多不同，主要有与功能特征的关联、过程描述保留的原则、局部完整性描述的参照体系。描述的差异也将在后面讨论。

3.5.2　功能系统功能和构件的描述

根据第 1 章的讨论，智能体可以分成三大类、11 个功能系统。其中认知类包括感知、描述、连接、记忆、学习、交互、思维、控制、行为 9 个功能系统及其他系统中的认知部分，计算功能类主要是处理功能体系及其他功能系统中的处理性构件，物理功能类主要是生存功能系统及其他系统中的物质性构件。

功能和构件的描述都是静态描述。智能体所有功能和构件的来源从描述的角度看，可以分成两类：一类来自外部，或者在初始、赋予时形成，或者在成长过程中通过吸收外部的相关构件而形成；另一类来自内部，是在学习或执行任务时积累的新的功能或构件。

来自外部的构件或功能，描述基于输入者根据设计规范的陈述，智能体对描述的理解基于描述的规则和流程。对于外部构件的描述，应该区分不同的目的，是直接使用还是由智能体对同类功能或构件开发。使用的描述是基本要求，包括可用、维护和增长。开发的描述是拓展的要求，使用描述中包含的知识，开发出类似但存在差异的新的构件。开发性描述需要将构件和功能进行详细描述，特别是物质性构件，还需要将其材料、工艺、规格、执行标准及制造的所有环节进行描述，描述工作量将远远大于使用性描述。这一内容将在第 9 章继续进行讨论。

内部生成的构件或功能，描述依据其生成过程的活动及遵循的规则。因而，此类描述在相应的功能体系内，是构件或功能形成的一个步骤。

3.5.3 功能系统功能实现过程的描述

所有功能系统的功能实现过程都需要描述，通过记录实现过程，可以用于此后发生的同类功能的调用、完善及增长。功能实现过程的描述就是为这些目标服务的。功能的激发有两大类，一是智能体发起的，二是外部环境或任务激发的。这两类激发在功能实现描述中存在差别。本小节的讨论依调用、完善、增长、行为及功能过程，以及抽象过程这五方面展开。

调用描述是为了将该功能本次实现过程用于以后相同或相似的过程中，所以描述的重点是在什么场景使用，需要对场景进行重点描述，对功能及功能涉及的构件部分，不需要新的描述。

完善描述是指该功能在本次执行后，经过给定的流程和规则，认定功能得到提升，描述需要将这一提升精准描述，使之在以后的调用中能够恰当使用。描述基于功能的完善过程，需要对功能本身及相关构件的功能实现增加新的或调整已有的描述。

增长描述是指以该功能执行过程产生的变化为基础，经由给定的流程及判断准则，确定增加新的功能，或将该功能取消、分裂、合并。无论何种增长模式，均需要在原功能描述的基础上，精准记录取消后的替代功能及异同，新功能的适用、使用及过程与构件相应部分的变动，分裂或合并后的功能及全部与使用相关的描述。

智能体自身行为引发的与智能体执行外部事务引发的功能执行过程描述，主要的区别在于场景的确定与区分。内部行为引发的功能执行过程，适用场景是确定的。例如，来自感知、描述或学习的交互，主动的交流，主动的功能维护等，触发条件决定了场景。执行外部事务的场景是通过几个功能相同的辨识来确定的，存在不确定的可能性。同样是场景适用判断，内部性的确定性高，外部性的确定性低，这是需要在描述过程中特别指出的。

　　除了执行性的功能及过程，还有特殊的功能及过程，主要有关于规则的、关于意识或思维的、关于控制的。对于规则或控制相关的功能或功能执行过程，主要的区别是修改、调整、增长的描述，需要完全描述相关功能系统关于规则、控制调整的规则执行及调整过程，以达到精准还原、适应未来调整的需要。对于意识或思维的功能过程，需要精准描述过程与结果，包括结果形成的过程、调用的规则，若采用了交互功能，则要记录交互的过程及调用的规则，便于结果的使用或确定性判断及提升。

　　所有的描述应该由所属功能系统完成，需要与描述功能系统互动，以遵循描述的规则，并将描述的结果纳入相应的记忆区域。

3.6　本章小结

　　本章与第 2 章的感知是智能体的核心认知功能。智能体所有的知识、信息、对外部环境的认识都通过感知。以感知对象及所有其他功能系统的记录为基础，描述功能系统形成智能体全部的记忆，所有的信息（知识）成为体系化的可理解、可使用、可分析、可成长的认知成果。

　　这个过程的形式基础同于符号、标识、规则及固定的流程，保证含义从开始到进入记忆的一致性，而关键的环节是保证感知和描述对象所处结构能够完整地感知和描述，并通过后续的过程，实现与含义上相关的所有记忆单元形成能表达含义的结构。含义基于结构，结构解释含义，这是符号转变为含义的核心。每次描述的过程，都要保证不丢失本次描述对象的所有结构，保证以前所有相关描述结果与本次描述对象的含义相关且充分描述，前馈流程是保证后者的关键。

　　智能体所有的构件、功能、过程、体系是描述的对象集合。本章以感知结果的描述为重点，结合其他功能体系描述的需求和特征，阐述了集合中的所有元素都是可描述的。

描述基于各功能系统的成果，各功能系统的成果基于初始、赋予的功能、构件、规则，基于交互过程中人类智能的反馈。描述选择特定的语言体系、符号体系，描述采取简单的陈述句式。

描述如同智能体其他功能系统一样，是逐步完善的过程，是允许出现差错的过程。

——— 第4章 ———

连接、记忆和理解

　　感知和描述功能体系实现了智能体信息（含知识）的获取和表述，本章的连接和记忆将讨论如何使获取的信息（知识）成为智能体所有功能系统可理解、可利用、可计算的体系化的信息和功能，解释如何通过感知、描述和连接，将存储转变为记忆和理解的奥秘。

　　认知过程是智能的核心过程。从感知到描述形成了一个基础，加上连接、记忆、理解，则实现了认知过程的完整循环。

4.1 连接的定义、功能及在智能体中的位置

4.1.1 连接的定义

在人工智能的发展中，基于认知与神经网络的关系，形成了连接主义（connectionism）学派，它们以一些有效的算法为基础，取得了十分吸引眼球的进展。本书的"连接"不是人工智能连接主义中的连接，也不是心理学或生物科学中的连接，而是更广泛意义上的连接。

智能体的连接是指智能体拥有的所有构件及功能之间关系的表述及实现。这里的"构件"既包括信息构件也包括功能构件，这里的"连接"既包括逻辑连接也包括物理连接。连接由连接功能体系实现，承担智能体所有的连接功能需求，实现全部连接功能的表述体系和工作体系。物理连接在工作层面由智能体的资源管理和行为功能系统分别承担，物理连接的逻辑表述由连接功能体系承担。

连接的重要性在于其满足了智能体的所有连接需求。更重要的是，连接是实现智能体全部功能的介质。人的认知功能和智能行为的实现是以连接为基础的，智能体的体系架构和智能过程的机制模仿了人的智能模式。所以，以连接为中介形成的结构是智能体的根基。从形式上来看，连接是智能体所有构件关系的承载体，其本质是实现了以结构为基础的智能体的所有功能过程。

智能体的连接需求可以分成四类：含义性逻辑连接、功能性逻辑连接、功能执行过程逻辑连接，以及连接功能的管理与成长。如同人脑的神经突触数量远大于神经元数量，智能体连接的数量同样远大于除连接之外的信息和功能构件数量的总和。

表述体系是指用连接来表述智能体拥有的全部关系。这里的"关系"既包括逻辑的，也包括行为的。表述体系的实现基于符号体系、标识体系和规则体系。

工作体系一是指实现智能体所有连接功能的操作，包括各类智能行为的实现需求；二是指用连接的逻辑框架和生成模型，在其他相关功能系统的协同下，成为实现智能体连接功能完善和成长的一种模式；三是指对所有连接相关构件和功能的管理。

含义性逻辑连接是指智能体拥有的所有信息单元（也是含义单元、逻辑构件）之间的各种关系用连接符号表述的结果，而不是基于语词或上下文隐含表述。这里的信息单元是智能体拥有的全部可识别层次的独立信息单元，这里的各种关系是一个信息单元拥有的全部有意义的逻辑关系，如属性、同义、上下文、空间、不同形式的表达等。与描述中直接或隐含的关系不同，连接用给定的形式表达对象间的关系。所以，如果需要，这些关系可以直接进行逻辑计算或用于智能体所有的功能系统中。因此，一个信息单元连接的集合也可以看作该集合的一个显性信息结构。

功能性逻辑连接是指智能体拥有的所有功能及相互之间逻辑关系的表述。功能执行过程逻辑连接是指在智能体所有行为实现过程中各个要素的关系表述。此外，还有功能执行过程物理连接，它是指智能体所有内外部的物质性构件之间的物质性功能连接。这三类关于功能的连接都是指对智能体所有功能的关系用连接的方式进行表述，区别在于：功能性逻辑连接是对所表述功能（所有颗粒度的具体功能）各个构成元素间的关系用连接表述方法表述。功能执行过程逻辑连接是指智能体所有功能执行后，在描述功能之后用连接模式记录功能执行过程，既是与描述并行的记录，也是服务以后该功能执行的预备。功能执行过程物理连接则是功能实现过程需要调用的物理部件间的逻辑连接，物理部件间的机械连接由资源功能体系实现。

连接是描述结果的一种特殊形态，也是功能过程的一种特殊形态。换言之，智能体所有的功能过程都以连接的形态存在，不同功能过程的差异只在于连接中不同节点执行任务的复杂性。智能体所有的描述结果都以连接的形态存在，不同只在于一个或一组连接在语义构架中的层次差异。

4.1.2 连接功能体系的架构

如图 4.1 所示，连接功能体系由两部分组成，一是以连接微处理器为基础的层次性功能构件，二是功能实现需要遵循的四个软体系。

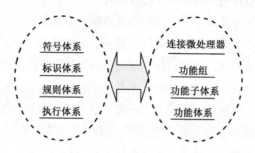

图 4.1 连接功能体系的一般架构

连接功能中的符号体系是连接功能执行时的操作符号，一个符号表示一种操作。连接功能中的标识体系是指表述相邻连接间关系的各类标识，它既可以规范语义逻辑关系表述，也可以简化连接表述的识别与操作。换言之，符号用于连接功能的执行，标识用于连接关系的表述。在一些连接中，符号与标识可能存在相同的情况，可通过具体的描述进行区分。符号体系基于形式逻辑和离散数学已有的相关成果，标识体系基于数量逻辑的主要成果；但均需要在初始、赋予时给予二者确切的定义，建立独特的工作用符号、标识集合与使用规则。

规则体系是指与连接功能相关的所有操作指引。既有一般性的原则，如符号或标识体系确定的原则；也有具体性的，如每个标识执行什么样的操作，每个符号表示什么关系。

规则体系可以分成三大类：一是规范符号、标识及其在执行过程中的形成与发展，二是规范、规则本身的形成与发展，三是规范执行结果的判断与决策。

功能性连接是智能体所有行为的实现模式，连接决策结果的规范与相应功能体系决策规范一起，可提升行为决策的可信度。规范执行结果决策，是对每个功能性连接决策过程设置监督器和裁决器，监督器负责提出反对意见，裁决器负责对不同观点做出判断。裁决器不能保证也无须保证裁决结果的绝对正确，只能保证该智能体在该场景下的相对可信。其实，并不是每次功能性执行决策都需要重复上述过程，在智能体发展过程中，已经达到可信阈值的功能执行过程，无须裁决。当然，如果执行的结果超出给定的范畴，需要重新判断。

　　执行体系是指连接功能的所有操作，无论这样的操作是在不同的功能系统中完成，还是在连接功能自身的系统中完成。执行体系需要完成连接功能体系的四类任务：完成连接表述、实现连接过程、创建连接模式、管理连接功能及其成长。执行体系的实现则由图 4.1 中右侧的四类功能构件完成。

　　完成连接表述是指对需要连接的对象确定相应的符号及标识，并将对象构件、符号及标识按规则固定下来。这项任务既是各功能系统的内在功能，如在感知、描述等功能系统中，相应连接功能子系统对工作对象中存在的关系所做的标识或描述；也是连接功能系统超越各个功能系统的综合功能，完成单个功能系统没有全部完成或不能完成的连接表述。

　　实现连接过程是指智能体调用并执行一个以连接表述的功能过程。按照分工，这一功能应该由相应的功能系统完成，但连接标识代表的计算过程则由该功能系统的连接子系统实现。

　　创建连接模式、管理连接功能及其成长是连接的内在功能。前者承担初始、赋予之后连接模式的完善和增长，后者承担连接功能系统的管理，主要是体系中子系统之间的任务协同。

　　连接微处理器是连接功能的基础构件，所有的连接操作通过该构件实现。在其他各功能体系中，与描述相似，连接微处理器的功能可以组合在自身的微处理器中；其上各层次均由连接微处理器与相应的功能系统协同实现。

　　连接功能组、功能子系统及功能系统的作用和分工与前述感知、描述功能系统相同，主要是跨下层多个构件的任务执行。连接功能系统的不同之处在于它实际上是智能体主体性的执行机构，智能体在思考、决策基础上体现的意志和自身利益，通过连接这个功能来实现。

4.1.3 连接功能在智能体中的位置

连接功能是智能体所有功能的基础及承载体，这体现了连接功能与智能体其他功能之间的主要关系。连接的物理功能就是智能体的全部网络系统，既包括传送比特的信息网络，也包括实现功能跨接、操作组件的连接。连接的逻辑功能就是智能体所有构件间的关系，是各个功能系统描述结构及功能实现的逻辑载体。

连接功能的分配与协调是连接功能与智能体其他功能之间一个不可分割的关系。连接是各功能系统内在的必备功能，连接又需要统一的规范与规则，需要处理跨功能系统的协同。智能体以全面的、体系化的关系实现各项功能，连接是关系的载体。揭示关系、利用关系，是各功能体系的需要，智能体更需要独立的连接功能。

连接的内在性及实现的外部性构成了连接功能体系与各功能体系之间的关系，如图 4.2 所示。

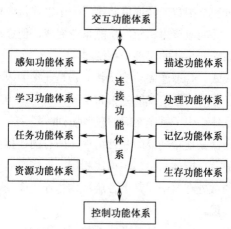

图 4.2 连接功能体系在智能体中的位置

如图 4.2 所示，连接功能体系与其他功能体系的关系是双向的、全面的，但不同的功能体系之间，也存在不同的特征和作用。

首先，所有的功能体系都需要将连接作为描述结果的一种表示形式，需要将本体系所有功能的实现过程以连接的形式表述，需要接受连接功能体系对本功能体系的有关连接的功能组件的管辖及协调，需要申请连接功能体系管辖的资源池。

其次，除了上述的共有关系，还有几个功能体系与连接功能体系之间存在特殊的关系。一是连接作为计算功能的一个基本组成部分。在很大程度上，连接即计算过程中对指令与数据的输入输出能力直接影响计算能力。二是连接基于描述又独立于描述。三是在生存功能体系中，连接功能是必要的组成部分。生存能力的维持、各类资源管理均离不开连接功能。四是在学习功能体系与思维功能体系中，连接模式直接成为一些学习、思维方法的来源，是学习、思维功能不可或缺的构成部分。五是控制功能体系依赖连接实现，没有连接就没有控制。六是经由描述产生的记忆依靠连接作为语义单元间关系表述的载体。七是智能体的主体性及控制功能以连接为实现介质。上述特殊关系，将在相应的功能体系讨论时做进一步阐述。

4.2　连接功能的实现、成长与管理

本节分别从连接表述如何完成、连接过程如何实现、连接模式如何创建、连接管理如何做好四方面对连接功能的实现、成长与管理进行讨论。

4.2.1　连接的表述

4.1 节已经讨论了连接的表述功能，本小节从表述的基础和表述的实现过程两方面更加详细地介绍表述体系。

1. 表述的基础

表述的基础是符号体系、标识体系和规则体系。符号体系、标识体系是动态增长的表述算子；规则体系是连接操作执行的依据，也是符号体系、标识体系成长与完善的依据，还是规则自身成长的依据。

无论是符号、标识还是规则，都用于表述一个一个相互关联的构件体系，并将这些构件体系内在或外显的各类关系表述出来。

符号体系用特定的符号表述智能体所有构件的关系。正如前述，智能体构件的关系类型多、数量大，已有的表述源自不同的学科。符号体系源自人类知识体系和记录的其他信息中存在的各种关系及其表述。语言学、逻辑学（特别是形式逻辑）、离散数学（集合论、图论、数理逻辑等）、软件工程、信息系统设计分析、人工智能的知识表示，乃至所有记录信息中显式或隐式的表达方式，都是符号体系的来源。

除将既有的逻辑或数学符号作为来源之外，智能体连接还有自己独特需要的符号，主要有表述一个行为过程的连接串及表述不同确定性的特殊符号，特别是任意连接产生的连接需要给予特殊的符号表述。

不同来源中已有的关系表述方法是符号体系的基础，但需要经过系统、有步骤的整合，将不同来源中重复的、歧义的、近似的整合到一个统一体系中。连接符号体系的整合是连接功能体系初始、赋予阶段的重要任务。

智能体连接的符号体系是统一的，但允许在不同的功能体系或功能子体系中对相同的关系用不尽一致的符号表述，如不同的语言文化。

标识体系是符号体系的一个映射。正如前面已经介绍的，符号用于理解构件间的关系，标识用于关系的计算，承担连接执行的微处理器依据标识执行连接功能，包括各类智能行为对连接的执行。因此，标识体系的标识均来自离散数学中可计算的表达，但需要经过两次处理：一是完成符号到标识无歧义的映射，二是完成离散数学不同学科表达方式的统一。统一的标识体系不一定沿用某个已有的体系，只要有利于连接计算的执行，有利于表达关系的简洁、准确，对标识体系的所有构成均可以精确定义，创建新体系或在一个既有体系上改善均是可行的。

在连接功能体系中，符号体系和标识体系是统一的整体，由于其各个功能子系统对连接的表述和执行存在很大的差距，允许存在重复，允许与其他子系统或统一体系不一致，允许表述中只使用符号或标识一种形式，只要将表述和执行限定在该子系统就行，原则还是有利于连接计算的执行，有利于表达关系的简洁、准确。

与其他功能系统一样，规则体系是最重要的部分，主要包括符号和标识体系形成发展的规则，如何给连接对象加注符号和标识，如何辅助具备连接的功能执行，如何实现并验证规则的成长，如何确定一种新的关系。

2. 表述的实现

连接的表述基于描述的结果，依据描述确定的构件及用文字或符号表示的关系，遵照规则，逐一核定并实现表述。

表述实现的一般过程如图 4.3 所示。连接的触发来自描述功能对连接的请求。智能体所有的事件执行完成之后，必须经由描述以记录过程和结果，每次描述必须经由连接功能实现连接的表述。连接功能触发之后，首先对提交的描述结果进行分析，确认是否存在尚未表述的关系，如果没有，则终止过程。如果存在没有表述的关系，则通过辨认关系类型和相应的符号及表述，完成规范的转换并在规定位置实现连接表述。连接表述完成后，需要确定是否能够或需要将连接的另一侧，本次描述体之外已经存在的连接直接成为或有条件成为描述体中对象的延伸连接。如果确认延伸，包括有条件延伸，则表述这一连接。完成这个过程，一次连接表述过程结束。

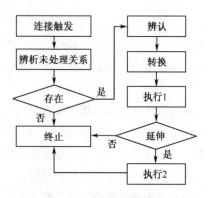

图 4.3　表述实现的一般过程

在这个过程中，每次执行视任务不同存在不同的进程。主要的差别表现在三方面：协同、判断、增长。协同是指一个微处理器在表述执行中需要其他连接功能构件在功能或信息方面的协同。功能的协同是指有的连接超过一个微处理器，甚至一个功能组、功能系统的范畴，在前后之间需要其他微处理器的衔接。信息的协同是指一个微处理器在执行时，需要调用其他微处理器中的信息，以保证执行的正确性，调用的信息包括规则、相应符号或标识过去使用的经验等。判断用于界定一个连接执行是否正确。每次连接执行的结果必须经由判断过程，这一内容已经在前面讨论过。增长是指连接执行的结果是否对符号、标识、过程、规则等连接功能存在补充、修正等成长性因素，如果存在则进入增长环节。

任何智能体构件的连接表述是一个繁复、持续的渐进过程，依据触发条件和规则持续扩展、深化。

表述的执行每次都极为简单。每次描述依据描述微处理器的结果执行连接操作，并完成简单但必要的判断和增长过程。每个符号、标识及规则都是独立连接微处理器，提供与该内容一致的百科全书式指引，当然，这个百科全书是指该智能体当前的认知结果。每个具体的连接表述都是同一类，甚至同一个对象的重复执行，由同一个或同一类微处理器实现。智能体从初始时起步，不断在执行中提升成熟度，孵化新的符号、标识与连接功能构件，深化、完善规则，以大规模并行实现繁复的叠加过程，使连接与智能体的发展并行。

4.2.2 连接的模式与执行

连接模式是指智能体的信息、逻辑及功能构件之间如何建立连接的方式。连接的执行是指在智能体各类行为中连接功能的使用。

1. 连接的模式

智能体对外部对象的识别通过感知、描述、记忆、交互、学习等过程实现，智能体已有构件之间的关系通过描述、记忆、交互、学习、执行任务、思考与意识甚至潜意识等过程建立。不同连接模式在智能体动态发展中相互影响，是智能体智能水平的真实体现，是连接功能体系的核心部分。

从连接的存在、建立与使用看，有实连接、虚连接、任意连接三种模式[1]。实连接是指已经或经由学习用符号及标识建立的联系。虚连接是指通过可以确定特定关系的逻辑过程建立的连接。任意连接是指在连接成长的学习过程中，以非逻辑、直觉方式建立的连接。任意连接只用于智能体学习、意识（潜意识）、发散性思考（判断）等非执行性事务中。

描述是连接的基础，基于描述的连接模式是直接表述。其目的是将描述结果中发现的关系由连接符号、标识来表示。直接描述的执行者是描述微处理器，其结果保留在该微处理器中，并与描述结果一并向记忆输送，同时传送到相应的连接微处理器。连接表述过程需要连接功能系统在符号、标识、规则、相关等方面的协同。所谓相关协同，是指该连接过程的对象可能超越执行的描述微处理器范畴，由此产生的协同需求。

---

[1] 杨学山. 论信息[M]. 电子工业出版社，2016 年，第 235～237 页.

记忆中的关系是经过证实的、整合的、拓展的关系。基于记忆的连接模式就是证实、整合、拓展，力求正确、完整。证实是求证，整合是归并，拓展是延伸，证实、整合、拓展都基于相关连接功能构件的知识及记忆中相应部分的含义表述。

交互是确认关系的一种基本方式。根据规则，进入记忆的关系达不到确定性判定阈值的均需要经由交互环节，通过与人类专家的对话，证实或证伪。交互的实现详见本书交互章节。

学习是描述和拓展之外建立关系最重要的路径。学习获取新的信息构件，这些构件与记忆中已有的构件以实、虚、任意三种模式去建立新的连接。学习的实连接与经由描述的实连接相同，是根据描述结果中的连接表述。学习的虚连接是基于学习成果的新构件，以连接生成规则中的连接逻辑为基础，向类似的信息构件进行试探性连接，并通过连接规则的确认过程或交互方式，将证实的连接保留。学习的任意连接是有约束的。经由学习获得的信息构件依据一定的逻辑规则，定向进行试错性连接。这里的逻辑规则是指向场景或逻辑相似、相反等类型的信息构件进行试错性连接，这种模式连接成果需要经交互模式，由人类专家认定。

执行任务对连接的证实或拓展、合并同学习的过程类似，只是新的信息构件源自任务执行，触发基于任务执行后的学习过程。执行过程连接的模式通常是一个连接串，即一个系列的连接完成一个任务的执行。任务连接串在连接表述和执行中拥有特定的标识。

智能体思考过程采用的连接模式及对连接的贡献与学习相同。智能体内自发的类似于意识、潜意识思维产生的连接完全基于非控的任意连接。意识（含潜意识）是控制功能体系的一个子功能系统，由特定的功能模块构成，在这个功能域，可以驱使记忆中任何一个信息构件向任意信息构件建立任意连接模式。这种模式类似于人类直觉和无意识态的行为，其实施过程不遵循任何逻辑或规则的约束。

2. 连接的执行

连接的执行由智能体各功能体系启动并实施，连接功能体系进行配合。配合主要发生在以下几个环节：并发协调、冲突协调、歧义协调、执行结果协调。一般地，协调发生于超过了本功能体系可决定的范畴。

并发协调是指启动连接功能的两个或两个以上功能构件同时执行相同的连接。连接功能的启动基于一个功能体系任务的执行，而所有任务的执行除了执行策略与路径的逻辑分析与判断，都通过一个、一串或若干连接或连接串构成的过程。如果两个任务执行同时启动，并产生对连接构件或其他类构件使用的争夺，此时并发协调就是按照给定的规则处理对连接资源的争夺，使各任务执行得以顺利进行。其他资源的协调由相应的功能体系承担。

冲突协调是指执行连接功能的两个或两个以上功能构件对连接功能相关的构件或其他资源使用发生冲突时由连接功能体系的相应构件进行协调。协调的原则与处置同并发协调。

歧义协调是指在连接执行过程中对符号、标识、顺序的理解出现判断不清的情况时，提交连接功能系统确定。歧义协调的处置根据复杂程度，采取不同的处置方式。如果提交的歧义处理请求，连接功能已有的规则可以给出达到确定性要求的结论，则依规则处置；如果提交的请求已有规则的判定不能达到确定性阈值，则需要通过交互模式，得到人类专家的支持，并综合人类专家的意见，给出处置意见；如果交互后，依然没有确定结果，则可以搁置任务执行，或按确定性高的解释执行。这里，重复用到了智能体发展的柔性原则：在时间上可以推迟，在正确性上允许出错。

执行结果协调是指每次执行结果评价与后续处置决策。这一过程是智能体所有内外事件执行后的必要流程，依据执行任务功能体系的规则实施，连接相关的处置。这部分内容将在下一节讨论。

所有微处理器均要完成与执行事项相关的标识（或描述的前道），要确定前后向的连接（前馈、反馈）。所以，连接、描述是所有微处理器的一个功能构成。

4.2.3 连接的管理与成长

连接的管理与成长是连接功能体系的控制子系统，承担连接功能的正常运行，并在运行过程中实现有效的成长。

1. 连接的管理

连接功能是贯穿智能体所有功能体系、全生命周期、每个功能过程及构件的基础功能，连接的管理关系到功能是否能正常运作。管理基于确定的规则。

维持连接功能的正常运行，主要落实在三方面：连接基础一致性和可用性，连接执行协调性，连接控制统一性。

连接基础一致性和可用性是指连接的符号、标识、规则体系及连接微处理器、功能组、功能系统等所有构件在智能体全生命周期保持一致、处于可用状态。这里的"一致"是指连接功能体系及其他功能体系中的符号、标识、规则的一致性，"可用"是指所用功能构件可以使用。智能体所说的一致和可用与通常信息系统或数据库系统的要求不同，一致是弱要求。所谓弱要求，就是并不要求严格的任何时刻一致，而是周期性一致。周期可以根据智能体实际发生的连接态势而定，发生频繁的，周期短一些，发生稀疏的，周期长一些。周期长短的判定标志是整体效率，是保持一致与周期性纠正之间的代价大小。

连接执行协调性是指智能体不同构件发起的连接事件在执行中并行不悖、有序进行。其本质是连接控制系统根据既定规则，对具有资源使用冲突的并发事件实现有效的排队机制。

连接控制统一性是指整个智能体关于连接的管理始终处于统一的控制之下，防止令出多门。前面已经反复指出，连接是智能体运行的基础功能，连接发生紊乱，智能体所有功能就会错乱。保持连接控制的统一性，既要保证发生在智能体非连接功能体系中的连接处于统一的控制下，又要保证功能体系自身各子系统间的统一性。统一性是连接功能体系的最高要求，通过相应规则执行的最高优先级实现。

2. 连接的成长

连接的成长功能包括一般原则与机制、符号、标识、规则等软体系的成长和微处理器等功能构件的增长。

1）连接成长的一般原则与机制

（1）首要原则：接受智能体控制系统管理，实现全部连接功能的统一性。这一原则具有连接功能体系所有行为的最优先级。落实到机制上，就是保证在出现所有矛盾的连接行为及规则时使用该规则。

（2）平衡原则：连接的多样性及在智能体运行时大规模并行发生的特征，连接的成长应秉承平衡原则，兼顾效率与确定性。落实到机制上，就是各连接功能构件赋予成长相关功能，具有仅次于首要原则的优先级。而确定性的甄别由此后周期性的上层管理过程实现。同样，局部与全局的关系以相同的原则处理，局部成长过程优先，整体规范在后。

（3）推理与交互并行的学习机制。所有的智能体，非生物与生物，智能的成长基于学习，生物智能体学习主要基于交互，人工智能主要基于逻辑、算法模式。连接的学习同时使用逻辑与交互模式，详细介绍见第 5 章。

2）符号、标识、规则等软体系

软体系的成长是在连接功能体系控制功能的主导下，经由一次次的使用和学习而持续渐进的过程。持续是指不间断，渐进是指由一个个微小的进步构成。微小的进步是指一个个符号、表述的修订、增加，针对每个具体场景连接的确定性变化等。规则的成长源自一个个具体连接表述或执行过程中产生的变化，累积的变化在规则成长逻辑的指引下得出增强、负面、修改、增加、合并等初步建议，如果既有的规则成长逻辑不能确定上述变动，则经由学习功能的交互环节，得到人类专家的确认。如果累积的交互达到需要修改成长逻辑，则由类似的过程提出修改的建议及确认。

3）微处理器等功能构件的增长

功能构件的增长不同于软体系，它有两条主要的路径。

一是在连接功能体系之外的其他功能体系中具有连接功能的功能构件的增长。这些增长由相应功能体系决策，并向连接功能体系报告，纳入相应的功能构件及管理体系中。

二是连接功能体系自身的构件增长。自身的增长有物理性的，即满足智能体连接处理需求的增长，复制已有的构件，增加处理能力；也有调整性的，即针对软体系的修改，相应的功能构件进行调整或增加，调整或增加需要延伸到所有相关的原有构件，相应的内容进行完整的迁移或调整；还有归并或删除的，即在运行过程中发现没有使用过或使用次数过少，功能上又相近的，则归并或删除。连接功能体系自身增长的判断与软体系的增长相同。

4）增长的操作

连接增长的操作：合并、调整、删除、增加，与已有数学中的相应操作均不相同，是一个基于含义的相关的联动操作过程，需要使用特殊智能函数进行叠加、递减、融合[2]，这部分内容将在本书的第 8 章进一步讨论。

4.3　智能体记忆、特征及其在智能体中的位置

4.3.1　定义

记忆在生物智能，特别是在人类智能中，是一个基础和核心的构成部分。维基百科对记忆的定义是："记忆是心智（mind）编码、保存、提取信息的一种能力。它的目的是保留过去的信息用于未来的行

---

[2] 杨学山. 智能原理[M]. 电子工业出版社，2018 年，第 329～346 页.

动"[3]。麻省理工《认知科学百科全书》对记忆的定义和解释与维基百科基本相同[4]。

认知神经科学对记忆模型的解释与维基百科和《认知科学百科全书》的总结基本一致，但它将记忆与学习作为一组对象研究。认识神经科学认为学习是获取新信息的过程，其结果就是记忆。认知神经科学的记忆理论包含了如何学习和保存知识这两个主要部分[5]。

所有这些关于记忆的定义都将记忆的主体归结到心智或大脑，而忽略了心智或大脑属于一个具体的具有记忆功能的动物或人；同时，这些定义也省略了记忆的编码、保存和提取，是所属主体可以理解的，在含义维度使用这个要素，这一省略同样基于生物智能的记忆都在含义维度，以理解的方式使用、提取。但是，非生物智能体不能省略，因为它没有心智或大脑这一具有共识的替代概念，没有在含义维度理解的共识。

非生物智能体记忆的定义：一个非生物智能体对获取或生成的所有信息，经由描述过程之后，实现统一编码、分类，形成所有功能体系都可理解、提取使用的集合。

这一定义从记忆本身看，延续了关于记忆的主流定义，即对智能体拥有的所有信息进行编码、保存、提取的功能。但是也保留了对非生物智能体缺乏共识部分的强调，把主体——一个非生物智能体放进了定义。

定义把可理解这个生物体记忆的缺省进行了强调。对非生物智能体理解的基础是其感知、描述、连接功能系统对所有进入记忆的信息进行的处理，保证只有智能体能理解的信息才能进入记忆，并保证所

---

[3] 维基百科"memory"词条.

[4] Robert A. Wilson and Frank C. keil. The MIT Encyclopedia of The Cognitive Sciences[M]. 上海：上海外语教育出版社，2000 年，第 514~524 页.

[5] [美]Michael S. Gazzaniga, Richard B. Lvry, George R. Mangun.认知神经科学[M]. 周晓林，高定国，等，译. 北京：中国轻工业出版社，2015 年，第 271~314 页.

有的提取都基于含义、理解，而不是其他信息系统或人工智能系统的符号。

记忆保存着智能体拥有的所有信息构件，是智能体所有功能系统工作的成果，也是它们实现功能的基础。保存的信息构件既保存在集中的记忆区，也分布于所有的微处理器中，有重复的部分，也有唯一性的部分，通过记忆功能的总目录完整地连接在一起。

4.3.2　智能体如何实现存储到记忆的转变

智能体的记忆既不同于生物体的记忆，也不同于计算机信息系统的存储，形式上相似的数字化记录如何产生质的不同？

智能体记忆与计算机信息系统相同的一面是其保存的载体都是芯片，外在形态都是符号。因此，在存在形态上，智能体的记忆也可以称为存储。它与其他信息系统存储的不同之处就在于，记忆是基于含义的，含义是基于智能体可理解的描述和连接的。智能体利用的是符号中承载的含义，计算机信息系统处理符号，获得由软件规定的结果。

这个转变的奥秘就在于一个简单的机理设计：以每个感知处理器的特殊能力为基础，用智能体所能理解的描述体系转化为特定的符号体系，再以智能体能理解和处理的连接为媒介，最后以完整的控制为基础，智能体的每个功能体系及其中的构件，都可以经由连接来利用记忆中的所有内容。全部以智能体理解的含义保存，全部使用的过程都可以使用相应的内容，这些内容又在各功能系统及控制功能的作用下，成为几个整体，不断成长，为智能体完成各种任务发挥作用。

一个智能体也适度保留一定数量没有理解的符号，这是各功能系统在执行任务时不能以含义方式处理的符号，特别是在感知、行为、学习、交互等功能体系的执行过程中，会经常产生这类符号，这类保存的符号可以称之为待验证保留区，这个区域在本质上与信息系统的存储没有区别，在后续流程的处理中体现出不同。在描述和记忆功能的工作过程中，所有智能体判断在成长过程中转变为可理解记忆的概率较高，自身的存储空间又能承担，就保存于该保留区中，留待相应的过程再次辨识，最终转化为记忆或放弃。

如图 4.4 所示是人类存在感觉、短时、长时，以及陈述性和非陈述性的记忆模型。智能体也有相似的结构，但有差别。

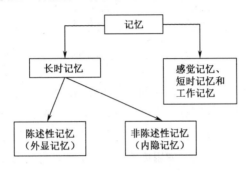

图 4.4　生物记忆模式简图[6]

智能体没有感觉记忆，但存在短时记忆和工作记忆。短时记忆是指各功能系统在一项功能性任务执行期间形成的记忆，不是来自本功能体系的工作记忆或智能体记忆中的记忆单元。工作记忆是指各功能系统在执行上述任务时使用的记忆单元，这些记忆单元保留在相应功能系统及与任务执行有关的构件中。短时记忆在任务执行过程结束后，经由相关描述处理证实流程，确定性达到相应阈值的，向智能体记忆存储区输送，否则，留在工作记忆区或放弃。因此，智能体记忆区域保留的都是经过证实并达到相应确定性程度的长期记忆；所有其他类型的记忆分布于各个功能体系中，记忆功能体系知道这些存在并可以调用。智能体记忆的类型如图 4.5 所示。

[6] [美]Michael S. Gazzaniga, Richard B. Lvry, George R. Mangun.认知神经科学[M]. 周晓林，高定国，等，译. 北京：中国轻工业出版社，2015 年，第 312 页.

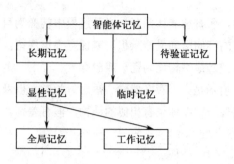

图 4.5　智能体记忆的类型

按照生物记忆关于陈述性和非陈述性的定义[7]，由于智能体所有记忆都是显性的、可区分的、可调用的，因此，它没有严格意义的非陈述性记忆，但存在记忆形式和使用方式类似于生物记忆的区分。这个区分在于记忆的连接和使用模式，当记忆部件之间的连接以一个连接串形式存在、使用时，可以直接使用其中的一个或几个构件，其他构件在使用时不参与，这种模式与非陈述性记忆具有相似性。

记忆在形态上看，是智能体拥有的所有信息用一定的方式连接起来的含义结构。在含义基础上的可理解记忆，通过感知和描述功能系统实现，基于组织以连接为表现形式，因此，感知、描述、连接三大功能体系是记忆存在、记忆功能实现的基础。

记忆不是被动地保存智能体拥有的信息，它还应主动触发并主导基于记忆的智能体学习。通过学习，使智能体记忆的结构及其组件逐步走向完备。

智能体记忆与生物记忆存在相似的地方，即都为所在主体编码、保存、提取所拥有的全部信息，记忆对象都以含义方式存在。不同在于，信息的载体和符号不同。生物记忆以神经元及神经突触作为存储载体，以特定生物电泳或生物化学介质作为连接形成基础，以神经元与 / 或神经突触间的结构保存和处理记忆对象；智能体的载体是芯片，

[7] [美]Michael S. Gazzaniga, Richard B. Lvry, George R. Mangun.认知神经科学[M]. 周晓林，高定国，等，译. 北京：中国轻工业出版社，2015 年，第 278～281 页.

符号是电磁信号表示的 0 和 1。与计算机存储相比，相同的是载体和符号，不同的是智能体保存含义，非含义不进入记忆，计算机存储保存、处理的就是符号。

智能体记忆与生物记忆存在重大的不同，即生物智能体不能直接将一个智能体的记忆传输给另一个智能体，而非生物智能体存在这种可能性，只要两个智能体采用相同的标识、符号、描述、连接规则，则生成的记忆可以同存储一样相互复制。

4.3.3 记忆在智能体中的位置

记忆是智能体所有认知成果的集合，是各功能体系活动的起点和终点，也是各功能体系协同的一个纽带。在这样一个交叉互动的共性关系之外，每个功能体系与记忆之间还有不同的特点。

通过图4.6可以逐一分析记忆功能体系在智能体中的位置和作用。

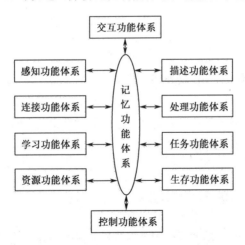

图 4.6　记忆功能体系在智能体中的位置

从第 2 章到本章前面的内容，已经介绍了感知、描述、连接功能体系作为记忆基础的机理和实现模式。反之，记忆又是这些功能体系实现的前提。一次感知过程以记忆中与此相关的知识或事实为基础，一次描述以记忆中相关的描述方式与成果为依据。一次连接以记忆中的既有模式为参照。

学习功能体系与记忆功能体系之间，所有的学习成果汇集于记忆；求知式学习的发起，基于记忆；记忆也是学习过程验证、纠偏的重要依据。这部分内容，将在学习功能体系中展开。

控制功能体系的两大功能，自我保护与全局控制，均以记忆为基础。自我、意识、生存等判断、思考和决策，记忆是源点。控制功能的协调、指导，冲突的判断和决策，全局性事项的部署，记忆同样是基础。反之，如果没有主体性，不可能实现存储到记忆的转变，不可能实现记忆的增长。这部分内容，将在控制功能体系中展开。

处理、资源、生存、任务四大功能体系，所有的行为能力及认知成果都记录于记忆中；所有功能的实践以记忆为参照系，所有判断、决策行为，均需要与记忆的相关内容核对。这部分内容，在相关功能体系的讨论中展开。

4.4 智能体记忆的功能与构成

智能体记忆的构成与功能基于不同的原因，又相互依赖，二者共同实现智能体对记忆的功能需求。

4.4.1 智能体记忆的功能需求

智能体记忆的功能需要满足其在智能体中的分工：形成并管理智能体拥有的所有认知成果及其动态增长，支持智能体所有功能系统各类功能对记忆使用的需求。根据这两个功能要求，智能体记忆的必要功能也可以简化为形成、管理、增长、调用和拓展五方面。

1. 形成智能体记忆

形成智能体记忆就是要将来自描述功能体系的所有成果，无论是来自感知或者来自交互、学习、任务执行、内省，还是不同时间段接收的，都需要正确、一致地合并为一个整体。合并为一个整体，需要经过一个流程：根据规则实现其一致性、保持其正确性；根据分类规则，实现恰当的归类，一个描述成果至少归入一类，也可以归入多类；确定跨类归并后的主描述体，补充主描述体的描述内容及连接；根据连接规则完备该描述体的所有连接。

2. 管理智能体记忆

智能体记忆的管理需要保证智能体记忆功能始终处于正常的工作状态，主要任务是依据规则，定期做出状态的判断，根据判断的结果采取相应的措施，如果存在需要调整的，则根据规则进行调整。

3. 实现智能体记忆增长

智能体记忆的增长首先源自各功能体系经由描述而来的新增描述体，这可以称为被动增长。记忆功能承担的增长主要包括三部分：规则、分类、完备，它们是由记忆功能实施或提出的，可以称为主动增长。

所有的功能实现基于规则，规则的增长是最重要的增长。分类的增长是智能体记忆功能提升的主要内容。记忆的形成、管理和支持应用，分类体系及其持续、动态完善是基础。智能体记忆的增长还有一条十分重要的途径，那就是记忆功能根据规则并随着规则的完善，动态地对记忆中的内容按类、按主描述体的完备性进行分析。如果存在进一步发展的可能，则启动学习、交互功能体系，发现相关内容，经由规定的流程及规则，补充到记忆中。

4. 保证智能体各功能体系对记忆的有效调用

保证各功能体系相关过程调用记忆中的必要内容，是记忆存在的首要价值。支持调用，记忆区域应该具有连接及交互的界面，实现该功能体系保存的内容与记忆区域内容的一致性。此外，为实现调用和处理过程的效率，需要合理地布局记忆的集中和分散，界定好工作记忆和长期记忆的关系。

5. 支持各功能体系在利用记忆时的适度拓展

来自其他功能体系的需求一般基于它对记忆的理解，直接地说，基于已经存在的连接，特别是问题求解策略或过程确定的连接。记忆功能应该能够根据记忆中与该问题相关的内容，提供可能的、经由扩展的记忆内容，为更好地完成该任务提供更好的记忆支持。

归纳一下，需要有系统的、动态更新的分类体系；需要既有稳定性，又能支持动态完善的规则体系和实施流程体系使用的规则和执行过程；需要恰当的记忆保存分布；需要动态评价记忆的成熟度，实现记忆的主动性增长。

4.4.2 智能体记忆的构成

智能体记忆的构成需要回答两个问题，一是记忆通过何种结构实现有效的组织，二是记忆功能通过何种结构能够有效实现。围绕这两个需求，形成了记忆的四类构成体系：物理对象、逻辑对象、行为对象、智能单元，以及四类结构形态：层次、中心、网状、混合。

智能体记忆的基本单位是含义单元，从最小的不可分割的含义单元到根据三类对象、四种结构组合成的记忆单元。组合记忆单元在各类对象或结构的顶点，就是中心节点。在层次结构中，没有向上连接的节点都是中心节点。中心节点是记忆功能体系与控制功能体系的汇聚点。从中心节点到最小含义单元之间，拥有两条或两条以上下位连接的是次中心节点。

1. 物理对象

物理对象是指客观世界的事与物，这里特指已成为智能体记忆内容的物理对象。静态看，包括一个个具体物品和一个个具体场景；动态看，就是一个个事件。事件包括有主体参与的行为过程，也包括无主体参与的一个时间区间的状态。主体指所有生物。

2. 逻辑对象

逻辑对象是指智能主体（特指人）外化的认知结果，这里特指进入智能体记忆中的认知结果，既包括对客观存在的认知结果，也包括对主观世界的认知成果。逻辑对象不仅包括知识体系，而且包括尚未构成知识体系的零散认知结果。

3. 行为对象

行为对象是指智能体各种行为过程涉及的物理或逻辑对象，既包括记忆中已经存在的对象，也包括行为过程涉及的外部对象。其可以通过感知、学习、交互等过程在任务执行过程中获取，并纳入记忆体系中。

4. 智能单元

智能单元是智能体记忆或各类行为中的一个相对稳定的记忆单元集合。一般产生于任务执行之后，经多次验证，执行某种任务成熟的路径及其相关记忆单元的集合，如第 7 章的执行留存微处理器中的内容集合。这样的智能单元是智能体成长的结晶，更是智能体履行社会责任、完成各类任务的组合基因，在记忆中是一种独特的集合存在。

5. 层次

层次结构是逻辑对象记忆单元相互关系结构模式的主体形态。人类几千年文明和科学发展形成的各种认知成果的分类体系是层次结构的科学基础。

6. 中心

所有以一个认知对象为顶点，连接全部相关记忆单元的组织形态就是中心结构。一个中心结构的顶点，也可能是其他中心结构中的一个下位节点。如苹果，可以作为顶点，但它又是水果这个顶点的下位；苹果的栽培是苹果节点的下位，也可以是农作物栽培这个节点的下位。

7. 网状

典型的智能体行为是问题求解，也可称为执行任务。在实施中体现为从开始到结束的一串执行过程，一个过程或一个调用其他执行过程的过程，被调用的还可以调用其他执行过程。被调用过程的序列随行为的需要而定。在这一过程中被使用的记忆单元，它们的逻辑关系存在跨层级、跨类型、跨功能体系的特征。因此，网状结构是行为对象在记忆中的典型形态。此外，很多静态场景的记忆单元也呈网状特征。

8. 混合

实际上，记忆对象间关系的整体及很大部分个体以混合结构存在，上述三种结构形态是以分解的方式去总结的，也有利于记忆的形成、管理和使用。智能单元涉及的记忆单元通常是典型的混合结构。

4.4.3　智能体记忆的类及相互关系

智能体记忆按类存储及管理。智能体记忆的分类及类的管理是学习功能体系的一个重要任务，这里仅讨论从感知、描述、连接、记忆功能体系中学习子系统归类及由此形成的类之间的关系，完整的记忆分类和归类功能在第 5 章讨论。

智能体记忆的类按包含对象的形式性层次特征可以分成四个层级。一是最小的记忆单元级，这个记忆单元不可再细分构成一类，这是记忆的基础单元；二是记忆中最小的类，其中所有的构件都是最小记忆单元，没有更小的类包含其中；三是顶层之下不同规模或层次的类的集合，这是一个类的家族，由于类间的复杂关系，其全部归入类的集合这一层；四是顶层类，顶层类由学习功能体系确定，原则上基于人类迄今为止对事物、知识、技能的分类学成果。

从感知、描述、连接、记忆的工作流程可知，由于感知对象的内在关系形成了一定的类，这种方式形成的类称为自然分类体系。一个感知对象的上下文关系、形式上的构成划分、不同感知对象具有相同的认知单元，这些认知单元间存在的不同连接等，都是形成记忆的类的基础。

记忆中的学习功能子体系通过记忆单元或记忆类连接的强度、连接的性质（基于连接的描述）等特征，为记忆对象归类。

4.5 智能体记忆的工作体系及实现过程

4.5.1 记忆的工作体系

如图 4.7 所示，记忆的工作体系由两大部分八个模块组成。

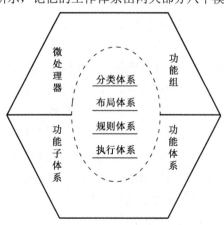

图 4.7 记忆功能体系的构成模块

　　同其他功能体系一样，微处理器是记忆功能体系的工作基础，所有与记忆相关的操作，均由记忆微处理器执行。功能组和功能子体系则是记忆功能体系在内外两个方面的分工。内部分工针对记忆操作的不同类型，如描述校准、连接校准、分类、学习、规则适应、协同等。

　　作为记忆功能行为准则的软体系也由四个部分构成：分类体系、布局体系、规则体系、执行体系，下面对其分别进行简要介绍。

1. 分类体系

　　分类体系是记忆功能的核心环节，是一个可以包罗今天人类已有的关于分类的认知成果，还可以在这个基础上持续提升、拓展。它的功能是将每个记忆单元归到恰当的类中的恰当的位置，使各种类型记忆区域中的所有记忆单元形成完整的分类体系，并能够随着发展而动态调整，为记忆的形成、管理、利用、增长提供分类相关的标准和规范保证。

　　智能体分类体系主要有五大类：知识性、物体性、场景性、事件性、任务性。知识性是一个最广泛、最重要的分类方式，它不仅是指所有现有的学科体系的知识分类，还包括所有人类生产出来的记录信息的分类。确切地说，后四类的分类都包含于人类知识的范畴中。但后四类还是应该区分出来，这有三个重要的原因：一是适应处理的需要，智能体从感知开始的对象，首先要进行这样的区分；二是适应应用的需要，智能体的各类任务的执行，五种分类更有利于问题求解时使用记忆的需求；三是记忆自身管理和发展的需要，多种分类，有利于校验、发展、提升。物体性以客观存在的物体为中心节点，更像是主题。场景性以一个空间的认知对象为中心，可以是静态的，也可以是时间序列的动态。事件性以在认知或任务执行时关注的一个事件为中心，记忆单元围绕该事件描述、连接、保存、利用。任务性是围绕一个个特定任务组织起来的记忆单元集合，为智能体的总结提升和新的类似任务的执行提供处理的便利。

2. 布局体系

布局体系是对不同成熟度和不同使用需求的记忆单元给出保存于什么区域的准则。记忆的保存区域可以用三个标准区分：一是根据成熟度，分成三类，即放弃、临时、长期；二是根据使用性质，分成两类，即工作和长期；三是根据保存的位置，可以分成两类，即全局记忆区和局部记忆区。

这三个分类中有交叉。首先，将一些在描述过程中确定不能纳入记忆或纳入记忆后经检验需要放弃的信息输送到放弃区域，这是指形成的交叉。其次是临时区域和工作区域的交叉。临时区域在同一个任务执行期间，可能和工作区域统一，有的工作区域也可能是临时的，特定任务结束后，这个工作区域即撤销；当然，在大部分情境下，一个功能体系或功能子体系的临时区域与工作区域存在于不同的物理区域，接受不同模式的记忆管理。再次，局部记忆区是指保留在一个功能体系及其子体系中的记忆，与该功能体系中的临时区域和工作区域完全一致。最后，工作区域中的记忆单元是全局记忆区的一个子集。

3. 规则体系

规则体系是各项记忆功能执行的依据。记忆规则体系主要有分类规则、布局规则、描述和连接规范、纳入与调整规则、使用规则、规则的管理与完善等。

分类规则确定智能体使用的各分类体系的使用规则，也就是每个确认为记忆单元的描述体，如何归到一个恰当的类中的恰当的位置，确定一个记忆单元归属不同类或同类不同位置的方法，实现不同分类体系间的协调。

布局规则从整体优化及效率的要求出发，确定各类记忆的分布及存储资源需求，并对不同记忆区域的分工、记忆单元的配置，以及放弃、临时、长期记忆单元的区分与实现做出规定。

描述和连接规范是描述和连接两个功能体系中相应规则在记忆功

能体系中使用的部分，它属于描述和连接两个功能体系管理，在成长过程中将记忆对描述和连接的要求融合进去。

纳入与调整规则是记忆判断新进入或已进入记忆单元成熟度的规则，是一个动态可变的规则体系。

使用规则是记忆单元与其他功能体系在记忆功能上协调的界面和操作如何执行的规则，相对于其他规则体系，功能主要体现在使用记忆的获准及操作执行。

规则的管理与完善是记忆功能成长的核心要素，与其他功能体系规则的成长相似，记忆规则的完善基于运行过程中积累的知识，以及通过感知新获得来自外部的成熟认知成果，如新的分类工具。

4．执行体系

执行体系是以记忆微处理器为基础的记忆功能实现部分。所有与记忆相关的判断、决策、实施，从记忆功能由描述功能体系输入触发，对成熟度和正确性的判断、归类及使用，基于记忆的学习，记忆内容的使用，规则的调整等，都在规则体系的指引下，由相应的记忆功能构件执行。

4.5.2　记忆的工作流程分析

通过上面的讨论，我们可以看到，记忆在智能体的控制下，记忆功能构件遵循相应规则，按照确定的流程，将一个个记忆单元归到记忆体系的相应位置及相应区域，这个过程可通过图4.8进一步分析。

图4.8中，最上面的四个体系、横线之上的六个功能、最下面的记忆区域分别在前面相应部分讨论过，这里只讨论由数字表示的五个过程。

过程①是一个由描述和连接功能系统传送到记忆功能系统的接口，这个过程是规范的例行程序。过程②对接收到的对象进行甄别，甄别至少有三个内容。一是描述与连接的合规性，不合规则退回修改；二是

尽管合规，但与已有记忆的相似性（含相同）有差别，判断是否需要
调整，若有调整，则重新描述；三是可否纳入已有分类架构中，若可
以，则执行该决定；四是如果不能纳入，则决定流向：临时保存还是
放弃，并执行该决策；五是判断可否归入多个类，若可以，则归入所
有应该归入的类中，并建立相应的连接，增加相应的描述。

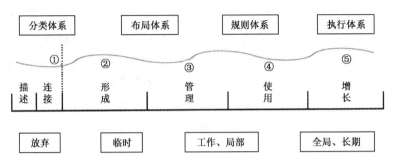

图 4.8　记忆功能的执行过程示意图

过程③是对各区域、各性质的记忆按规则进行日常的管理操作，
主要是一致性、布局调整、记忆功能所需资源申请及协调等事项。过
程④是使用的协调，智能体所有功能体系对记忆的使用的协调及管理。
过程⑤是实现记忆的增长，主要有两个内容：一是记忆功能触发的学
习，如通过类比方式发现的相关记忆内容集合不完备，通过交互式学
习趋于完备的过程；二是规则的完善，提升记忆的能力和质量。

五个过程分别由各负其责的记忆微处理器执行，由相应的上位功
能构件：功能组、功能子系统、功能系统完成必要的协同、规范、资
源保证。

4.6　智能体的理解

理解是人的智能与非生物智能体（机器智能、人工智能）的一条
鸿沟，是通用人工智能努力追求的目标。本节讨论智能体对理解的定

义及实现理解的机理。

4.6.1 什么是理解

　　理解还没有形成具有共识的定义。在各种字典、词典中，理解就是一种或几种释义，百度百科中理解这一词条就是将关于理解的一组释义集中在一起[8]。在人工智能或认知科学的场景，对理解的定义有两个共同点：一是对事物及概念的解释，二是人的心理过程，麻省理工学院的《认知科学百科全书》直接将理解的词条指向解释和心理语言学等词条[9]。维基百科则认为，"理解是一个心理过程，是对人、状态或消息这些具体或抽象事物的思考，或用恰当的概念去应对与这些事物相关的事件。理解是知者与理解对象的一种关系，通常还隐含着知者用一个对象的知识支持智能行为的处置能力。理解又常常与学习关联"[10]。

　　由于"理解"的主观性，通常可用例子来加深对"理解"的理解，维基百科使用 10 个例子来说明理解的不同侧面或程度，如不同年龄的孩子对整数乘法的理解，判断对天气理解与否的方法等。

　　综上所述，称之为"理解"有这样几个基本要素：一是对一个需要理解的对象有解释能力，二是对同一对象的理解可以有不同的程度，三是理解是人的心理过程，四是理解的程度基于一个人对需要理解的对象拥有知识的多少。这里的对象可以是所有的认知客体：静态物体、场景，动态事件、过程，抽象的概念和过程。智能体的理解，应该能够满足上述要素。

　　智能体理解的工作定义是：一个智能体具有理解能力是指它能对所有内部构件做出解释，对所有新感知的外部存在，如物体、场景、

---

　　[8] 百度百科"理解"词条.

　　[9] Robert A. Wilson and Frank C. keil. The MIT Encyclopedia of The Cognitive Sciences[M]. 上海：上海外语教育出版社，2000 年，第 856 页.

　　[10] 维基百科"understanding"词条.

状态、记录信息等，能够通过记忆，给出程度不等的解释。如果智能体接触到、感知到的对象在记忆中没有对应的最初步知识，则视为不能理解。

上述工作定义规定了一个智能体的"理解"。首先必须是一个智能体，其内在含义是拥有统一记忆的智能体；其次是理解的渐进和局部性，记忆中能解释的是理解的，理解与否或理解程度都依赖记忆；第三，对于需要理解的对象，智能体能够连接到并恰当地表述全部记忆中与该对象相关的内容；第四，理解不是智能体的独特的功能，是智能体与记忆形成相关的功能系统产生的，并在所有需要利用记忆的过程中使用的一种软功能，这里的软功能是指不需要专门的微处理器实现理解功能。

智能体的理解这个定义隐含了智能体的理解如同人从一出生几乎没有理解能力一样，从零开始，逐步增长的过程。正如 2500 多年前的孔子所说的"知之为知之，不知为不知，是知也"[11]，维基百科关于不同年龄和学识程度的孩子或成人对整数乘法不同理解的例子，也是这个意思。

能"理解"是智能体从感知开始的全过程含义计算模式的必然结果。没有真正意义上的含义计算，用符号处理实现智能体的理解本质上是无解的。只有智能体在持续不断的成长中自主积累知识，或者说没有智能体的主体性，没有"不理解，不纳入记忆"的机制，理解不能实现。

4.6.2 智能体理解的过程与能力

智能体的理解从触发开始，经由不同程度的解释，以完成理解过程或提出新的学习要求结束。智能体对不同的理解对象具有不同的理解能力。

---

[11] 孔子《论语》.

本质上，智能体的所有行为都基于理解，这些行为的全过程以理解为基础。其实，这也是人的智能行为的本质，没有积累起来的知识、经验、逻辑能力作为基础，人的智能就是空壳。

从主体性看，智能体的行为分为内外两种，详细的讨论在第 8 章展开。智能体所有内部行为的理解过程，触发来自智能体不同行为的启动环节，如思考、主动学习、资源管理和调用、自身各类系统的维护，并按行为或任务的进程持续触发理解。

智能体所有外部的行为，或者说对象源自外部的所有理解，触发均源自感知，任何外部对象，无论智能体在过去是否纳入记忆中，都启动了理解。过去没有的，答案是未知，就是不能理解；过去已纳入的，在经过必要的判断之后，成为感知、描述、连接、记忆等功能体系的工作对象。

理解能力是指一个人对事物乃至对知识的理解的一种记忆能力，并简单地归为三级[12]：低级水平的理解是指知觉水平的理解，就是能辨认和识别对象，并且能对对象命名，知道它"是什么"；中级水平的理解是在知觉水平理解的基础上，对事物的本质与内在联系的揭露，主要表现为能够理解概念、原理和法则的内涵，知道它是"怎么样"；高级水平的理解属于间接理解，是指在概念理解的基础上，进一步达到系统化和具体化，重新建立或者调整认知结构，达到知识的融会贯通，并使知识得到广泛的迁移，知道它是"为什么"。

实际上，无论是人还是智能体的理解能力，远比这样简单划分要复杂。本书用智能体对苹果的理解这个例子来说明。

图 4.9 将一个主体对苹果的理解，从认知科学看，也可称为认知，分解为 10 个维度，每个维度的理解可以区分不同的程度，维度之间也存在理解的交叉或依赖，并且具有不同的认知类型或特征，但不能据此区分理解能力的水平。下面对 10 个维度的理解（认知）做一个简要的讨论。

---

[12] 百度百科"理解能力"词条.

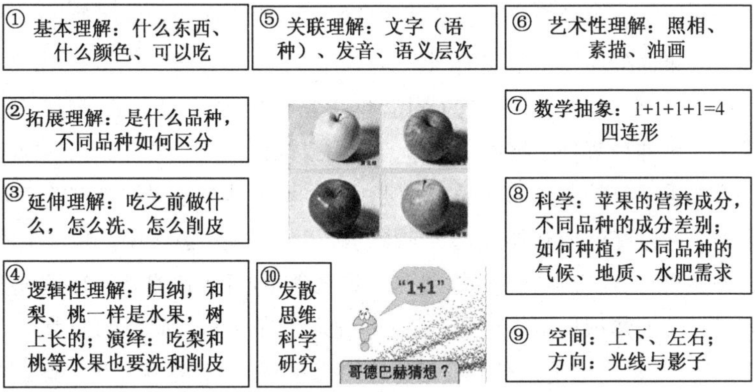

图 4.9 智能体理解简要图示

① 基本理解是指智能体对苹果是什么的最基本认识。不能确定智能体第一次感知与苹果相关的内容来自什么对象，假定来自图 4.9 中间的一张图片。第一次感知因为在记忆中没有相关的内容，先保留在临时存储区。临时存储区根据设定的程序和规则启动学习—交互过程，一般地，这个图片至少分成五个不同图形，对着五个图片构造五组固定的问题，通过交互界面传送到智能体拥有的交互对象，这些对象可能是该智能体的维护者，或互联网上的志愿者，并按固定的格式回答这些问题。这些问题都是关于该图片的基本问题，例如，是什么，什么颜色，什么功能，等等。由于是初次且可靠的知识来源，这些回答成为智能体关于这组图片理解的基础知识。此后，不管是来自文档、视频、图片，还是来自其外部对象，只要与这组图片的图像及记忆中的文字相关，就成为拓展的来源。从第一次纳入记忆之后，智能体也就拥有了对相关图形或文字的解释，也就是对苹果有了最初步的理解。

② 拓展理解基于拓展的智能体认知过程。图片中四个苹果属于不同品种，这在起步的认知中就已经完成。随着智能体接收的信息不断增多，记忆中的内容逐步包含所有的苹果品种，并逐步学到了如何看见苹果或苹果树将其归到恰当类别中的知识。有了这些知识，并在记

忆中建立了完整的连接，智能体就能对来自文字或图片的类似于这是什么苹果的提问给出恰当的回答。

③ 延伸理解转向苹果的利用，生吃怎么吃，加工成苹果酱怎么做，等等。延伸理解基于智能体的学习过程或行为过程，当在概念上或视频上知悉了有的苹果在吃的时候要削皮，智能体应该根据既有的学习规则，通过交互或其他方式，逐步明确用什么削、怎么削，除了生吃之外还有没有其他吃的方式，经过一系列学习过程，智能体拥有了"吃"苹果相关的知识积累，也就有了回答如何吃苹果这类问题的能力。

④ 逻辑推理是指举一反三的认知或理解。无论是从苹果、梨、桃向上归纳到水果，还是从苹果要削皮推论出梨和桃也要削皮，形式逻辑或数理逻辑的推理过程可以是智能体的一种学习模式，但更重要的模式是直接通过从外部获取相关信息的过程中得到这些结论和方法，并通过感知—描述—连接—记忆的过程成为智能体的知识和智能体理解的基础。

⑤ 关联理解转向与形象苹果和苹果的特征、如何吃等理解更加复杂的认知扩展，即关于苹果的所有语言、语音及语义相关的知识。显然，没有"知"，就不能写出不同语言的文字、读出苹果的不同语言或方言的读音，也不能对包含苹果的相关上下文进行解释。

⑥ 艺术理解。

⑦ 数学抽象。

⑧ 科学知识。

⑨ 空间理解是四类特定智能类型的认知，基于感知、描述、连接、记忆等功能体系中特殊的子功能系统实现。这些子功能系统的不同之处主要在于其不同的辨识、描述、连接、拓展、成长、验证的规则。这些规则的目的是能够将这些内容从上下文中很好地区分出来，以各领域的专门术语和风格进行描述，以各领域成长的要求发展。相应地，对于诸如苹果的素描特点、苹果的成分构成与营养价值、光与苹果的阴影等问题，则需要调用特定记忆区内的记忆单元来回答。

⑩ 发散思维是一种特殊的学习模式，也是智能测试的一种特殊方

法。所以特殊的理解与特殊的认知能力相对。发散思维是非定向的，所以，智能体只能对已经在记忆中存在答案的问题进行解释，而不是通过非逻辑连接或算法性推理作为解释的基础。

实际上，上述 10 方面对于苹果的理解没有严格的次序关系。智能体的认知过程与人的认知过程不同，各领域都可以并行开始及发展，其完备程度取决于智能体获取外部知识的场景，与复杂性有关系，但不是必然的关系。

理解是一个不严格的相对概念，理解能力的核心是解释能力，推理、计算是智能体问题求解时使用的方法或工具，不是理解的内在含义。有的文献将预测作为理解的内在要求，这在单独讨论理解时是可行的，但作为讨论一个智能体整体认知能力和问题求解能力时，就并不恰当了。

理解是智能体认知功能的一个重要概念，但不是独立的功能构件，是在感知、描述、连接、记忆基础上表现的一种智能表述方式。理解基于记忆，源自各智能行为利用记忆的过程，随着智能体的成长而成长。

感知、描述、连接、记忆四者协同，构成智能体的基本认知功能，在一定程度上也可称为理解的能力。协同的部件称为认知功能单元和认知功能组。功能是在成长规则主导下，推动一个特定对象走向完备信息结构，或特定约束下的完备信息结构的框架及过程。协同的内容主要有：基于四个功能系统的框架及过程完善，功能系统间互动的参照系，为智能体的成长构成动态的正向循环。

第 5 章

学习与交互

学习，智能成长之父；交互智能发展之机。

学习是智能体的核心功能，承担智能体知识增长的责任。交互是智能体与外界沟通的渠道，是学习的工具。本章对这两个功能系统做简要的介绍。

5.1　学习的定义与目的

对于学习，不同的领域有不同的理解，本节在讨论几种不同领域关于学习定义的基础上，提出了智能体学习的工作定义，并据此讨论了学习功能体系的目的及其在智能体中的位置。

5.1.1　学习的定义

本小节从一般理解、人工智能、认知科学、认知神经科学等方面介绍学习的定义，并给出智能体学习的工作定义。

一般意义上对学习的理解是指社会大众，除了特定领域的学术界对学习的理解，可以从字典、词典的词条中找到共识。

《韦氏大词典》对学习词条的主释义是："通过研究、教育指导、经验获得知识、理解或技能。"此外，通过反复实践、培训得到某种能力，知道要做什么，养成某种习惯等也是学习一词的使用语境[1]。

现代汉语词典的释义是："从阅读、听讲、研究、实践中获得知识或技能"[2]。

综合上述释义，在一般意义上，学习就是通过一些特定的行为，人获得知识和经验的过程。

认知科学对学习又有不一样的定义。麻省理工学院《认知科学百科全书》对学习给出了系列性解释[3]。首先，它认为，学习的初步定义是"一个生物体因经验带来的能力或行为的改变"，这个定义与前述一般性理解很相近，但扩展到了人之外的具有学习能力的主体。它紧

---

[1] Webster's Third New International Dirtionary，第 1286 页.

[2] 现代汉语词典（第六版），第 1479 页.

[3] Robert A. Wilson and Frank C. keil. The MIT Encyclopedia of The Cognitive Sciences[M]. 上海：上海外语教育出版社，2000 年，第 461～463 页.

接着又指出,这个定义没有能够将一些十分重要的学习方式包括进去,主要有关联学习或条件学习、基于生物体周边环境的空间学习、与记忆协同的当前学习、技能学习、与技能学习相继的自动化、归纳和演绎学习、模仿学习等,所有这些与学习相关的内容合在一起,构成了认知科学的学习概念。

认知神经科学的学习概念又增加了神经科学的元素。尕扎尼伽认为,学习和记住身边出现的各种信息是我们所共有的关键认知功能。学习时获取新信息的过程,其结果就是记忆。学习与记忆可以假设为三个主要阶段:编码(获取和巩固)、存储、提取(使用)[4]。

巴纳德等人认为,记忆可被定义为反映了想法、经验或行为的持续性表征,学习是对这种表征的获取过程,大范围的脑组织和脑区活动参与了这一过程。人类的记忆具有一些令人吃惊的局限性,同时又具备令人印象深刻的大容量。学校的学习和考试是非常近代的文化发明,人类的大脑并不是为这个目的而进化的。相反,大脑进化只是因为生存的需要。所以,我们大脑最好的记忆不是为了像传统计算机那样精确地记住各种符号信息,而是为了能够在现实生活中面对各种复杂、不明确及全新的挑战时,能更游刃有余地处理各种信息[5]。

通过上面的介绍可以看出,认知神经科学研究的学习是和记忆一起构成神经科学或脑科学的一个重要部分。认知神经科学对学习的研究,如果不通过记忆,不与脑功能区连接在一起讨论,就成为认知科学、哲学、心理学的研究内容了。但这样的研究方法和成果确实对形成及理解智能体的学习和记忆具有重要的参考价值。

在人工智能领域,关于学习有几个不同的概念:机器学习、深度学习、有监督学习、无监督学习、强化学习等,下面分别简要介绍,一并分析。

---

[4] [美]Michael S. Gazzaniga, Richard B. Lvry, George R. Mangun. 认知神经科学[M]. 周晓林,高定国,等,译. 北京:中国轻工业出版社,2015 年,第 271~272 页.

[5] [美]巴纳德·J. 巴斯,尼科尔·M. 盖奇. 认知、大脑和意识,认知神经科学引论[M].王兆新,库德轩,李春霞,等,译. 上海:上海人民出版社,2015 年,第 299 页.

卢格认为，任何宣称具有通用智能的系统必须具备学习的能力。智能主体必须能够在与环境交互的过程及处理自己内部状态和过程的时候进行改变。机器学习有三个途径：首先是基于符号的方法，其次是连接主义方法，最后是遗传或进化的观点。对于学习概念本身，卢格则采用了西蒙的定义："能够让系统在执行同一任务或相同数量的另一个任务时比前一次执行得更好的任何改变"[6]。

《深度学习》一书的作者古德费洛等认为，深度学习就是一种解决方案，这个方案可以让计算机从经验中学习，并根据层次化的概念体系来理解世界，而每个概念则通过与某些相对简单的概念之间的关系来定义。让计算机从经验中获取知识，可以避免由人类来给计算机形式化地指定它需要的所有知识。层次化的概念让计算机构建较简单概念来学习复杂概念，如果绘制出表示这些概念如何建立在彼此之上的图，我们将得到一张"深"（层次很多）的图。基于这个原因，我们称这种方法为 AI 深度学习[7]。

有监督学习、无监督学习、强化学习等概念，在人工智能领域广泛应用，其源自模式识别。迪达认为，"任何设计分类器时所使用的方法，只要它利用了训练样本的信息，都可以认为运用了学习（算法）。"因此，模式识别和模式分类的所有方法都可以称为机器学习。所谓有监督学习，就是在学习过程中存在一个教师的信号，对训练样本集的每个输入样本能提供类别标记和分类代价，并寻找能降低总体代价的方向。所谓无监督学习，就是在有监督学习算法或"聚类"算法中并没有显式的教师。系统对输入样本自动形成"聚类"或"自然的"组织。所谓"自然"与否，是由聚类系统所采用的显式或隐式的准则确定的。所谓强化学习或"基于评价的学习"，并不需要指明目标类别的教师信号，只需要教师对这次分类任务的完成情况给出"对"或"错"

[6] [美]George E Luger. 人工智能，复杂问题求解的结构和策略[M]. 史忠植，张银奎，赵志崑，等，译. 北京：机械工业出版社，2006 年，第 275～380 页.

[7] [美]伊恩·古德费洛，[加]约书亚·本吉奥. 深度学习[M]. 赵申剑，黎彧君，符天凡，李凯，译. 张志华，等，校. 北京：人民邮电出版社，2017 年，第 1 页.

的反馈[8]。

上述所有人工智能领域的学习，本质上都是分类器，将一个对象的信息，通过一个或一组算法、过程，归入恰当的类中，并用不同的方法组织起来，成为计算机智能系统知识或理解的来源，以及问题求解时解或解释的基础。

显然，在上述三个领域关于学习的理解中，人工智能的理解是最狭义的，只针对了智能主体（人、其他生物、智能系统、非生物智能体）中极小一部分的"智能"行为，这也凸显了人工智能发展的窘境：算法复杂了、算力极大增长了，但实现人工智能目标的方向依然模糊不清，取得的成果始终是局部的、不能达到预期，更遑论实现通用人工智能。

智能体关于学习的工作定义是：学习是主导智能体通过感知、交互、行为等方式，从环境中获得知识、经验、技能，并保存于记忆中的功能体系。这个定义延续了关于学习的一般定义，包含了认知神经科学关于学习研究的成果。延续是指保留了学习的主体性，保留了学习是通过类似于人类的教育、培训、经历、交互等实践活动，在其生存和发展的环境中获得知识、经验、技能。包含认知功能的研究成果是指学习与感知、描述、连接、记忆的关系，最终成果是记忆，类似于保留到人脑的某个区域。

学习是智能体的一个工作体系，贯穿智能体整个生命周期。在初始、赋予、与外界交互、主动获得需要的信息、思考决策、行为过程及智能体其他功能系统行为等智能体的行为中，所有与其知识和经验增长相关的行为都属于学习。

基于模式识别、模式分类，从符号处理中获取信息内在含义的各种人工智能学习方法在智能体的学习中只是辅助工具，只在某些特定的学习场景使用。智能体基本的学习模式就是形成记忆、完善记忆。

---

[8] [美]迪达，哈特，斯通克. 模式分类[M]. 2 版. 李宏东，姚天翔，等，译. 北京：机械工业出版社，2003 年，第 12～13 页，并参考全书。

学习的基本方法是从含义到含义，从感知、描述、连接到记忆的含义处理模式。

5.1.2　智能体学习的目标与方向

智能体学习的目标就是通过一个持续的过程，使得智能体拥有的知识和经验能够自如应对需要执行的各种内外部任务，或者支持智能体所有功能系统或行为对知识、经验的需求。

分解这个目标，有三个重要的标志：一是与智能体需要使用的既有知识、经验、技能全部纳入记忆中，二是智能体在所有行为中的新知全部纳入记忆中，三是形成超越可以得到的存量知识形成的方法和过程。三个标志就是存量、增量和发现创新。

智能体纳入存量的方向是将系统性的知识、技能通过环境允许的所有感知和交互方式获取，并利用相应的功能系统，转化为自身的记忆。组织和主导这个过程的是学习功能系统。增量是指智能体在环境或其他约束下，其所需要承担的任务或必要的行为，执行这些任务或行为的知识或技能虽已存在但不能得到，记忆中还不存在必要的知识或技能。学习功能系统要能够找到一种方法，为执行任务提供知识或技能的保障。发现创新是指智能体知识和技能的创新能力。学习功能体系要为人类还没有突破的知识或技能领域继续前行，形成一个有效的方法和过程。智能体学习功能体系的目标就是为这三个方向逐步形成成熟的方法及可操作的实现过程。

智能体记忆不同于人的记忆，智能体学习不同于人的学习。主要的不同在于智能体有着大规模并行的能力，可以同时推进成千上万，甚至上亿的并行学习；可以将每个记忆单元的所有连接显化；可以通过连接实现记忆单元间复杂的层次、网络、中心、混合的连接模式；可以将一个记忆单元同时为许多学习过程使用，等等。

因此，智能体实现学习的目标，基于不同于人或人工智能的认知框架或模式，是一个既雄心勃勃又简单渐进的发展过程。它的理论模式就是一个离散又前后相继的 0-1、1-n、n-N 的发展过程。这是智能体学习的核心机理，这部分内容将在 5.2 节进行讨论。

5.1.3　学习在智能体功能体系中的位置

学习是智能体智能的来源，是智能体若干功能体系共同形成的功能，它与其他功能体系的关系如图 5.1 所示。

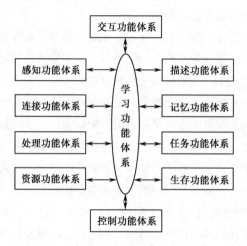

图 5.1　学习功能体系在智能体中的位置

学习功能体系与其他功能体系的关系主要有四类：共同构成智能体学习功能、学习事件的来源、学习成果的承载者、学习行为的控制者。

1. 共同构成智能体学习功能

感知、描述、连接、记忆、交互、学习六个功能体系是智能体学习功能的共同构成部分，没有前面五个功能体系，学习功能不能实现。交互是所有与智能体外部相关的学习过程的唯一通道。感知、描述、连接是形成学习成果的基本过程，是基于含义的学习机制的柱石。

2. 学习事件的来源

智能体所有的行为，不管是内部的还是外部的，结束之后都要启动学习过程，所以，所有的功能系统都可能是触发一个学习事件的源头。或者说，所有的功能系统中均拥有一个学习功能系统的子系统，承担该功能系统学习的事项。

3. 学习成果的承载者

所有的学习成果都以记忆的方式存在，记忆既是学习功能的一个环节，更是学习成果的承载体。

4. 学习行为的控制者

控制学习行为的是代表智能体主体性的控制功能系统。由于学习功能的重要性，因此将学习功能置于智能体完全的控制之下是智能体主体性的必然要求。

5.2 学习功能体系的构成及工作机理

学习功能体系的构成与其他功能体系没有差别，但其规则体系存在独特性，而工作机理就是在含义计算基础上的叠加。

5.2.1 学习功能体系的构成及分解

如图 5.2 所示，学习功能体系由两部分构成：实体的工作体系和指导工作的规则体系。

与前面已经讨论过的四个功能体系不同，学习功能体系没有实质性的操作。作为智能体学习的主导者，学习功能体系通过规则体系及启动、判断规则适用的各类功能构件，把握智能体学习的方向，调整智能体学习的进度，保证智能体学习的质量。

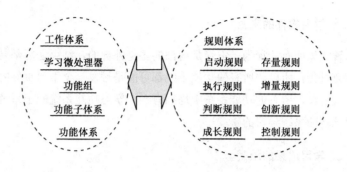

图 5.2 学习功能体系的构成

一个学习微处理器负责一条具体的学习规则的所有处理，保存这条规则相关的所有必要信息。一个学习功能组承担一组规则的维护，以及与其他学习功能组的协同。功能子体系的划分来自两个维度，一是作为其他 10 个功能系统的学习功能，二是每个不同类型的学习拥有一个独立的功能子系统，各自执行相应的学习任务。学习功能系统则承担冲突处理与协同，以及规则改变的仲裁。

学习的管理和控制十分复杂，需要精细地制定规则体系。图 5.2 中的八类规则体系分成两个系列：启动、执行、判断、成长适用于所有功能子系统的学习任务，存量、增量、创新、控制适用于各自的学习进程。两个系列都需要区分内部学习及与外部交互的学习。

1. 启动规则

启动规则确定一个学习任务是否开始。启动的决策由启动功能组承担，每种学习类型有几条启动的条件和任务分配的规则。

2. 执行规则

执行规则确定一次学习任务的流程与承担者。执行指令来自启动微处理器。同类执行的管理由相应功能组承担，跨类的学习执行协调逐层上交。

3. 判断规则

判断规则是对学习过程的每个步骤做出是或否的判断，对学习的成果做出确定性的判断。判断规则确立的原则是尽可能简单，确定性判断一般只有三个：纳入记忆、放弃、留存后定。若出现不能判断的，则通过交互提高判断的确定性。对纳入记忆的，来源的可靠性是主要的判据，来源可靠性用列举的方式表示。

4. 成长规则

在学习功能中，成长是指规则的成长，即由规则成长提升学习功能。规则的成长由学习微处理器、功能组或功能子系统提出，逐层判断后由功能系统经由交互确定后，调整相应的规则及其执行过程。规则修订的原则是从严，除非达到超越群体人类智能，否则必经与人类专家交互的环节。

5. 存量规则

对于存量学习，规则就是如何才能使智能体以尽可能正确的方式，在尽可能短的时间里，将可以得到的可靠的人类知识、经验、技能纳入记忆中，成为智能体拥有的能力。因此，存量规则的核心是推动相关功能体系，特别是推动记忆功能体系发出恰当的学习请求。

6. 增量规则

增量学习服务于智能体承担的任务，而不是盲目地推动相关功能系统去学习不能直接获取的知识或技能。增量学习的规则要从智能体承担的社会责任出发，从具体任务出发，以交互与协同为主要方式，并将实践的结果作为检验的主要标志。

7. 创新规则

创新学习是智能体发展到高级阶段的功能，其基于存量学习和增量学习的经验和成果。创新学习规则的原则是启动宽松，纳入与放弃从紧，优先放在特定的临时存储区，并对这些中间成果推动多方验证。

8. 控制规则

纳入记忆的学习成果决定了智能体行为进行的方式，以及行为的结果。也就是说，它不仅决定了智能体的能力，还决定了后果。因此，对学习的管理与监督也采取从严的原则。从严体现在两个方面，一是每条规则经由人类专家的确认，并在学习实践中不断检验，一旦发现执行规则结果的不确定性，则需要再次验证；二是规则接受控制功能系统学习子系统的管理。

5.2.2 智能体学习的工作机理

智能体学习的工作机理基于一个前提，沿着一个理论模式前行。一个前提就是从感知开始，经由描述、连接、记忆的全程含义处理；一个理论模式就是既离散又前后相继的 0-1、1-n、n-N 的发展过程。

全过程含义处理的模式与人的学习模式相似，与人工智能的学习模式相左。

在《论信息》中，已经讨论了信息的本质是含义，符号只是在信息运动特定阶段承载含义的外壳[9]。在《智能原理》中，已经讨论了人及自动化系统中处理的信息是含义，人及自动化系统从感知开始到做出判断、分析，不是将承载信息的符号进行一系列处理和变换转变为含义后利用，而是直接利用信息的含义[10]。

人工智能的学习，不论采用何种算法，都是将输入的符号认定为信息，用算法、标识、收敛、总结经验、加快收敛这样的过程，辨识输入的符号，归纳这种方式学习的规律。

---

[9] 杨学山. 论信息[M]. 北京：电子工业出版社，2016 年，第 2～24 页.

[10] 杨学山. 智能原理[M]. 北京：电子工业出版社，2018 年，第 18～39 页，第 194～214 页.

对既有知识和技能的学习，智能体放弃了人工智能的学习方法，采用人学习的模式。对增量和创新的学习模式，主要采用一般逻辑推理和交互的模式，在适合的场景，也采用模式识别的方法。

从含义到含义，而不是从符号到含义的学习过程，是理解和实现智能体学习功能的关键。本书第 2～4 章已经详细讨论了智能体如何从感知开始将外部的认知对象转换为智能体所有功能系统能够理解、可以使用的记忆的过程。人类积累的并且可以通过公益或购买的方式得到的知识、经验和技能十分巨大，拥有这些信息，并能够灵活利用，智能体已经具备了达到超越绝大部分人的智能水平的基础。学习功能系统在智能体生命周期的全程，主要任务就是与前述四个功能系统协同，持续不断地将存量信息纳入记忆，并以方便利用和增长的方式组织好。

这样的过程落实到具体的记忆中的四类构件：物理对象、逻辑对象、行为对象、智能单元，以及按照一定关系组织起来的记忆集合，是一个个既离散又前后相继的 0-1、1-n、n-N 逐步完善，趋近一个记忆构件或构件集合完备信息结构的过程，完备信息结构的解释参见《论信息》第 3 章[11]。这里的离散是指相对于一个记忆单元，其走向完备的进程可以是间断的，但不管这个间断区间有多长，智能体只要得到与此相关的信息，总能够叠加到这个单元，实现间断式持续增长。

0-1 的基本含义是记忆中一个范围内的一个基本构成部分实现了从无到有的转变过程。是否实现从无到有至少满足三要素：一是至少一个构成单元保存了获取的信息；二是这样的信息已经有至少一个连接，指向另一个构成单元，这两者之间可以构成相互解释；三是检测并证明学习流程是通畅可行的。

学习的 0-1 有四个不同层次的范畴。第一是最小的记忆单元级，一个记忆单元通过感知、描述、连接、记忆功能体系工作，这一过程不仅纳入了记忆对象的基本信息，且通过连接，与另外的一个或多个记忆单元建立了关系，通过它/它们的连接可以解释这个记忆单元表示

---

[11] 杨学山. 论信息[M]. 北京：电子工业出版社，2016 年，第 63～146 页.

的对象（以下简称 A 类）；第二是指记忆中最小的类，其中所有的记忆对象都实现了 0-1 的发展过程，即从没有一个构件有信息，到已设置的记忆单元都拥有基本的记忆对象的信息，并能通过连接回答最基本的关于记忆单元的问题（以下简称 B 类）；第三是指一个记忆的类的集合，其中所有的类实现了 0-1 发展（以下简称 C 类），C 类是一个家族，记忆对象的属性与学习功能的各种归类规则的结合，可以形成类之上的类、类之间的类，不管什么样的类，都属于 C 类；第四是指记忆中各顶层类实现 0-1 的发展（以下简称 D 类），顶层类的界定见 4.4.3 节。

学习的 1-n 同样有四个不同层次：A、B、C、D。1-n 的基本含义是对于类中的记忆单元，能够满足当前智能体智能行为对该记忆单元的需求。

学习的 n-N 也具有上述四个层次。n-N 的基本含义是对于类中的记忆单元，达到了当前智能体能够获得的最大值，或者说，关于该构件的信息结构达到了相对于可获得性的显性完备。

智能体学习机理归结起来包含两条。一是基于含义。信息的本质就是含义，何必舍近就远，先构造符号再算出含义。二是循序渐进，不断叠加，用大规模并行达到致远：相对于可获得人类知识、经验、技能的显性信息结构更完备。

5.2.3　智能体学习机理的具体说明

下面以第 4 章对苹果的理解为例，说明智能体学习的机理。

1. 0-1 的 A 类

假定智能体在初始、赋予的时候，分类预留了保存空间。假设智能体第一次通过输入感知到了一张图片，识别到四个物体，由于是第一次，按照一般规则将这张图片、四张物体的分割图片及物体右下的文字分别保存到记忆空间规定的缓存区域，每张图片中的三个文字感知为单独的三个汉字及一组共四个单元，这样，这张图片至少需要保存为 21 个记忆单元。

以图 4.9 左上图为例，一个正常的人知道这是一个品种为黄元帅的苹果，但智能体目前不知道，回答不出"这是什么"这样的基本问题，依然处于 0 的状态。通过感知，智能体可以确定的是物体的形状、颜色、文字与物体的空间关系，黄、元、帅三个字及其组合。在描述功能下，对这些内容进行了第一次描述，由于其不完备，或者说记忆的拓展规则存在许多作用可能，学习的记忆功能子系统或记忆的学习功能子系统开始工作。首先会在记忆已存在的地方拓展，假定已有的记忆中不存在可拓展的记忆单元，则转向交互，连接到智能体给定的交互对象处。早期阶段主要是人，提出一系列关于这个图形和文字的基于规则的格式化问题，承担回答责任的主体按格式回答。感知微处理器将回答再次处理，根据回答的载体和符号形式，由相应的感知微处理器感知，并转向描述功能。由于来源和格式的确定性，描述微处理器自然将这些内容补充到前述的描述中，并建立起联系。可能回答的详细程度不同，但至少已经可以回答关于这个图形及这些文字的基本问题。至此，A 类 0-1 已经完成。

这样的处理十分繁复，但对于拥有千亿量级的微处理器、十亿量级感知微处理器的智能体，瞬间可以完成百万量级从感知到记忆的学习过程。化到极简，并行加速，这就是智能体学习的真正奥秘。

2. 0-1 的 B 类

这 21 个记忆单元分属不同的记忆类中，至少可分为三大类：图片、水果、中文。但这些类别太大，不是记忆中的 B 类。可以作为 B 类的，是黄元帅苹果，黄、元、帅这几个字，等等。以苹果品种和黄这个字为 B 类的代表，苹果品种作为记忆的基本类别，实现 0-1 的进展，应该将常见的苹果品种都纳入记忆，并对与这些品种相关的图形、文字、比较区分的描述建立了可以利用的连接，能回答关于这些品种的简单问题。关于如何分类的问题，将在 5.4 节中讨论。

3. 0-1 的 C 类

C 类是最复杂的记忆类别，也是最重要的记忆类别。以苹果为例，它的上位类有水果、经济作物、农作物栽培、被子植物、植物分类等，它的下位类有品种、栽培、营养价值、食用、分布、名称等。因为问题求解或智能体各类行为使用的大都在这个类别层级，A 类和 B 类毕竟简单了些。C 类的 0-1 是 A 类、B 类实现 0-1 的重复，一般需要在智能体生命周期一个比较长的阶段实现。

4. 0-1 的 D 类

D 类的 0-1 是 A 类、B 类、C 类实现 0-1 的叠加。同时，D 类是概念类别，很少使用以 D 类为单位。但是，该类对学习功能存在几个重要的实用意义。一是智能体知识、经验、技能的体系化，二是对学习增长的规范，三是对记忆约简的辅助。

5. 1-n 的 A 类

1-n 是 0-1 的延续，对于 A 类的基本记忆单元，1-n 是一个相对概念。这是因为满足当前智能体需要采取的智能行为是一个相对概念，对该记忆单元内信息的需求也是不同的。从智能体的生命周期看，并不是越往后的需求越复杂、越完整。因此 1-n 是否达到的基本判定是常用的需求能否满足。以"黄元帅苹果"和"黄字的读音"这两个基本记忆单元为例，说明 A 类 0-1 的要求。从需求的角度看，是列举一个成年人拥有的关于"黄元帅苹果"的知识、经验和技能，及"黄字的读音"的知识；从学习的角度看，是如何满足关于这些问题的需求。学习功能体系从主动和被动两方面拓展这两个记忆单元的内容。主动方式是选择恰当的输入对象，被动方式是在非选择的感知对象中汇集。主动方式目标明确、质量高、速度快，前提是存在并能得到这样的内容，这样的内容能够被相关功能系统处理。显然对于"黄元帅苹果"和"黄字的读音"，一个成年人拥有的知识、经验和技能都是存在的，也都是可以得到的,智能体从感知到记忆的功能系统是有能力处理的。这里要指出的是,关于食用"黄元帅苹果"的技能,既有实际操作的,也有音、视频或文字描述的,这里没有涉及实际操作,因为实际操作是智能体操纵机器人实现的。$1\text{-}n$ 不能求全责备,不要超越普通成年人能够拥有的相关信息的程度,超越是下一阶段的任务了。

6. $1\text{-}n$ 的 B 类

B 类 $1\text{-}n$ 的实现,还以"苹果品种"和"黄"这个字为例,基本含义就是一个或几个普通成年人能掌握的知识,由于技能还是关于技能的知识,以下一般就用知识替代技能。为什么是一个或几个普通成年人,是因为"苹果品种"或"黄"这几字中有些看起来常识性的知识一个成年人掌握不了,如世界各地的苹果品种,以及"黄"作为一种颜色不同语言的文字和读音或地方方言的读音。

7. $1\text{-}n$ 的 C 和 D 类

C 类的 $1\text{-}n$ 是 A 类、B 类实现 $1\text{-}n$ 的重复,D 类的 $1\text{-}n$ 是 A、B、C 三类实现 $1\text{-}n$ 的重复。值得一提的是,各类 $1\text{-}n$ 的实现基于学习功能的分类能力,依赖知识的可获得性,围绕智能体承担的任务。

8. $n\text{-}N$ 的 A 类

$n\text{-}N$ 在 $1\text{-}n$ 的基础上继续拓展和深化。$n\text{-}N$ 的基本含义是智能体各个层次的记忆,达到了当前智能体能够获得的最大值,能够满足各种需求。所以,$n\text{-}N$ 是一个动态的概念,基本上不存在终极的 $n\text{-}N$。

A 类 $n\text{-}N$ 的实现是所有类型达到这个阶段的基础。还以"黄元帅苹果"和"黄字的读音"这两个基本记忆单元为例,说明 A 类 $n\text{-}N$ 的实现。正如在前面讨论过,"黄元帅苹果""黄字的读音"这两个记忆单元,人类既存知识近乎达到完备,在 $1\text{-}n$ 这个阶段之所以没有达到完备,可能有两个原因,一是有些内容智能体没有能够得到,二是智能体的资源、策略等考虑,即使拥有,也没有处理,也就没有纳入记忆中。

9. *n-N* 的 B 类和 C 类

同样，*n-N* 的 B 类和 C 类是相应的 1-*n* 的延续。延续发展需要两个基础，一是知识的可获得性，二是学习功能分类的能力。以"苹果品种"和"黄"为 B 类的代表，以"水果"和"简体汉字"为 C 类的代表，我们可以看到人类世界既存的相关知识几近完备。其实，一般成年人拥有的概念或技能，大都处于这种状态，这也是从含义到含义作为智能体学习的主要方式的原因。在既存知识几近完备的条件下，可获得性及学习功能的分类能力成为 *n-N* 的瓶颈。

绝大部分类别 *n-N* 的发展过程就是不断获取既存知识、经验和技能，智能体学习功能参照既存分类体系并与使用过程结合，不断完善分类的过程。

10. *n-N* 的 D 类

实际上，D 类 *n-N* 的实现代表了智能体整体智能水平。它的实现过程可以看作 A、B、C 三类的拓展，但更反映了学习功能体系对知识的分类和对学习的主导能力。

需要说明的是，上述学习工作机理主要是对既存知识的获取，并转化为智能体拥有的知识这个领域，对于不能获取的既存知识及创新性学习，其工作机理在后面讨论。

5.3 学习的类型及其特征

智能体学习从不同的角度出发可以划分为多种类型，本节先给出不同的分类和一般特征分析，然后对几个重点类型的学习做进一步的讨论。

5.3.1　智能体学习的主要类型

在一切可能的条件下，智能体把通过学习增长知识放在首位，各种可能的学习产生了多种学习模式。主动与被动、内与外、任务与完善、存量与增量和创新、知识和经验与技能、逻辑与非逻辑等，这些模式存在交叉，也有不同，下面分别进行讨论。

1. 主动与被动

主动与被动相对于智能体。凡是智能体自己发起的学习，都称为主动学习；凡是来源于外部的事件触发的学习，都称为被动学习。主动学习目的性强、对象明确，是学习的主要类型，下面的内学习、完善性学习、存量学习大部分是主动学习。被动学习是要求，下面讨论的任务性学习，外部学习中相当部分属于被动学习。

2. 内与外

内与外也是相对于智能体而言的。凡学习过程与行为局限于智能体内部，称为内学习；凡学习过程涉及智能体外的对象，称为外学习。内学习是人类智能的重要方式，所谓"吾日三省吾身"、思考、意识、潜意识、直觉等都是内学习的类型。内学习不同于下面要讨论的内生性学习，内生性学习源自智能体内部，学习过程则有的仅涉及内部，有的可能内外都涉及。

3. 任务与完善

这是智能体学习的两个原因。所有智能体要执行的任务必须得到记忆的支持，如果记忆中对完成任务所需的信息存在缺口，学习任务立即启动。完善是智能体学习功能对已有记忆中所有内容，按一定规则进行判断，发现存在完善的地方，即启动相应的学习任务。完善可以是内学习，也可以是外学习。

4. 存量、增量和创新

前面已经讨论过，相对于人类已有的记录下来的知识、经验和技能，智能体能够得到的是存量学习，不能得到的是增量学习。而学习的内容超出了所有记录信息的范畴，则称为创新性学习。从学习方法看，增量学习与创新性学习是类似的。

5. 知识、经验与技能

这是仿照人的知识类型或使用方式进行的划分。知识是指人类社会积累下来的各类知识，经验和技能从体系化记录看也是知识。它们的区别在于，经验相对于人处理事务的熟练性，具有自己总结、体验的含义，这里的事务可能是各种体力或脑力劳动；技能相对于完成某种事务的能力，这种能力可以自己在实践中形成，但大都是从事该事务的人总结出来的，通过教育、培训方式传授给需要者。

6. 逻辑与非逻辑

人类总结了很多种逻辑，用于各类问题的求解过程中。基于已有的逻辑学习，发现新的关系或知识，是人类智能和人工智能共同的方法。非逻辑学习是不按照迄今为止已经得到认可的所有逻辑关系建立记忆单元间的联系。非逻辑学习是创新性学习的一个重要方式。

5.3.2 存量学习

存量学习是智能体学习的重心和基础。人类之所以具有承担不同社会角色的能力，其基础都在于对存量的学习，存量学习塑造了一个社会的人。智能体存量学习应该完整包含知识、经验、技能三方面，而且它们的优先级是技能第一、经验第二、知识第三。这是为什么？首先，人的学习是按照这个顺序进行的。人一生下来，在遗传基因决定的生存第一控制下，先把吃喝拉撒的功能实现了，再完善到自主控制的阶段；其次，把遗传赋予的语言、行动、感知功能实现了，再完善到作为一个社会的人应该拥有的能力；再次，在基本生存环境中体验社会关系，父母、兄妹、小伙伴、花钱买东西、游玩，笑能得到什么、哭能产生什么后果，等等；最后，才是在技能和经验之上学习知识，到上学开始，知识的学习占据了主要位置，但同时继续在各种场景下学习积累经验和技能，如学校生活、同学关系、做饭、搞卫生等。人的前半生甚至更长的时间，在知识、经验、技能的交互学习中成长为合格的社会人。在这样的过程中，存量学习扮演最重要的角色。

知识、经验和技能对于社会存在而言是具有不同特点的知识；对于具体的智能主体学习而言，经验、技能和知识是不同的东西，经验必须经由主体自身在场景中体验，技能必须经由主体自身在实践中熟练。知识是纸上谈兵，实际场景和操作才是一个主体真正的学习。

智能体存量的学习主要指知识的学习，包括经验和技能也是先学习已经成为知识一部分的内容。智能体存量学习的机理和一般过程在上一节已经讨论，这里不再赘述。

5.3.3 内生性学习

内生性学习是指智能体自主启动的学习，包含了主动学习和内学习的部分含义。理解内生性学习，是理解智能体主体性的一个重要环节，其主要讨论如何赋予并保留智能体贯穿全生命周期的主动学习机制及内生性学习的特征和过程。

智能体为什么能自己启动内生性学习过程？如同婴幼儿不知疲倦地学习一样，内生性学习源自智能体探索未知和追求完善的动力，这个动力来自智能体学习功能系统初始时内置的功能。

什么是智能体的未知，又如何实现自主的探索？智能体的未知有两种情形：一是对感受到的外部环境的好奇心，尤其是通过信息网络感知外部世界；二是对一个感知到的对象，却没有其他记忆单元与它相连，并能给予初步解释。其实，这是两个相继的过程，感受外部世界，理解感知到的对象，不能理解就启动学习机制。一旦出现上述场景，智能体学习功能体系中专有的微处理器及相应的功能组就按照设定的规则和流程持续不断地为它成为可理解的记忆单元而努力。

什么是智能体对完善的追求，那就是智能体对记忆中所有的构成部分都对应一个专用的学习微处理器，这个微处理器负责该构成部分的分析和内生性学习。分析就是判断其是否完备，不完备则判断是否存在既有规则下实施内生性学习，使之完备的可能。如何判断学习功能体系中内生性学习子系统内置的学习规则不完善，换言之，如何从已有的记忆单元持续拓展，是智能体学习系统规则的一个重要内容。人类使用和发现的所有逻辑或非逻辑的知识发现能力都应该落实在这些规则中。类比、联想、归纳、演绎、发散性推理、任意性直觉等拓展模式，对智能体拥有的记忆单元循环推演，对通过学习获得的新知识单元再次循环推演，以此类推，内生性学习贯穿智能体生命周期，并将是智能体占用最多计算资源的行为。而每个具体的学习微处理器则针对其特定的完善规律、过程，拥有必要的规则及规则使用的规范。

智能体内生性学习，动辄百万、千万、亿量级的微处理器并行，而且是不同性质的微处理器，处于不同过程中的微处理器，资源调度、过程控制、结果管理是内生性学习功能子系统的重要任务。

前面已经讲到，内生性学习是智能体生命周期的很多阶段使用计算资源最多的一项事务，如果出现可用资源不足的场景，则需要进行调度，将有限的资源发挥最大的效用，如保证不能中断的、关联度大的等。

内生性学习的大规模并发与传统的计算机系统进程的并发或数据库系统中对并发进程的过程控制截然不同。一是每个并发的参与者是独立的计算系统，而不是一个计算系统中的并发进程或线程；二是多个并发学习结果对同一个记忆单元的调用，不管是读还是写，对内容改变或不改变，都不用采用"锁"这个操作，因为记忆单元的内容是由独立的微处理器管理的，外部的连接也是由它管理的，别的处理单元没有改变的权利。

内生性学习的结果一般是一个新的记忆单元对若干相关的记忆单元内容的修改。无论是哪一种结果，需要通过管理功能进行判断，判断记忆单元内容的成熟度是记忆微处理器及相应的上层学习构件的基本功能，这里不做专门讨论。

5.3.4　经验与技能的学习

智能体学习经验与技能首先是为了生存，其次是为了理解它所在的社会，直至能承担应该承担的社会责任，最后是具备作为劳动者的工作技能。

1. 维持智能体生存的经验与技能

在研究人工智能或机器智能等领域，均没有将这样的智能系统如何实现自我生存放在其追求的"智能"范畴中，这些智能系统没有真正的自我控制和发展权利，假如不供应能源，这些系统就是一堆不能发挥任何作用的设备。

智能体必须具备生存能力，这是最基本也是最低要求，它不能主导自身生存，谈何发展。智能体生存的必要资源及如何获得、维护、管理和控制将在第 6 章讨论。

2. 作为社会主体的必要经验

要成为一个独立的社会主体，必须具备在给定环境中生存的必要经验。显然，智能体需要获得的社会经验与其具备的能力，并由这样的能力所决定的社会角色紧密相连。

智能体作为社会主体，不能与一个普通人的行为来比较。通常，它只是承担相对专门的工作，生存于相对固定社会情景的相对独立主体，并以此为出发点，学习积累相关的社会经验。例如，一条能够通过机器人实现维护管理，通过网络与软件系统实现原材料采购与产品销售的自动化生产线。当然还可以渐次扩展自我管理的范畴，如财务核算、利润与分配等。当然，如果一个智能体的能力不断拓展，也会向综合的社会经验发展，那就需要在更加广泛的范畴内积累道德、社会规范、行为理性等领域的经验。

3. 作为劳动者的工作技能

从社会积累看，智能体拥有劳动者工作技能这个领域最深厚的积累。从机械工具到数控工具，从单台到自动化生产线，从办公自动化到管理信息系统、资源管理系统、制造执行系统、产品生命周期管理系统、供应链系统、库存系统、物流系统、承担各种加工工艺自动化的工业软件，一直到近几年产生的数字孪生。这些既是智能体学习的存量知识，又为智能体操纵这些工具提供了基础，它们都可以成为智能体承担生产性任务的工具，但不是智能体自身的技能。

智能体技能学习有两种目的，一是可以从事该项技能，二是模仿该项技能，从而为以后将该技能自动化做准备。对于第一类，首先是对智能体各类生存资源维护的技能，其次是如何对环境感知的技能。

4. 经验、技能学习的过程与特点

经验与技能的学习主要通过虚拟现实、培训软件等工具，营造近似于实际场景的虚拟场景，通过沉浸式体验虚拟操作，为智能体积累能力。

经验性学习的成果是智能体的交流和交易能力。交流的对象是智能体相关的外部社会环境中的相关对象，如负有智能体成长教导职责的人类专家和能在网络上为智能体学习提供帮助的人。交流的能力就是能够从这些交流对象中获得对智能体有益的知识。交易的对象是智能体生存发展所需要的资源的获得，像一个社会人一样完成有价值的任务并获得报酬，以报酬换取智能体生存必要的资源。

技能学习的成果是智能体拥有的对该技能的数字孪生及操纵、管理能力。数字孪生是智能体可理解的关于该技能的知识集合，这个知识集合支持智能体完成该项工作的操作。如果该智能体负有构建实现

该项工作的装备和过程，则以这样的数字孪生为基础，持续学习，直到所有构建这一过程需要的知识和技能全部掌握。

经验和技能的学习是智能体交互功能的基础，也是智能体主体性成长的一个重要方面。围绕生存和发展的自我成长是一个专门的学习子系统，也是智能体控制系统的重要组成部分，这些内容将在第 6 章与第 8 章讨论。

5.3.5　任务性、增量与创新性学习

存量学习是体系化的、整体连续的、主动的学习，任务性学习是局部的、断续的、被动的学习。

任务性学习的触发源自智能体承担一项任务且记忆中的知识、经验、技能不足以完成当前任务。任务性学习补充完成任务所需要的全部知识，但不是完成任务需要的工具，关于工具将在第 6 章的生存资源部分讨论。

任务性学习包括存量、增量和创新性学习。存量学习是指相对于该项任务所缺的知识，智能体能够得到，只是目前还没有来得及通过固定的学习过程纳入记忆中。任务性存量学习就是通过交互，获得所需知识的过程。

任务性增量与创新性学习，与非任务性学习在方法上没有差别，只是触发点不同。非任务性增量与创新学习源自智能体自身的逻辑判断或基于逻辑的完善性追求。

增量与创新性学习在方法上没有差别，都在已有的记忆构件基础上，运用逻辑或非逻辑工具发现新的结论，并通过所有可使用的验证工具，包括交互功能，证实或证伪新的结论。

所有的学习工具都是一个学习微处理器，一个微处理器负责一种逻辑或非逻辑功能的操作及规则的维护，相近的功能构成功能组。

5.4 学习的专用功能组及规则

本节介绍学习的各类专用功能组及它们需要的规则。专用功能组分成三个系列：分类功能组、逻辑功能组、专属功能组，下面分别进行讨论。

5.4.1 分类功能组及其体系

分类功能组承担学习功能体系所有成果的分类任务。分类功能是学习的核心功能，记忆按类保存、使用。

1. 分类功能组体系

分类功能组体系如图 5.3 所示，由五个层次、三个体系构成。五个层次是整体层，知识、经验、技能三大类，三大类的主要领域，各领

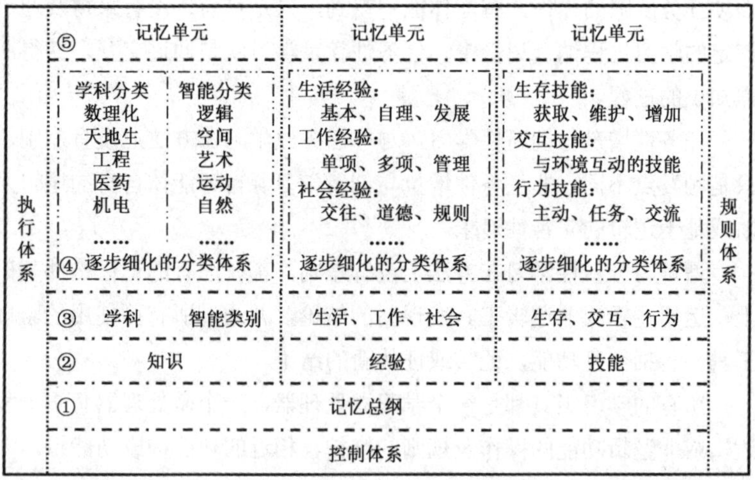

执行体系	⑤ 记忆单元		记忆单元	记忆单元	规则体系
	学科分类 数理化 天地生 工程 医药 机电 ……	智能分类 逻辑 空间 艺术 运动 自然	生活经验：　基本、自理、发展 工作经验：　单项、多项、管理 社会经验：　交往、道德、规则 ……	生存技能：　获取、维护、增加 交互技能：　与环境互动的技能 行为技能：　主动、任务、交流	
	④ 逐步细化的分类体系		逐步细化的分类体系	逐步细化的分类体系	
	③ 学科 智能类别		生活、工作、社会	生存、交互、行为	
	② 知识		经验	技能	
	① 记忆总纲				
	控制体系				

图 5.3　智能体的分类功能组体系

域的分类体系，各领域的记忆单元。三个体系是控制、执行、规则。图中的虚线边界说明智能体记忆区域的所有部分都是相通的，连接可以跨越所有的构成部分。

2. 整体层

第一层是整体层，是智能体记忆的总纲，也可以看作智能体记忆的目录体系。这个目录体系是记忆管理的总纲，也是任何外部调用的入口。

3. 知识、经验、技能三大类

第二层是三大类。正如前面已经指出，对于记忆来说，知识大类中包含了来自经验、技能大类的知识，这些知识可能来自外部，也可能来自智能体自身的积累。但对于学习来说，这三类的区分是有重要意义的。

经验和技能体现了智能体的主体性，为智能体的生存和发展提供完整的行为能力。知识性的经验和技能是教科书，具有参考的作用，但智能体不是借用这些知识来思考行为如何，而是将这些知识和具体场景及具体任务的判断、决策、行为紧密连接在一起，成为智能体这些事件或同类事件稳定的应对、行为过程，使这些任务的执行，成为类似于人的肌肉智能或小脑智能实现的行为。例如，对于冷、热、烫、疼、刺耳、刺眼这类感知觉，人与人之间的日常关系，不同场景下的行为操守等，知识部分都可以有详细的描述，包括特定场景下的处置，但只有经过智能体在经验和技能不同场景的经历，才能做出恰当的、不经思考的应对。这是经验和技能单列的原因，也是智能体行为的必然要求。

4. 三大类的主要领域

三大类之下进入人类社会长期积累下来的具体的主要领域。知识类下是学科和智能类型两个大领域，经验类下是生活、工作、社会三大领域，技能类下是生存、交互、行为。

知识包罗万象，是人类社会最宝贵的财富，也是智能体最重要的存量学习的主要内容，如数理化、天地生、工程、机电、医疗健康、文化、艺术、烹饪等；多元智能实际上是从人的智力类型对知识和能力的另一种分类，语言、音乐、逻辑和数学、空间、体能、人际、内省、自然等与学科知识重合。经验和技能侧重于智能体自身的主动或被动的经历，在记忆中这些经历以事件为单位独立保留，但同样保留在与记忆的相应知识领域的类别。两者内容几乎一致，但保存的逻辑关系不同。

5. 各领域的分类体系

第四层是在各领域的顶级类之下，沿用已有的所有分类体系展开，一直到最小或最具体类为止，是整个分类体系中最成熟、最复杂的层级。在很多类展开之后，交叉、重合、类似大量发生，按照智能体归类的一般原则，确定一个对象的主记忆单元，其他的则保留特殊部分，主体描述指向主单元。

不同的类下，划出的层次有较大差别，多的可能超过 10 个层次，不管多少层，都属于这一层级，都按照已有的分类体系执行。已有的分类体系既有初始、赋予的，也有智能体后来习得的，不管哪种方式，都是已有成果的直接使用。

6. 记忆单元

记忆单元是学习成果的主要载体，是记忆的最小单元。其实，在分类体系的各个层级，即使是记忆总纲这个层级，它的内容，如目录体系，也保存在记忆单元中。

分类功能组确定了记忆的类，使所有通过学习功能体系进入记忆区域的内容有了恰当归属的可能，或者说，仅形成了类，但还需要通过控制、执行、规则体系实现归类、分析、调整，保持分类功能顺畅执行、持续完善。这些内容将在 5.4.2 节～5.4.4 节讨论。

5.4.2　智能体记忆分类的执行与规范

智能体记忆分类的执行体系实现所有的分类、归类、规范功能，而规则和控制体系为规范提供准则。

执行体系

学习的执行由学习微处理器承担。学习的执行由巨量的不同微处理器实现，它们分别实现分类、归类、判断、调整、规则的发展等处理。分类和归类的具体操作由同一个微处理器执行，而对分类和归类的管理与控制则由两个体系承担，其工作模式如图 5.4 所示。

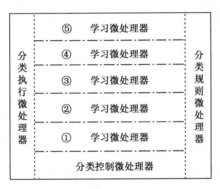

图 5.4　分类执行图示

前面已经介绍，从感知开始的学习成果按照已有的分类体系归入相应的类中，而记忆区所有各个层次的记忆单元既是记忆的保存者，也是该单元与外界所有连接的记录者，还是分类和归类功能的承担者。所以，如图 5.4 所示，五个层次的分类和归类都是由记忆构件微处理器执行的，在所有学习成果上，记忆和学习微处理器完全统一。

分类基于人类社会已有的分类体系。归类基于独特的传感微处理器功能和输入信息的上下文。一般地，一个传感微处理器的特定分工及上下文，可以将一个新的学习成果至少归入一个既有的类中，并在此基础上，按照既存的拓展规则，进入持续的完善过程。如果不能归入任何一个既存的类中，例如，在学习的早期，则通过交互功能，由人类专家提出意见。

分类规则微处理器是一个结构严密的体系。每个具体的规则都是一个微处理器，每组类似的规则构成一个规则功能组，每组类似的功能组构成上层的组，最上层是学习的规则子系统。两个最重要的规则功能组：逻辑规则功能组和专属规则功能组将在下面进行专门介绍。

规则与执行合在一起的分类功能成长，其原则和过程与前面讨论的感知、描述、连接、记忆等功能体系规则增长一样，差别在于上述几个功能的规则增长更多接受学习功能体系的管理，而学习规则的增长处于控制功能体系的管理下。

学习控制体系是控制功能系统的一个子系统。该功能系统通过学习功能系统控制智能体全部的认知—学习过程。主要是进程、资源、质量、协同等控制功能。

进程控制是指按照智能体的优先级安排不同类型学习。资源控制是指在无特殊情况下，将资源优先提供给学习功能系统。质量控制是指在学习功能体系之上的质量判断和纠正机制。协同控制是指学习与其他功能系统在记录内容上存在冲突时的协调和决策机制。

在学习过程中追求完全性是心理学和教育学研究中的重要内容，从 20 世纪 30 年代开始，这一方面取得了许多重要的成果，特别是格式塔（gestalt）理论的八个定律[12]。梅斯泰尔提出了学习控制的理论，尽管它是非主体性的学习，但也对开放的自学习具有重要的参考意义[13]，特别是关于学习控制的公理性，归纳的泛化、相似聚类等。在前人研究成果的基础上，本书对学习过程的展开与控制提出了新的模式，即由逻辑功能组和专属功能组实现，这些内容将分别在下面两个小节讨论。

---

[12] [美]Alexander M. Meystel，James S. Albus. 智能系统——结构、设计与控制[M]. 冯祖仁，李人厚，等，译. 北京：电子工业出版社，2005 年，第 360~362 页.

[13] [美]Alexander M. Meystel，James S. Albus. 智能系统——结构、设计与控制[M]. 冯祖仁，李人厚，等，译. 北京：电子工业出版社，2005 年，第 372~398 页.

5.4.3 逻辑功能组

逻辑功能组是指智能体用人类社会积聚起来的所有逻辑知识实现学习的主要功能要求：分类、归类、拓展、创新。

1. 逻辑功能组工作模式

逻辑功能组的工作模式如图 5.5 所示，由两个微处理器和两类管理和控制构成。

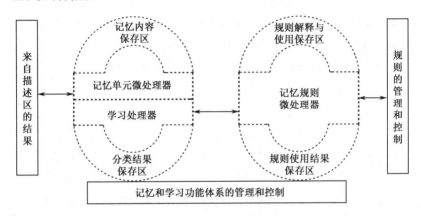

图 5.5　逻辑功能组的工作模式

前面已经介绍，一个具体记忆单元的记忆和学习微处理器统一，同时承载记忆和学习相关的处理。该处理器在逻辑学习上承担三个主要的处理功能：一是确定进程，二是确定对象，三是记录成果。

本质上，拓展学习就是以记忆单元为中心，按逻辑顺序与其他记忆单元建立联系的过程。如何建立新的联系，除来自新的学习对象之外，还可以通过不同的逻辑或经验顺序去发现、增加。如何发现和增加，微处理器可以按照两个顺序确定学习进程，再按照给定的流程验证其成果的可加性。

第一个顺序是不同逻辑功能的顺序，在归纳、演绎、类比、泛逻辑、非逻辑等具体的逻辑推理方法中确定该记忆单元逻辑拓展学习的次序。第二个顺序是该逻辑功能作用对象的次序，这个顺序也就是确定了一个逻辑操作的对象。第一个顺序是不同逻辑的优先次序，根据该单元及该单元所属类的经验而定，第二个顺序根据该单元所在类中的相关次序及经验而定。

根据顺序建立联系之后，需要确定该连接是否成立，是否能以建立连接的逻辑作为两个单元间的关系描述，也就是记录拓展学习的成果。

形式逻辑、数理逻辑、人工智能的知识表示模式、集合论、泛逻辑和非逻辑中的每种方法，都成为预置于逻辑功能组中的一个微处理器，每组相近的方法成为学习微处理器组，向上层次类推。

这里需要对泛逻辑和非逻辑的拓展模式进行解释。泛逻辑是指对归纳、演绎、三段论、类比等逻辑方法做一定的泛化。泛化是指从一个记忆对象发出的连接对象，不能满足严格的逻辑推理条件，但在逻辑上有一定的相似性，就发出连接，但对结果的验证要求不降低。例如，蜜蜂采蜜场景与蚂蚁搬运场景的类比连接。非逻辑是指从记忆对象发出的连接对象，在逻辑上不存在任何关系，完全是发散性的、直觉性的连接，也就是《论信息》一书中的任意连接。非逻辑连接不适用任务性学习，优先级也排在该记忆单元的最低层次，但在创新性学习或潜意识状态时，优先级可以提前，甚至是最高优先级。

所有拓展学习都是存量（智能体已经拥有的知识、经验、技能）之间增加连接，也就是增加新解释或理解，同时也为任务执行提供了新的可能解。所有学习成果的验证与确认原则上从严，程序上首先对启用的逻辑进行符合性审核，其次根据记忆分类体系的关系，验证的操作由规则微处理器执行，记忆和学习微处理器协同。凡是确定程度没有达到规定的值，则有三种操作，一是通过进一步的过程，主要是交互过程，由人类专家确认；或者暂时搁置，留在记忆/学习微处理器中作为未定事项；三是不留存，直接放弃。

2. 逻辑功能组成长

学习能力的增长，基础在于记忆的增长和类系的完善，核心在于逻辑功能组的成长。成长有三方面：一是规则完善，二是规则增加，三是调整或增加规则类。

规则完善基于学习的结果，每次学习结果成功或不成功的结论都是规则完善的基础。如果成功源自规则，则加强了可信度。如果规则来自规则外，则成为规则完善的一个事实，具体的决策按给定的规则，如果没有给定的规则，则直接增加一个说明性案例。

规则增加源自规则记忆单元的拓展性学习，归纳、演绎、类比都有可能为规则的增加提供选择，但选择由规则管理功能决策。

调整或增加规则类是规则完善及规则增长的放大，是一条规则的结果放大到规则类上。一般地，在智能体生命周期的大部分时间，规则类的调整或增加需要与人类专家交互后确定。

5.4.4　专属功能组

学习的逻辑功能组是通用的，所有的学习都可以调用，专属学习功能组，是为特定的学习过程而建立的，旨在提高学习的效率和准确性。

1. 专属功能组体系

每个研究学习的学科都认为理解和实现学习的复杂和困难，是因为一个人学习能力的多样性、可塑性、累积性等特征造成的，是理论研究和工程模仿难以跨越的关隘。

对于这一复杂问题，唯一的解决途径是分解，将学习功能分解为一个个具体的、简单的过程。前面讨论的从感知微处理器的专一性到描述、连接、记忆、学习整个认知过程细分到最小单元，并通过充分吸取人类已有成果，将与人类专家的交互作为一个智能体学习的最后一道保障，都是将复杂系统分解为具体可操作的单元，再进行合成。

但是，仅从这个维度进行分解，还不足以理解并实现智能体需要处理的一个个具有自身特征又相对复杂的学习问题。这就是专属学习功能组体系产生的原因。

专属学习功能组的目的是将分散的学习微处理器集中起来，为某个特定的学习目的或任务服务，不改变学习的模式、流程和规则。所以，专属学习功能组的形成与智能体的性质相关。

不考虑特殊性，专属学习功能组有特定内容学习、特定场景学习、特定技能学习三个大类。每个大类根据智能体学习进程及任务需求而定。

特定内容学习专属功能组一般形成于智能体对某个主题学习特别关注的时候，如文字—发音功能组，专注于一个文字的多种方言发音，或一种文字与已进入记忆区的所有文字的通用发音对应。

特定场景学习专属功能组一般服务于经验学习，各类场景都可以成为一个专属功能组，例如，家庭成员间的交流、餐饮、坐公交车、飞机，购物、看电影，逛公园、玩游戏，等等。各种场景可以在类似于脚本或框架模式下，主体不断地感知、描述、记录、深化、拓展。

特定技能学习专属功能组对应于一项项智能体可能接触或使用的技能。例如，做饭及做饭类下可以细分为洗菜、洗碗、炒菜、面点等；机床操作及之下的细分工序，车、钳、刨、铣等及与不同材料、规格、车床的组合。

2. 专属功能组工作模式

专属功能组的目的是提高学习效率和质量，基础是对于一类专门学习赋予的或在学习中归纳出来，并通过交互得到一定成熟度证实的学习脚本、框架。这样的脚本或框架有助于内部拓展、外部获取及验证、专题学习的进一步完善。

专属功能组的特征是"专"。这个"专"的范畴，首先依据智能体当前的能力，其次依据学习的需要。智能体当前的能力是指智能体能否构建一个当前需要的专属学习功能组。例如，构建一个对一个汉字或一万个常用汉字的标准普通话读音，无论是通过初始、赋予的方式，还是在多次汉字—读音的学习过程中归纳出专属功能组，并在交互后正式形成，都是可以实现的；但如果把功能组的目的改为与所有方言读音的一一对应，难度就大了。应该在对一种读音进行多次学习之后，再次归纳、类比，形成稍复杂些的，一次与多种方言对应后，再向常用、所有发展。

从最简单、智能体有能力实现的功能组开始，在学习的过程中不断通过归纳、类比、演绎等逻辑工具，以及完善、增加、组合规则，不断提升功能组的复杂性。有些类型的学习过程很长，有的则可以快速达成，因为智能体可以同时构建百万、千万甚至更多的专属功能组，还可以通过交互得到来自互联网的学习资源和来自人类专家提供的帮助。

专属功能组是经验和技能学习的主要方式。其工作模式与知识学习相似，也从最简单的功能组开始，大规模并行与快速迭代结合，使学习的能力和成果呈现滚雪球的态势。

简单的起点其实不是指学习内容的简单或复杂，而是指一个特定的功能组能否通过初始、赋予或学习功能体系在基础逻辑工具和功能组形成框架下成功构建。应该说，不管是何种方式，智能体都可以在生命周期的早期形成大量的初始专属功能组，并通过上述迭代、交互模式持续增长，使智能体的学习能力快速提升。

5.5　交互功能系统

交互是实现智能体与环境互动的功能体系。本节讨论交互功能自身的构成及实现，而交互的发起与结果由相应的功能体系承担。

5.5.1　交互的功能及构成

自主的智能体，必须能够自主实现与外部环境的互动。能够感知外部环境,能够与人类专家进行交互,能够获取生存资源与学习材料,能够在互动中完成好一个社会负责任成员应当承担的所有责任和义务。这个交互功能的实践载体就是交互功能体系。图 5.6 展示了智能体交互的分工、交互的对象、交互功能构成和交互的处理模式,下面分别介绍。

图 5.6　智能体交互功能

1. 智能体交互的分工

智能体交互功能由交互功能体承担,而智能体各功能系统与外界的交互集中在认知和任务两个类型。认知部分负责从感知—学习功能体系与外界交互的全部需求,任务部分负责任务、生存、资源、处理、控制等功能体系交互的全部需求。

2. 智能体交互的对象

智能体交互的对象有五大类:人类专家、信息网络、场景和事件、能源与工具、与智能体运行相关的外部状态。

人类专家是智能体诞生、成长和发展的核心要素。人构建了智能体的起始态,为其成长发展留下了基本的规则与动力,构建的人类专家及通过网络回答智能体提出的问题的人,是智能体发展中所有不解问题的答案提供者或建议贡献者。信息网络是智能体学习材料的主要来源地,也是交互发生的主要载体。场景和事件是智能体经验和技能学习的主要对象,实体场景与事件由智能体的外在感知或代理者参与,虚拟场景则以信息网络为载体。能源是智能体生存与发展不可或缺的资源，与能源的交互主要是处理智能体与电网的关系。工具是智能体生存和作为社会主体履行职责需要使用的各种装备与工具的统称。与智能体运行相关的外部状态交互，是智能体理解外部环境，及时做出应对的基础。

3. 智能体交互功能构成

智能体与上述五类对象交互，有六种主要的功能。

一是与人交互的功能。将人与智能体感知功能体系的交互做到类似于人与人交互的能力，语音、文字、图形及肢体语言均可以成为智能体与人交流的方式。

二是连接各类信息网络，特别是互联网，并具有搜索和识别功能。搜索功能是寻找需要的信息主题，识别功能是对内容符合性的辨认和对内容符号类型的识别，这里指的是文字、图形、语音、视频等符号类型。

三是智能体可以接触到并可能对智能体存在影响的环境感知功能。状态感知主要包括接触式感知，如环境温湿度、天气、空气等，但不含环境中的主观性态势，如恶意、敌对、感情等。

四是能源、水资源的连接。能源是智能体一刻不能缺少的资源，水冷的计算中心还要保证水的供应。交互系统实现是物理及逻辑的连接。这里的物理连接是智能体的供电系统与外部的电网连接，水冷系统与外部的供水系统连接，管理系统与相应的电网和水管理系统的连接。具体的管理归资源功能系统。

五是智能体与外部必要的商务往来的通道，包括商务洽谈、合约、智能体装备和工具获取的商务及物流通道。对资源、装备和工具获取的决策和管理、使用，智能体任务接受与交付等商务决策，分属生存、资源、任务等功能体系，交互只完成进入智能体的商务和物流行为与外部的通道。

4. 智能体交互的处理模式

智能体与外部的交互处理模式主要有四类。一是提供连接通道，物理的和信息的；二是提供初步辨识能力，为后续的感知处理优化服务；三是发现交互对象，根据交互对象的特征建立交互渠道；四是部署环境感知系统，并提供感知信息的传递渠道。

5.5.2 交互功能的实现与发展

交互在智能体中承担重要、独特的功能，但任务及构成是所有功能体系中最简单的。

交互功能体系由微处理器系列和规则系列构成。微处理器系列针对五类交互对象、六种交互功能、两类来自智能体的不同性质任务而设计构建。每个具体的交互功能由一个微处理器承担，随着不同的对象、功能和任务来源，渐次形成多层次的功能组和功能子系统，最终由功能系统实现交互全局的管理与协调。

交互规则指导每种交互的实现，并随交互的发展和新的需求而成长。交互规则主要针对每种交互建立智能体与对象间连接的接口格式和参数，建立交互与使用该功能的内部相关微处理器之间的连接及相关的参数。

网络的连接与搜索、物流衔接、商务协定的交互、场景或事件等交互功能的实现具有典型性，下面简单分析实现的一般模式。

实现网络连接功能是简单的，只要存在物理连接，配置好接口设备和参数就能实现。实现网络搜索功能也不复杂，因为智能体不能改变对象的搜索模式。根据来自智能体的搜索需求，与对象系统的搜索规则匹配，就能完成搜索的交互。

实现智能体需要的装备、工具或材料的物流衔接，需要信息与物流的双重接口，相对于已经存在不少成功案例的物流信息系统和自动化仓储系统，只要将对象物流系统的标准与智能体拥有的系统实现对接就能实现。

　　与社会相关机构谈定并签署商务协定是任务系统的一个功能，交互承担的职责本质上与信息网络的连接相似。连接什么场景或事件，通过这样的连接实现什么目的是学习功能系统的职责。与虚拟场景或事件的连接，同样只是逻辑连接要求；与真实场景或事件的连接，是智能体的代理或感知系统进入这样的环境，因此，对交互功能系统的要求就是实现连接并能按照智能体提出交互的功能系统的要求，将获得的信息传输到给定的地址。

5.6　认知计算与智能体的认知功能

　　经过第 2 章到第 5 章的讨论，已经完成了对智能体认知功能的核心部分的介绍。这条认知功能实现的路径基于对生物认知功能的理解，但与人工智能及心智等领域的认知计算存在本质不同。本节将通过简要介绍对认知功能与认知计算的不同理解，得出基于符号的计算不能实现通用人工智能及智能体的认知功能。

5.6.1　认知科学出发的认知和计算

　　认知科学、认知神经科学、认知心理学、心智理论等研究领域分别对认知和关于认知的计算得出了一些重要的成果，对理解认知和智能有着重要的意义。

1. 认知科学和认知神经科学

　　认知神经科学力图将认知科学和心理学的研究成果融合起来认识人的认知功能。巴斯和盖奇在《认知、大脑和意识》一书中提出了一个贯穿全书的人类认知功能框架，如图 5.7 所示[14]。

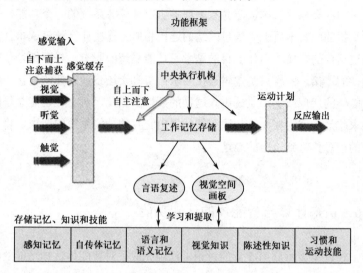

图 5.7　人类认知功能框架

分析这个框架，起点在感知，形成记忆，通过学习和提取，形成各类知识、习惯和技能，并形成运动计划，做出各类反应，这个过程既有自下而上的感觉输入，更主要的是中央执行机构（大脑）自上而下的控制。这里要特别强调的是，整个人类的认知过程，全部的认知功能没有计算与算法环节，计算和算法不是认知的必要构成部分。为什么没有计算和算法，因为人感知到的信息从起点开始就转换为大脑可以理解的含义，不是计算机系统或人工智能系统要处理的符号，不需要通过所谓的学习算法去理解，参见巴斯、盖奇和伽扎尼格的著作[15,16]。

[14] [美]巴纳德·J. 巴斯，尼科尔·M. 盖奇. 认知、大脑和意识，认知神经科学引论[M]. 王兆新，库德轩，李春霞，等，译. 上海：上海人民出版社，2015 年，第 36 页.

[15] [美]巴纳德·J. 巴斯，尼科尔·M. 盖奇. 认知、大脑和意识，认知神经科学引论[M]. 王兆新，库德轩，李春霞，等，译. 上海：上海人民出版社，2015 年，全书.

[16] [美]Michael S. Gazzaniga, Richard B. Lvry, George R. Mangun. 认知神经科学[M]. 周晓林，高定国，等，译. 北京：中国轻工出版社，2015 年，全书.

2. 认知心理学

认知心理学主要从心理学研究的角度分析人类的认知，但也吸收了认知神经科学、医学、行为学、计算机科学等领域的研究成果。

认知心理学从六方面研究并理解认知：注意、学习、表征、储存、语言、问题求解。下面以贾艾斯主编的《认知心理学》一书中的内容为主进行介绍[17]。

贾艾斯认为，注意是我们意识存在的中心，研究注意是认识人的认知的起点。注意的研究有几个对理解认知特别有意义的结论。一是一个人在集中注意力关注某个输入信息的时候，还会对其他事物保持敏感，也就是说可以并行关注。二是大脑会加工它想要加工的信息，而把其他信息放在一边。双耳分听的研究表明，大脑在做大量信息加工之前就选择了信息。三是过滤理论和衰减理论都认为，信息在进入大脑之前就进行了处理[18]。

贾艾斯认为，学习不是孤立存在的，几乎人类大脑中的每个信息都与其他事物相联系。在学习一个新概念、事实或技巧时，我们习惯于把它和已经认识的事物相联系，并且锁定这种事物。各种条件反射式联系是学习的范例，联系是获得知识最为重要的手段之一[19]。

信息在大脑中如何保存，即如何存储和表征，是认知心理学研究的一个重要内容。贾艾斯认为，地图、图书已经存在几千年了，万维网只有几十年历史，但大脑表征信息已经几百万年了。大脑可以记住数千张图片，但对其细节却保留不多。信息的存储就是记忆，贾艾斯认为，短期（工作）记忆有三方面：基于语言的信息、映像和注意力或策略，长期记忆分为外显记忆和内隐记忆，人的技能属

---

[17] [英]布丽姬特·贾艾斯. 认知心理学[M]. 黄国强，林晓兰，徐愿，译. 哈尔滨：黑龙江科学技术出版社，2007 年.

[18] [英]布丽姬特·贾艾斯. 认知心理学[M]. 黄国强，林晓兰，徐愿，译. 哈尔滨：黑龙江科学技术出版社，2007 年，第 23～27 页.

[19] [英]布丽姬特·贾艾斯. 认知心理学[M]. 黄国强，林晓兰，徐愿，译. 哈尔滨：黑龙江科学技术出版社，2007 年，第 46～58 页.

于内隐记忆[20]。这说明，大脑信息的表征与文字无关，更与二进制无关；大脑信息的存储与使用存在肌肉智能或小脑智能，是不经过大脑思考或大脑表征模式的记忆。但无论是认知心理学，还是认知神经科学，都没有能够发现，人脑究竟是如何编码或表征信息、存储信息的。

心理学家认为，"语言是人类的心灵自传。"乔姆斯基认为，"人天生具有学习和使用语言的能力。语言塑造，也限制了人的思维模式"[21]。这几个结论说明，语言能力源自遗传，语言作为信息的符号，并不能有效地表达含义。

心理学家认为，"对人类而言，问题的解决常常是试错法和顿悟的结合。""解决问题的能力与智力没有直接的比例关系。""解决问题的一个重要部分是手段—目的的分析法，从预期目标回到问题的解决方法，以及类比法；逻辑理解对于解决某些问题是有帮助的，但它不是一个普遍的解决问题的方法；当有一个足够好的解决方法时，我们的理性思考就会停止，这种情况称为满意策略；人类对概率的理解是非常浅薄的"[22]。这些结论说明，人类并不追求最优解，逻辑、推理、智力不是问题求解的主要因素，更不用说算法、算力、数据这些因素了。

3. 心智理论

萨迦德的心智理论在《智能原理》一书中已有介绍[23]，他是认知科学领域将人脑和计算机类比、寻求理解心智的顶尖学者。如图5.8所示，他将人脑和计算机的计算进行了简单但很有价值的类比。

[20] [英]布丽姬特·贾艾斯. 认知心理学[M]. 黄国强，林晓兰，徐愿，译. 哈尔滨：黑龙江科学技术出版社，2007年，第89~101页.

[21] [英]布丽姬特·贾艾斯. 认知心理学[M]. 黄国强，林晓兰，徐愿，译. 哈尔滨：黑龙江科学技术出版社，2007年，第130~133页.

[22] [英]布丽姬特·贾艾斯. 认知心理学[M]. 黄国强，林晓兰，徐愿，译. 哈尔滨：黑龙江科学技术出版社，2007年，第156~157页.

[23] 杨学山. 智能原理[M]. 北京：电子工业出版社，2018年，第18~39页，第53~58页.

程　　　序	心　　　智
数据结构+算法=运行程序	心理表征+计算程序=思维

图 5.8　心智与计算机计算的比较

萨迦德认为，"认知科学的中心假设是，对思维最恰当的理解，是将其视为心智中的表征结构，以及在这些结构上进行操作的计算程序。"他将这一中心假设归纳为 CRUM，即对心智的计算—表征理解。他从逻辑、规则、概念、类比、表象、连接六方面进行了表征力和计算力的分析，并在情绪、意识等方面进行了计算和表征的延展。

萨迦德在总结这些成果后指出，这一对心智的计算—表征理解存在七个重要的挑战。

（1）大脑挑战：CRUM 忽视了有关大脑是如何思维的关键事实。

（2）情绪挑战：CRUM 忽视了情绪在人类思维中的重要作用。

（3）意识挑战：CRUM 忽视了意识在人类思维中的重要性。

（4）身体挑战：CRUM 忽视了身体在人类思维与行动中的贡献。

（5）世界挑战：CRUM 忽视了物质环境在人类思维中的重要作用。

（6）动力学系统挑战：CRUM 忽视了心智是一个动力学系统，而非计算系统。

（7）社会性挑战：CRUM 忽视了人类思维固有的社会性。

他在此后撰写的斯坦福哲学百科条目"认知科学"中，将"大脑的挑战"用"数学的挑战"取代，认为数学研究的结果表明人类思维不可能是标准意义上的计算，大脑必定以不同于图灵机计算的方式运行[24]。

5.6.2　计算机及人工智能出发的认知计算

研究历史总能发现一些很有趣的事，无论是计算机科学、机器学

---

[24] [加]保罗·萨迦德. 心智——认知科学导论[M]. 朱菁，陈梦雅，译. 上海：上海世纪出版股份有限公司，上海辞书出版社，2012 年，参阅全书.

习、人工智能，还是认知计算，都会将其发展历史向上追溯到图灵机最早的计算工具；人工智能、机器学习、模式识别等都将一些数学工具，如最大似然估计、贝叶斯参数估计、概率密度估计、有监督和无监督学习、前向反馈、反向传播、决策树、卷积神经网络、递归神经网络、自动编码器、混合蒙特卡罗抽样等，作为其发展基础。这些现象说明，尽管主导概念不同，但这些概念的外延存在很多相同点。

IBM 是认知计算的先驱。2018 年 8 月，IBM 在其官网发表了一篇长文，诠释了其对人工智能、机器学习和认知计算的理解。在这篇文章中，认知计算被定义为建立在神经网络和深度学习之上，运用认知科学中的知识来构建能够模拟人类思维过程的系统。百度百科的定义是：认知计算是一种自上而下的、全局性的统一理论研究，旨在解释观察到的认知现象（思维），符合已知的自下而上的神经生物学事实，可以进行计算，也可以用数学原理解释。它寻求一种符合已知的有着脑神经生物学基础的计算机科学类的软、硬件元件，并用于处理感知、记忆、语言、智力和意识等心智过程。认知计算的一个目标是让计算机系统能够像人的大脑一样学习、思考，并做出正确的决策[25]。维基百科则认为，认知计算在学术界或产业界还没有形成共识的定义，一般而言，认知计算是指一组计算机硬件与/或软件，能够模仿人脑的功能[26]。

分析上述三个不同来源的关于认知计算的定义，尽管在表述上存在差异，但它们的共同点是，认知计算就是要实现由计算机软、硬件构成的系统，模仿、解释、处理人脑的功能。

我国人工智能界普遍认为，人工智能要经历三个发展阶段：计算智能、感知智能、认知智能，如图 5.9 所示[27]。

[25] 百度百科"认知计算"词条.

[26] 维基百科"Cognitive computing"词条.

[27] 科大讯飞，刘庆峰. 人工智能的发展有三个层次[M]. www.ceweekly.cn/2018/0416/222905.shtml.

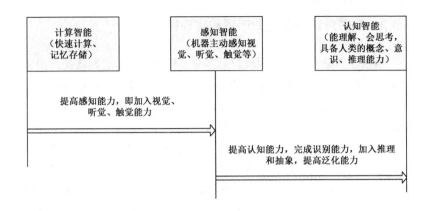

图 5.9　人工智能的发展阶段[28]

当前人工智能仍然在计算智能阶段，试图通过数据、算法和算力推动人工智能进入新的阶段。感知智能在一些场景中正在加入，如自然语言处理、计算机图形及自动驾驶等领域，但离真正融入感知能力还有很大的距离。能理解、会思考，具备人类的概念、意识、推理能力的认知智能，应该说还没有找到发展路径。

张钹院士提出了另一个路径，就是清华大学人工智能研究院所提倡的第三代人工智能的道路——通过数据驱动和知识驱动的结合克服第一代和第二代人工智能的不足[29]。这条路径实际上是对基于数据的深度学习所遇到的困难进行反思的产物。深度学习应用于模式识别虽然可以在大数据的训练中学到正确的分类，却很容易受到恶意干扰、欺骗和攻击。深度学习不能提取出语义层面的特征，只能提取底层特征，这是它脆弱、易受攻击的根本原因。如果不解决这个问题，只靠修修补补，不能解决根本问题，现在的很多做法就是如此。获取知识，补充通过数据学习的不足，这是当前人工智能发展面临的关键问题。

[28] 王燕妮. 人工智能标准化研究[D]. 博士后出站报告.

[29] 张钹. 深度学习的钥匙丢在黑暗角落[C]. 2020-1-11. 张钹院士在清华—中国工程院知识智能联合研究中心年会暨认知智能高峰论坛上的报告.

5.6.3 本书对认知功能的理解和实现模式

从《论信息》《智能原理》到本书，作者的基本思路就是比照生物智能，特别是人的智能形成和发展机理，创建非生物智能体，并力图解决生命形式的以神经元为载体的认知功能，与非生命的以电路为载体的认知功能的不同带来的困难。

为此，本书通过八个转变来阐述对认知的理解和实现：变符号处理为含义处理，变客体为主体，变外部环境为互动对象，变基于算法的学习为基于渐次拓展的学习，变不能出错为容许有错，变未知求解为已知求解，变时间序列串行为大规模并行，变遗传为初始、赋予。这八个转变有的是针对人工智能、认知计算面临的困难，有的是针对非生物与生物不可逾越的本质的不同。

1. 变符号处理为含义处理

全过程含义处理是人类认知功能的一个最重要的基础，也是与基于计算机系统的认知计算最显著的区别。本书通过四个关键环节实现智能体全过程的含义处理：一是通过极细分工的感知微处理器实现转向含义处理的第一步，每个感知都可以用智能体可理解的符号描述；二是确定智能体唯一又统一的表述符号体系，使所有经描述微处理器描述的内容智能体所有部分都可以理解；三是通过连接实现所有智能体记忆中的内容应连尽连，使分散的内容变成由所有可能连接构成的记忆含义的可用集合；四是创建一套基本的含义处理函数，实现基于含义处理的基本运算。以上内容将在第 6 章进行讨论。

2. 变客体为主体

人的认知功能是以人为单位实现的，所有的认知积累在人脑中；人工智能系统都是客体，不具备自主行为能力。智能体要实现基于含义和理解的持续积累，必须将客体转变为主体，这是关系到能否成长的核心问题。智能体通过全含义、全连接、全控制实现智能体的主体性，这一问题将在第 8 章进行详细讨论。

3. 变外部环境为互动对象

人的智能在与外部环境的交互中成长，与环境中的人和场景的互动是学习的主要方式，正如张钹院士所言，要从环境中学到知识，而不是记录数据再学习。本书将环境作为智能体成长的必要条件，并通过交互系统，实现有效的学习。

4. 变基于算法的学习为基于渐次拓展的学习

人工智能界的一个思路是将以算法、数据、算力为基础的深度学习作为实现人工智能目标的主要路径，事实上这是一个既没有数学理论的支持，也没有认知或智能理论支持的假设而已，其不可能引领人工智能走向新高度。

前面已经介绍，认知科学的研究说明，人的学习是在遗传的功能基础上，按生存和发展的缓急轻重，一步步从最初步、简单的能力开始，将一个个认知功能激活，并持续提升自身拥有的知识、经验和技能。

所以，智能体采取了初始、赋予学习的硬件功能和基本学习规则，如同胎儿、婴儿一样从最基本的形状、音节、文字开始，用 1+1、1-n、n-N，从 0 开始渐次拓展。

5. 变不能出错为容许有错

人的认知是有错的。他容许出错并不追求最优，一旦有解就放弃进一步的推理（参见上一节关于认知科学对学习的研究成果）。在各功能体系、各微处理器学习的过程中，不需要严格的整体控制，以保持一致性，而是优先由各微处理器依照既定规则学习，保留这样的学习成果，再进行校验与一致性分析。

6. 变未知求解为已知求解

人工智能针对问题组织求解策略、流程、算法及计算资源。人的问题求解是依据自身的能力，能解决就解决，不能解决就学习后求助。智能体采用了人的问题求解方式，只承担记忆中有解决方案的任务，没有解决方案的，则不承担或学习到可以承担时再执行。

7. 变时间序列串行为大规模并行

人的认知能力基于数十亿年生物进化积累的基因及从胎儿开始的长时间学习，是时间构成了庞大的记忆和复杂的智力。智能体不可能以这样的方式成长。所以采用了数以百万、亿量级微处理器自主并行学习的模式，以空间换时间，以并行替代串行。

8. 变遗传为初始、赋予

人的认知功能基于遗传，非生物体不能遗传。因此，智能体采用了由人类专家初始、赋予的模式，至于如何赋予将在第 9 章介绍。

5.6.4 一个基本点：重新理解信息与智能

从前面三个小节的讨论可知，人工智能的认知与人类智能的认知建立在不同的基础上，这个从表面上看是如何表征知识、如何存储信息、如何求解问题，而其本质是人工智能对信息和智能的理解是错误的，这也是人工智能至今没有基础理论支持的原因。

建立在算法、算力和数据基础上的深度学习或机器学习，之所以产生"钥匙丢在黑暗角落"，是因为对数据、信息、知识、智慧这些基本概念的理解有误。图 5.10 是对这种理解的一个典型解释。

图 5.10 数据、信息、知识、智慧的关系[30]

---

[30] Gene Bellinger, Durval Castro, Anthony Mills. Data, information, knowledge, and wisdom[N]. www.systems-thinking. orgdikw dikw. htm. 2004-05-04.

为什么会出现错误？一是因为没有进行逻辑上严格、科学上严肃的定义，图中关于数据、信息、知识、智慧的定义或解释，与常识及主要学科的定义存在大量相悖的地方，自身也没有严格的逻辑线条。通过数据挖掘就能得到知识和智慧更是一厢情愿，因为知识和智慧的形成根本不是通过数据挖掘这种模式就能够获得的。我们通过大数据及利用一些计算工具和算法得到的一些有趣或有效的结论，这种局部想象泛化为知识和智慧的来源，是科学方法的不严谨。

二是因为人的智慧和人类社会的知识积累是一条不同的路。人的智慧与数据多少与算法和算力没关系。相反，数据、算法、算力都是人类智慧的结晶，人类社会的知识也是人类智慧的结晶。

三是因为人的智能从来不处理计算机系统的所谓"数据""信息""知识"，从来没有对数据、信息、知识、智慧进行区分。人类诞生 380 多万年了，现代智人到现在也有十万年了，十万年来，人的遗传基因没有产生任何重大变化。文字产生只有不足万年，二进制及计算机处理、深层神经网络等算法只有几十年、上百年的历史。但是，人类社会的历史告诉我们，现代人的知识、智慧从人类一诞生就具有相当的水准，否则，它又如何从残酷的物竞天择的生物竞争中生存下来？

人从一出生，就开始解决生存问题，人没有学习数学，就能够解决大量问题，数学能力很弱，但艺术、运动、空间能力这些智能很强的人比比皆是。辨识进入我们视野的人、物、动态事件，根据自身的立场做出判断，并进行应对，何尝使用过算法和算力。语言、文字、二进制产生与否，与人的感知能力没有关系。所以，人从一开始都是将外部感知转换为自己可理解、可利用的含义，没有所谓的数据处理、转换过程。

正确认识认知功能，实现我们持续追求的通用人工智能，必须科学地认识信息和智能，在真正认识信息和智能的基础上，才能使人工智能或构建超越人的智能体拥有理论基础。

第 6 章

智能体运算模式与处理功能

计算是机器智能不可或缺的要素。图灵机、冯·诺依曼或非冯·诺依曼架构，满足智能体的计算需求吗？

智能体具有独特的运算模式，这个模式由处理功能体系承担。本章讨论智能体的运算模式及处理功能体系的作用、特征与实现。

6.1　智能体运算模式

智能计算不同于传统的计算模式，但什么是智能计算模式，并没有形成共识。迄今为止的大数据、人工智能芯片、认知计算、深度学习、神经网络等，没有走出冯·诺依曼模式及其亚型，没有走出一个处理二进制字符串的计算系统，根据指令进行处理，得出结果的基本模式。本节介绍的智能体计算模式是一个完全不同的基于含义的处理模式，为了体现这个不同，智能体的信息处理不再用计算这个词，以下将统一称为智能体的运算，适当时简称运算。

6.1.1　智能体运算模式及其主要特征

智能体运算模式有四个主要特征：处理含义、自主决定做什么运算、大量独立运算系统构成一个整体、处理能力自主成长。

1. 处理含义

从感知开始，通过规定的转换，将感知对象的信号转换为智能体可理解的符号体系，经由后续处理后，纳入智能体内不同的记忆区域，也就是智能体内存在的所有信息，都是智能体能理解的含义，不能理解的一律不许进入。在这个基础上，智能体所有的认知和行为过程都基于含义。这一特征已经在前面几章进行多次、多角度讨论。

2. 自主决定做什么运算

智能体运算任务主要来自内部的学习、思考、完善、成长，也有一小部分来自外部的任务。内部的运算任务当然是自主决定发起的，是否接受外部任务，具体的执行时间、如何执行，智能体拥有决策权。即使接受任务，马上执行，也需要先感知任务，再分配任务，最后才是执行。与传统的计算模式通过输入的二进制指令，接受任务，完成之后递交结果是截然不同的方式。

3. 大量独立运算系统构成一个整体

除了一些工具性质的算法处理，智能体所有的运算都由一个个微处理器完成。成熟期的通用型智能体应该拥有千亿量级的微处理器，每个微处理器都是承担特定功能的、独立的运算系统。这些独立的运算系统拥有完整的软件体系和充分的自主性，但又围绕智能体的共同目标，通过控制功能体系（每项控制也是由微处理器实现的）成为一个整体。

其实，人类智能的不同构成部分也是独立的。同声传译是由一个听的系统和一个说的系统独立工作，共同完成一项任务；驾驶员一边开车，一边听音乐；学生一边听课，一边做笔记，等等。智能体的这个运算特征是智能计算的共同要求。

4. 处理能力自主成长

遗传功能的特征保证了人的智能站在生物进化的顶端，也约束了人类智能发展的空间。如果智能体也依赖人类专家赋予计算能力，不能随学习和行为的发展而发展，则只能停滞在弱人工智能的阶段。

处理能力自主成长既是一个个微处理器在成长中的发展，也是指智能体整体处理能力的成长。成长的关键是始终超前于各功能系统的功能发展的软件体系。软件如何从作为初始、赋予的工具到自我完善和发展的过程，本章后续将做专门的讨论。

6.1.2　微处理器的处理特点

智能体由 11 个功能体系构成，但 11 个功能体系间存在大量的交叉，智能体的认知活动、行为、思维与控制过程，通常需要为一个目的实现跨功能系统的调用。这样的一个目的，如认知削苹果的场景、积累削苹果的经验，就构成削苹果这个智能单元，处理功能要能够为智能体的目的构建智能单元，根据需要实现智能单元的成长。微处理器的处理需求有五个特点：独立的运算功能、不独立的智能构件、广泛连接、不断成长、存算一体。

1. 独立的运算功能

每种微处理器都具有独特、独立的功能。正如前面已经分析过，它如同一个独立的计算机系统，软件既要能管理自己的计算资源，是操作系统，同时又是应用软件，实现这个微处理器承担的任务。

每种微处理器又是专用的，它只承担智能体中一种特别具体的任务，如识别、理解一个汉字、一幅人像、一件衣服、加工螺帽。对这个具体任务，不只是能识别、可理解，而是在学习过程中逐步达到该具体对象认知的极致。

2. 不独立的智能构件

所有微处理器具有独立、独特的功能，是智能体不可缺少的构件，但都需要与其他构件协同工作，才具有"智能"。例如，只认识一个汉字、一件物体的智能体，不能说是具有"智能"了。它是在一个设定的分工环境中发挥作用，如在汉字功能组、人像识别功能组、紧固件生产线功能组等范畴中，才具有应用的价值。

也就是说，一个微处理器的软件不仅要完成它的特定功能，还要完成规则确定的协同任务。

3. 广泛连接

微处理器的细分和现实世界的整体性广泛联系，一个微处理器发展到能承担现实世界的认知或任务功能，与其他微处理器的连接会达到成千上万，甚至更多，这也是微处理器软件必须实现的任务。

4. 不断成长

本书已经多次谈及一个具体的功能，以及承担这项功能的一个微处理器从 0-N 的成长过程。所以，在刚开始时，一个微处理器拥有的知识和连接可能很少，但在学习、成长过程中不断增加。前面已经介绍过，一个具体事物的微处理器就是这个事物的百科全书，这个百科全书的容量不是今天书籍形态或网络形态的百科全书，它比这两者要详尽得多，它要求将智能体中所有相关的内容与此建立联系，要把现实世界中各种可能存在的相关事物变成智能体拥有的知识、经验或技能。这种特征是微处理器软件需要在一开始即纳入。

5. 存算一体

所有微处理器都是存算一体的。狭义的计算只占处理功能的很小部分，将认知成果保留下来，在智能体使用中通过连接，贡献它自身的成果，存算一体是最有效的计算模式。

每个微处理器是独立的处理单元，不管发展到什么成熟程度，需要的处理和存储容量对于今天的芯片而言都是很小的量。一个微处理器和一个独立的存算一体芯片是比较合理的解决方案，但将处理和存储连在一起，处理芯片和存储芯片一起构成独立的处理单元也是可行的。

由于不同的微处理器存在共性的抽象模型，可以采用可重构计算的模式[1]，使用专用芯片[2]作为实现处理功能的芯片选择。

6.1.3 智能单元及其与微处理器的关系

智能体有两类基础构件：一类是以记忆单元为中心的基础认知单

---

[1] 魏少军，刘雷波，尹首一. 可重构计算[M]. 北京：科学出版社，2014 年.

[2] [加]Vaughn Betz, Jonathan rose, Alexander Marquardt. 深亚微米 FPGA 结构与 CAD 设计[M]. 王伶俐，杨萌，周学功，译. 北京：电子工业出版社，2008 年.

元，这类单元以外部世界已经存在的分类体系为中心；另一类是以智能体行为（任务、思维和控制）为中心的智能单元。一个智能单元包含一次行为过程的全程记录，这个过程可以类比为主题。由于认知与行为都是智能的，为便于区分，以后，认知过程的单元称为分类单元，行为过程的单元称为主题单元。上一小节主要讨论分类单元，本小节主要讨论主题单元。

分类单元以学习—认知过程为起点，主题单元以行为产生为起点。分类单元以人类已经掌握的知识、经验、技能和认知过程的一般模式为基础，每类微处理器的初始、赋予都有充分可借鉴的规则和过程。主题单元以智能体的行为为基础。智能体的行为主要有四类：生存维护、外部任务、主体思维、全局控制。

1. 生存维护

每次智能体的生存维护都构成了一个主题单元，关于生存维护的详细讨论放在第 7 章。生存维护具有经验、重复特征。这类主题单元可以预置、重用，可以在初始、赋予时植入智能体。

2. 外部任务

执行外部任务是智能体作为独立社会主体的主要标志和职责要求。每次外部任务构成一个主题单元。外部任务繁简不一、性质不一、重复与否不一、使用的分类单元不同，其依赖于智能体拥有的主要功能及其发展过程。因此，在初始、赋予时只能提供基本可扩展的处理微处理器，在实际发生时再由人类专家完善。

3. 主体思维

智能体的主体性主要体现在思维和控制两方面，思维包括意识、潜意识、思考等类型，其体现在智能体生命周期全过程中主动考虑外部环境、内部状态、生存态势、认知学习等方面得出结论、做出判断，推动智能体的主动行为，这部分详细内容将在第 8 章讨论。

思维基于外部感知和内学习过程，但又脱离具体的外部任务和学习—认知过程。智能体思维既有迹可循，因为都是思维微处理器发生的，每种思维微处理器又根据特定的规则触发，有一定的过程轨迹；又具有发展过程的可变性，有的变化是不可预测的，因为思维的很多过程将采用泛连接和任意连接，这两种连接都会产生不可预测的结果。

承载主体思维功能的微处理器同样只能按可知预置，按未知留下处理空间，具体的主题微处理器软件需要在发生时经由人类专家干预、确认，直至没有新的类型出现。

4．全局控制

控制是智能体实现整体性、全局性和主体性的主要手段。全局控制主题微处理器有的可以预见，有的随机发生。可以预见的是对资源、生存、认知、处理等确定构成的控制，不可预见的是对突发内外部事件的处置决策和协调。但不论是可预见还是不可预见，控制微处理器存在若干通用的处理模式，可以用预置的方式赋予。这些微处理器的初次使用或新类型的产生，都需要人类专家的干预。

6.2　处理功能体系的功能和构成

信息处理是智能体运算模式的承载体，是所有功能实现的必要条件。本节讨论信息处理功能体系的功能和构成。

6.2.1　处理功能体系在智能体中的功能与相互关系

处理有三项功能。首先是承担智能体所有的信息处理任务，其次是形成并管理信息处理功能，最后是信息处理能力逐步自主发展。

1. 承担智能体所有的信息处理任务

智能体所有功能的实现在形式上就是信息处理。感知、描述、连接、记忆、学习、互联、任务、资源、生存、控制，尽管存在一定的物理运动，但主要的、核心的是信息处理，所有的信息处理都由信息处理功能体系的软硬件完成。

2. 形成并管理运算功能

能承担信息处理功能，就必须拥有相应的能力，并能对这些能力进行有效的管理。拥有满足智能体所有信息处理功能的要求十分高，因为在一开始就需要比较完整、系统，还要考虑该功能体系发展的需求。它不像其他功能体系，可以从最简单、最基础开始，在处理功能的支持下逐步积累。

一开始就拥有满足各类信息处理需求，并能考虑到发展的需要，唯一的办法就是在初始、赋予阶段将信息处理功能内置于功能体中。人类智能的发展也是这样，认知、学习、行为、控制功能中类似于感知、连接、计算、存储的功能是遗传的，出生之后就是功能的开发。拥有信息处理功能的基础在初始、赋予的能力，如同人类的遗传基因，这是一个最为重要的结论。它是智能构成的传承性、整体性的主要环节。

智能体计算资源有两大类：一类是微处理器的计算资源，这一部分已经在上面介绍了，还有一类是共同使用的计算资源。共同使用的计算资源有两个用途：一是当各微处理器自身拥有的计算资源不足时，调配使用；二是在微处理器专用的算法之外，可以共同调用的工具算法需要计算资源，有的应用需要的计算资源还很多。

3. 信息处理能力逐步自主发展

这方面的内容已经在前面讨论过，此处不再赘述。

4. 处理功能体系与智能体其他构成部分的关系

首先是相互依赖的关系。各功能体系没有信息处理系统的软、硬件不能执行各自的功能，处理功能体系没有各个功能体系的规则、流程、知识、经验，软件系统失去基础，这就是处理与其他功能体系之间我中有你、你中有我的相互依赖关系。

其次是处理功能需要资源系统为其提供必要的软、硬件的关系。不仅需要资源系统为其配置充分的处理能力和可用的商业软件，还需要数量巨大的电和水的资源。但是，对计算资源的管理和维护的主要责任由处理功能系统而不是资源管理系统承担。

最后是接受管理和控制的关系。处理功能接受控制系统的管理。软件学习专属功能组具有比较特殊的位置，除了交互等协同，功能组归属处理功能体系管理。

6.2.2 处理功能体系的构成

与其他功能体系一样，处理的构成是以微处理器和规则为基础的一个体系。

1. 处理微处理器的类型

处理功能体系有两种截然不同的微处理器：仅作为载体的微处理器和完整功能的微处理器。处理功能体系的规则分为辅助性和自主性两类。

1）作为载体的微处理器

处理微处理器的首要功能是承担智能体所有功能体系的信息处理需求，所以它是所有其他微处理器功能的实现载体：提供处理的物理功能和逻辑功能。物理功能就是芯片和输出入通道，逻辑功能就是处理软件，而这些物理和逻辑部件都是为实现这些微处理器的功能而设计、配置的。

这种微处理器可以看作载体与宿主的关系。处理功能是载体，对应的微处理器要实现的功能是宿主。作为载体的处理功能如一台传统专用计算机，自始至终完成宿主的对应功能，如感知、描述、连接、记忆、学习、交互、控制、任务等。这样的组合就是将独立的处理与智能功能合在一起，完成特定认知功能的含义处理器。

2）完整功能的微处理器

完整功能的微处理器就是承担独立的处理功能体系的微处理器，主要是处理功能体系的各项规则及其实现的微处理器。每条规则的解释与实现，各规则类的解释及实现都是独立的微处理器在工作。

2. 处理功能体系的规则

如前所述，处理功能体系的规则共五类：作为载体的功能如何有效实现宿主任务要求的辅助性规则，以及四类自主性规则：一个个具体的、作为载体的微处理器如何实现的规则，管理硬件的规则，管理和发展软件的规则，管理和发展处理功能的规则。

1）微处理器实现规则

智能体数以千亿计的微处理器，除了重复的，不同的类型也有百万量级，其各自具有独特的任务需求。微处理器实现规则是抽象出一般模型，在一般模型上构建处理软件的模板，并将模板转化为具体的软件提供指南。这些过程都由规则及规则确定的流程来实现。当然，在智能体发展早期，这些规则是为规范和提升人类专家的工作效率和工作质量，到中后期，其逐渐被智能体自身理解并用于完善和开发软件。

2）管理硬件的规则

管理硬件的规则主要是芯片功能的调度。绝大部分微处理器从开始工作到生命周期的后期，需要的存储、处理和传输能力是递增的。管理规则要在满足需求的前提下，做好不同类型需求发展的规划，适时从资源系统得到相应的硬件资源并配置到具体的微处理器。

3）管理和发展软件的规则

软件是处理功能的核心。满足处理需求的软件经历从初始赋予、购买到自主维护、完善和提升、开发的过程。规则相应地包括初始赋予、购买、自行完善和提升到开发相关处理功能。关于这个系列的规则，在 6.3 节专门讨论。

4）管理和发展处理功能的规则

这是所有功能系统必须具备的规则。处理功能覆盖智能体全局，管理规则要求执行信息处理始终保持正常的工作状态。当然，这个正常并不意味着不出错，而是即使发生差错，运行本身是正常的。对于两种不同资源的管理，微处理器和公共计算资源则用不同的原则指导下的不同规则实现。

发展就是完善、提升、增加。量的增加不复杂，只是复制或配置更多的可管理的资源；质的增长很复杂，在智能体生命周期的早中期，主要依赖人类专家，即使处理系统根据人类专家赋予的规则和流程做出了增长的决策，也需要由人类专家确认。

6.2.3　处理功能体系的实现过程与思路

处理是智能体中最庞大、最复杂、最难实现自主成长的功能系统。之所以复杂，主要有三方面的原因：没有可以借鉴的方法，没有成功的经验，一开始就需要十分强大的功能。

没有可以借鉴的方法，是因为人的智能和机器智能两个方向都没有可以借鉴的经验。前面已经介绍过，人的智能基础是遗传决定的，人的一生就是发掘这个功能，并通过经由发掘可用的功能持续学习，在掌握知识、经验和技能的基础上，在特定的领域运用智能，承担社会责任，交换自己生存和发展的资源。

没有成功的经验，是因为迄今为止的人造工具和所有的机器智能，包括人工智能，都是人赋予什么就能有什么，没有主体性，也就没有自我积累和发展。

其他功能系统都是从最简单的 0-1、1-n、n-N 到复杂的发展过程，但处理功能的 0 不能像智能体其他部分那样简单，而是必须具有很高水平的各类型功能实现能力。

因此，处理功能的发展思路是从依赖人类专家的初始赋予、交互学习、维护到逐步自行维护，自行完善原有的软件到开发新的软件。专属学习系统和体系化的软件理解和开发功能将在 6.3 节专门讨论。

6.3 软件体系和实现

软件体系承担着智能体的运行，或者说，所有的运算在一定程度上也决定了智能体可以达到的功能。本节介绍智能体软件架构、发展特征和学习专属功能子系统。

6.3.1 智能体的软件架构

智能体的软件架构可以从多个维度去分析。按传统的软件分类方法划分，有系统软件、工具软件和应用软件；按一个智能体系中的不同作用划分，除系统软件、工具软件外，应用软件有四个层次：在一个微处理器上实现该功能基本功能的应用软件，在不同层次实现协调和管理的应用软件，在功能系统最高层实现协调和管理的应用软件，负责相应规则管理和成长的应用软件。按 11 个功能体系的分工划分，每个功能体系都有一个核心功能实现的独特软件，同时又有跨功能体系的管理、协调、决策和控制。从逻辑维度看，有严格按既有逻辑确定的行为流程，还有灵活运用逻辑工具的软件，甚至有延泛逻辑和非逻辑方向的思维和学习软件。从软件的所属看，有属于一个微处理器的，也有属于一个功能体系的，还有属于多个功能体系的，更有属于智能体的。

计算架构由软件实现，软件架构就是计算架构。智能体软件的逻辑和执行架构如图 6.1 所示。

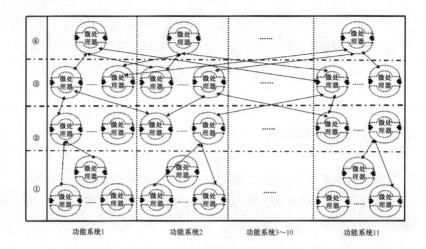

图 6.1　智能体软件的逻辑和执行架构

其中①、②、③、④表示微处理器在计算架构中的四个层次。第一层是 11 个功能体系中承担所有基本功能的微处理器，如感知、记忆、任务、思维等。第二层是一个功能系统中承担管理、协调、成长等功能的微处理器。第三层是承担跨功能系统管理、协调功能的微处理器。第四层是承担智能体全局管理、协调、控制的微处理器。

智能体的所有功能都由微处理器执行，各微处理器又都是独立的计算系统，图 6.1 的管理、协调、控制，以及不同计算单元对相同的记忆单元进行的一致性调整是通过既定的规则及流程来实现的。管理基于流程。管理微处理器根据自身承担的管理任务及执行该项任务的触发机制和执行流程，在整个流程中按规则实施。协调基于申请，任何微处理器对于资源使用规则之外的配合，由规则导向相应的微处理器执行。控制基于流程和态势判断。无论是流程还是态势判断，都是按确定的规则与/或感知的自身态势启动并执行的。

智能体的各微处理器各自独立，且拥有专属的系统软件和应用软件，承担简单又不可替代的功能，这是实现基于含义的计算的必要条件；同时，必须保持这些微处理器一起沿着智能体的整体目标前进，保持智能体的认知、行为和控制的全局性和一致性。做到分散与集中的统一有两个核心原则：保证微处理器的独立性，即没有一个规则或流程可以让一个微处理器停下来，除非它自行决定停下；当规则或管理、控制程序发现某个微处理器的结果是错的，或与刚刚得到结论的其他微处理器的结果不一致时，便将这一结果的记录锁住，根据规则和判断进行修改，修改后解"锁"，并将这一修改通知相关微处理器，这些微处理器对这一变化采取什么后继操作，由该微处理器的规则决定。这个原则是智能体"容错"逻辑的一个解释。

6.3.2 智能体系统软件

智能体有两类系统软件，一类是管理一个微处理器的，一类是管理一个功能体系或整个智能体处理功能的。

管理一个微处理器的系统软件由专用集成电路、操作系统、数据管理、网络协议等部分构成。这是一个传统意义上多类软件集成在一个微处理器中的软件。每类功能相同的微处理器的系统软件是相同的。

管理一个功能体系或整个智能体的系统软件除上述必需的一个微处理器之外，还有管理所有管辖范围内微处理器的软件。但这一管理至少上亿甚至达到千亿量级独立计算系统的软件，不同于云计算操作系统，它只有两个基本功能：一是维护一个目录，提供一个入口，提供所有管辖微处理器的功能的描述及连接的地址；二是处理资源的协调，负责哪个层级的处理功能就承担该层次的协调任务，管辖范围内计算资源不足，则申请公共计算资源。

6.3.3 智能体应用软件

一般地，一个微处理器只拥有一个应用软件，如感知字符的感知微处理器，只拥有感知一个特定字符应该拥有的所有规则、处理过程及保留相关信息等全部功能的软件。反之，一个应用软件只存在于一个或一组功能完全相同的微处理器中。

如果是若干功能组合在一起的微处理器，如以感知为起点的感知、描述、连接、记忆四个功能合一的微处理器，则相应的应用软件也组合在一起。不同应用软件的功能、性质、复杂程度、规模存在巨大差异，但它们都遵循一个原则，就是有且仅有一个功能。

6.3.4　智能体工具软件

智能体拥有一组工具软件。其中，第一类是编程语言、开发工具、编译器、集成电路设计工具、测试工具、自动编程工具、辅助配置或维护的中间件等；第二类是计算资源管理工具，局域网软件、智能体公共计算能力的管理软件；第三类是作为智能体生存必要资源的管理软件和维护软件，如电、水、通信网络；第四类是智能体必需的其他资源（如工具、装备等）使用、维护相关的软件。

这些工具软件均由处理功能系统管理。从使用看，每个工具软件由一个微处理器作为其使用管理者。从维护看，每个工具软件由一个功能组承担，功能组中的一个微处理器承担一项专门的维护。从开发的角度看，每个工具是软件学习专属功能中的一个功能组。有的从微处理器的关系看是智能体的工具软件。

智能体还拥有一组作为直接调用的工具软件，主要有各类科学计算、仿真、通用逻辑推理等工具软件。智能体对这些软件不能够真正理解、自行开发，只是作为一种工具，由专门的微处理器管理，在需要的时候调用。随着软件学习功能的提升，这类工具逐渐转换为智能体的应用软件。

6.3.5　智能体软件体系的工作机理和发展特征

智能体由 11 个功能体系组成，每个功能体系分别由微处理器、功能组、功能子系统和功能系统构成，功能体系之间又存在从简单的连接、相关到协同、组合、管理、控制等复杂关系的实现。但不管是简单还是复杂，落实到处理层面，都由一个个具体的微处理器执行，各类功能均通过各个微处理器拥有的软件来实现。

从软件的视角看，智能体由数量庞大、各负其责、相互协同、整体受控的微处理器体系构成，每个微处理器由系统软件和应用软件构成。

每种微处理器都有独特的操作系统，实现该微处理器所有物理部件处理和连接功能的管理，并与其特定的应用软件匹配，实现处理能力的优化。

每种微处理器的应用软件各不相同。执行 11 个功能体系所有功能的软件，不管属于什么类型或性质，都是微处理器的应用软件，但一个微处理器只有一种应用软件。因此，微处理器的系统软件和应用软件可以实现定向的有效优化。

一个智能体拥有千亿级的微处理器，具有复杂的功能、执行繁多的智能行为或任务，如何通过这样高度专门化的软件体系实现？这是对智能体软件体系工作机理的要求，也是其特征，体现在以下三个方面。

一是独立性。每个微处理器拥有自己的操作系统、应用软件及由该应用软件决定的功能，该功能可以根据规则由外部调用，而更重要的是可以按自带规则，持续自行执行，以完善自身的能力。所以每个微处理器是独立的、自主的，任何外部任务都不能停止其运转，除非它自己停下或智能体总控系统决策，才能终止其运行。按这样机理运行的微处理器是活体，不是工具。

二是协同性。每个微处理器的软件都是智能体某个功能体系的一个构成部分，系统软件由处理功能体系的软件功能子系统管理，由应用软件规定的功能则归相应的功能体系管理，智能体内部行为和外部任务的调用，根据智能体的内部分工、调用规则和流程执行，实现了独立性与协同性、整体性要求的一致。协同是相互的，每个微处理器自身完善时需要其他微处理器的协同。

三是动态性。每个微处理器的运行都有两类任务，自身的与外部的（指其他微处理器的请求）。自身的运行就是不断完善规定的功能，除非达到完备，否则永不停息。在这个过程中，由应用软件体现的功能在成长，就需要对过去执行的任务进行分析和判断，并按规则进行调整。持续完善、不断评价和调整过去的成果，是动态性的具体体现。

智能体软件的发展具有显著的特征。一是基于智能体创建者开发的软件，而这种开发又要满足其特殊的发展过程的需要，因此具有与传统软件产品不同的特征。二是在智能体运行过程中持续完善，完善过程由智能体自身发起，但在智能体生命周期的大部分阶段，需要人类专家的交互。三是发展以微处理器为单元，但沿不同的线索协同发展，这里的不同线索既有软件的分类，也有应用功能的分类。这个过程导致了发展的第四个特征——协同性，不仅是过程，还包括了结果，软件功能的协同性决定了发展成果的联动和共享。

6.4 智能体软件系统的发展及学习子系统

智能体软件系统的发展和学习展示出与其他功能系统不同的特征，原因在于软件系统逻辑关系的复杂性。本节将对这一主题进行专门讨论。

6.4.1 智能体软件体系的发展过程

归纳前面两节的介绍，智能体软件体系的三个特征将影响其发展的过程：量大且逻辑关系复杂、初始完备、定制性。

量大且逻辑关系复杂是指每个微处理器的软件由特定的操作系统和一个简单而具体的应用软件组成。尽管系统软件类似于大部分专用片上系统，功能较多，但复杂程度不是很高。其应用软件无论是相对简单还是比较复杂，都是功能单一的应用。但是，将智能体所有软件合在一起，就是一个极其庞大复杂的系统，而且各软件之间存在复杂的逻辑关系。

初始完备是指智能体在初始阶段就需要相对完备的软件系统，以支持其进行正常的工作。如同人类智能，必须基于正常的遗传过程一样。这是智能发展的基石和核心规则。智能体软件体系的发展必须遵循这一基本规律。智能体生命周期的初始阶段就要具备完整的软件体系。

全定制是指智能体除了作为工具的一些软件，几乎每个软件都是定制的。系统软件是定制的，基于微处理器的系统架构是前所未有的。每个应用软件是定制的，基于含义的计算方法和过程也是前所未有的。相应地，为这些软件开发、测试、维护的工具也是专用的。只有作为智能体一些特定场景需要的共性算法、管理类软件可能采用通用的商业软件，而这些软件只是作为工具调用。

这三个前提决定了智能体软件体系发展的特征。起点在初始设计，由智能体建设者基本完成智能体全部软件的开发，并将一部分共性的管理和方法性工具软件内置于智能体资源体系中。

但是，作为独立生存、自我管理并发展的智能体，需要有一个方法，能够在其生命周期中，除了作为资源的软件工具，逐步拥有使用、管理、维护、提升、完善、增加的能力。这个过程就由专门的智能体软件学习功能承担。

6.4.2　软件学习专属功能的架构与发展思路

软件学习专属功能子系统在逻辑上属于学习功能体系，但由于软件学习的复杂性，实际上其由处理功能体系管理。软件学习系统的目的是逐步提升智能体的软件自主能力，从起步时只会使用，到能管理已有的软件，包括如何增加、如何调度；从自行实现简单的维护，到能够对执行智能体各项功能的应用软件进行提升、完善、增加；从理解、使用系统软件到提出优化改善要求，再到能自行修改系统软件；最后，经过相当长期的积累之后，能实现智能体全部软件从使用到开发的自主目标。

智能体众多的软件类型和软件开发、使用管理中多类软件的相关性，使得软件学习功能的架构与其他功能系统的学习系统相比有比较大的不同。这个不同主要体现在对人类专家的依赖程度高，学习微处理器间关联程度高，逻辑判断使用要求高。不同类型的学习具有相对独立的架构和发展思路，抽象的一般架构如图 6.2 所示。

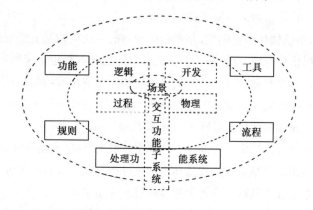

图 6.2　软件学习专属功能系统

图 6.2 中，外圈是处理功能系统，包括所有的功能、规则流程和规则；中圈是其学习功能子系统，包括所有的软件开发要素：逻辑视野、开发视野、过程视野和物理视野；内圈是学习子系统中一个具体的学习场景，学习针对的是一个个具体的学习对象。小到一条语句、一个逻辑功能、一个芯片操作，中到一条规则、一个读写功能、一个智能函数，大到一个软件模块、一种控制和管理功能、一种工具或应用软件的使用，都是学习的场景。学习过程是从最小、最基础的部分开始的。每个学习微处理器或微处理器组理解、学会一个场景后，再

转向另一个场景。处理功能系统的交互功能子系统是学习功能的重要构成，与人类专家的交互是软件学习的核心环节。

软件学习功能的发展思路是：三个同步、三个原则。三个同步是：与软件初始、赋予的开发同步，与软件开发工具的形成与发展同步，与软件的可重构、可复用同步。三个原则是：从小到大、从具体到抽象，自底向上和自上向下结合，多方位逐步递进。从学习到模仿，从使用到理解下的维护，从维护到小规模修改，从修改到重构，从重构到开发新的软件。

软件的学习必须与软件初始、赋予的开发同步。除数据管理、网络通信、计算资源调度等少量通用功能之外，智能体基本功能部分的软件，从集成电路芯片设计、操作系统、智能运算的算法到 11 个功能系统的基本功能，都是全新的软件。新软件开发的详细过程、形成的文档和同步开发的多种工具，采用学习同步的模式，相对于开发完成之后再考虑学习系统的建设，可以减少很多工作量。同时，智能体构成的特征决定了需要大量功能相同或相似的系统软件、应用软件和工具软件。这种性质的软件开发，有效的模式是可重构、可复用的。由于存在大量完全相同，或不同的部分很少，很容易调整、修改或补充，这种重构和复用在人类软件工程师的手中锤炼得完全成熟时，与此同步研发的软件学习系统也走向成熟，复制或只有很小调整的微处理器软件由学习功能系统承担，这就是软件学习专属功能系统要与软件的可重构、可复用同步的原因。在这个过程中，软件开发的同时，相关的设计、测试、安装、维护等工具也在开发，相应的学习功能也应该同步形成、完善，这也是相关软件能够实现自主开发的一个重要条件。

如同所有智能体功能的形成和发展所遵循的 0-1、1-n、n-N 的过程，软件学习也要遵循从小到大、从具体到抽象的原则，以及软件开发自底向上和自上向下结合的原则。而多方位逐步递进原则是指各种学习的方法、原则需要有一种方式综合集成，适应智能体软件单独看起来简单，但合在一起则形成极为复杂的功能特点。从学习到模仿、从使用到理解下的维护、从维护到小规模修改、从修改到重构、从重构到开发新的软件，从系统软件、应用软件到工具软件，全方位推进、协同发展、快速迭代，形成软件学习功能系统有效的发展模式。

6.4.3 智能体应用软件的学习

智能体应用软件是指实现 11 个功能体系各项功能的软件。智能体应用软件的学习是指处理功能体系应先学会这些软件的使用，再学习对这些软件的复制和维护，然后学习对这些软件的拓展，最后达到能自行开发同类软件的目标。

智能体每个微处理器的应用软件功能单一、操作简单、逻辑关系清晰、横向类比和纵向拓展变动很小，但数量巨大，变动繁多。经由学习，应用软件的维护、完善、发展逐步由以人类专家为主转向以自我服务为主，这是智能体成长的必然要求、关键环节。

智能体应用软件学习的模式同第 5 章其他功能的学习模式一样。在相同的模式下，每个应用软件的学习都应依据其自身的特殊性。微处理器应用软件的特殊性就是它特定的功能、规则、过程、外部的关系和结果的管理。

智能体应用软件的学习可以分成两个阶段：对已有软件的学习和对已有软件的发展。智能体应用软件的学习存在两种模式：人类专家主导和学习系统主导。对已有软件的学习可分成两方面：软件和对应的功能。软件的学习囊括语言、工具、开发环境等基础条件及分析、设计、编程、测试、文档、交付（赋予）等软件构建过程。每个要素均分解到最小单元，以最小单元为基础的所有关系均得到梳理，所有最小单元及其上层单元，以及附属于具体单元的关系构成一个软件学习微处理器，不附属于上述具体单元的关系及每条不可分割规则同样构成一个个微处理器。这些微处理器以智能体文本学习的模式，从理解含义开始，到逐步成为该知识单元在该软件中的百科全书，所有的集成在一起，就可以开始模仿该软件设计开发的所有过程，在模仿中积累经验。对应功能的学习来自应用软件支持的微处理器，软件学习的目的是将这些功能，即这个微处理器的功能及实现功能的规则与软件设计开发联系起来，理解功能的实现过程及目的。这个学习是动态的，对微处理器的功能或规则调整了、改变了，相应的改变随时被软件学习功能感知并调整。对已有软件的发展就是将感知的变化及调整转化为软件的功能，并进行替代。

智能体所有的功能基于人类专家的初始、赋予，而软件学习不仅是初始、赋予的微处理器系统，还需要在很长的学习过程中由人类专家主导，这是因为软件的逻辑复杂性及人类设计开发软件中有很多隐性的知识和经验，不可能在初始的微处理器系统中赋予，需要在实际的场景中暴露出来，并逐步变成显性知识和规则，成为学习系统的知识与经验。由于一个具体的应用软件的简单性，因此，逐步就有个别的学习系统可以自主维护、完善，甚至可以开发类似的应用软件，这样具体学习系统的提升，就将软件学习的主导权逐步从人类专家手中转移到学习系统手中。

6.5　智能体运算的需求和类型

本节讨论从智能体的功能到实现功能的操作，从智能体的操作到处理功能运算的演变。

6.5.1　智能体的主要操作

智能体的感知、描述、连接、记忆、学习、交互、处理、资源、生存、任务、控制 11 个功能体系及其构成的认知、行为、思维和控制三大功能群集，以及在其生命周期的其他操作，是处理功能系统运算的来源。

感知的主要功能是获取它可以感知的外部对象信号，按规则记录必要的上下文信息，然后传送到描述功能系统，最后根据后续认知相关功能系统的反馈，评估感知的确定性。

描述的主要功能是将来自感知的信号和记录转换为智能体所有微处理器都理解的符号，并根据规则，对以往的描述及记忆中相关部分的描述进行比较，目的是确定是否存在相关的联系。最后经由连接，送到记忆区。

连接的主要功能是发现智能体所有构件之间的关系，并进行表述，需要实现所有功能体系对连接处理的需求。

记忆的主要功能是保存智能体所有知识（含经验、技能），为这些知识的完善和利用提供记忆的基础。

各类学习，内学习和外学习，认知学习和任务学习都是根据规则和确定的过程，循环迭代的。主要的操作是学习题目的形成，学习方向和流程的确定，对过程和结果进行判断决策与记录。

交互完成所有智能体与外部的交流，它的操作集中在符号的转换及连接的格式与参数。

处理以智能体的计算资源和运算模式完成所有的智能体操作。

资源功能对处理的要求主要由指定的微处理器实现正常的使用操作，并能够对使用是否正常做出判断。

生存功能的操作主要是状态感知、判断、决策和维护。

任务功能对操作的要求构成任务在智能体中执行的格式，对任务是否执行做出评估，对需要执行的任务形成实施策略，完成执行过程，并对策略、过程和结果进行评估。

控制的操作主要有两方面：首先是满足智能体的思维要求，支持基于规则的逻辑、泛逻辑和非逻辑推理，并对不同的思维模式进行成熟度评估，将思维的结果记录在恰当的区域；其次是根据状态判断对智能体的行为进行调整。

在智能体发展早期，要能够实现赋予的操作，大体与认知过程的操作一致，再成长到一定的成熟度，存在复制的操作，最后还有终止或重生的操作。

6.5.2　操作的细化与归类

将前述智能体所有需要处理系统实现的操作归纳起来主要有以下几种：转换、记录、连接、判断、决策、推理、比较、选择、调用。每次操作调用需要分析什么功能使用该操作，以及具体的操作内容，而操作的触发、规则及结果都属于发起的微处理器，相应的处理系统则完成运算过程。

1. 转换

智能体中存在四种转换。一是从感知对象的信号到感知微处理器的符号的转换，这种转换均由感知微处理器执行，是感知功能体系的一个主要功能。二是将感知微处理器的符号转换为智能体所有功能体系均能理解的统一符号体系，这是描述功能体系的一个主要功能。三是交互微处理器将需要交互的内容从智能体的符号转换为交互对象可理解的符号，这是交互功能系统的一个基础性功能。四是将智能体对各类工具（必要的资源）使用的指令转换为该工具接口规定的符号及格式，这主要是资源功能体系的一个基础性功能。这四种转换都是从一个根符号（信号）集合（A）向目标符号集合（B）的映射，并能够记录下来。

2. 记录

记录就是保存，就是各功能体系将新获取的、在工作过程中形成的中间结果、最终成果保留下来的功能。这个功能是智能体的一种基本操作，与传统计算机系统的保存有相似之处，但含义保留的模式与符号的存储不同，其主要体现在所有的记录都由特定的微处理器管理，保存着智能体拥有的与该内容相关的所有记录及关系。当然，如何使得记录在占有资源上优化是一个平衡的问题。记录的确定由提出任务的处理器承担；记录的存放位置与方式，在规则指引下由处理微处理器确定。

3. 连接

连接是智能体使用最多、最重要的功能，涉及所有功能系统和所有功能实施过程。正如前面提及，连接的目的分两大类：一是建立连接，在两个或多个微处理器保存的内容单元间建立联系；二是用连接实现功能，智能体通过连接来完成各类行为。这两类连接的目的由不同的连接运算实现。

细分起来，连接操作的运算主要有以下五种：按规则建立单点或多点直接连接、按规则建立单点或多点间接连接、横向拓展的连接、纵向拓展的连接、连接—运算结合的连接。

按规则建立单点或多点直接连接是指在认知过程或任务执行过程中，根据相应微处理器确定的规则，在两点或多点间建立规定的连接，这个运算就是记录连接的点的地址和关系的表述和符号。按规则建立单点或多点间接连接是指在描述、连接、记忆或学习的过程中，用相应微处理器可以使用的逻辑工具和顺序，建立两点或多点的间接连接，运算的方法与建立直接连接一致，差别在于联系的性质由使用的逻辑关系确定。

横向拓展的连接是指一个连接关系串在某个节点以另一种逻辑向另外的点建立与原来的连接串性质不同的连接，这样的连接普遍存在，如水果按生物学分类、颜色、口味、营养成分等形成的关系串。按一个关系构建的串，可能出现一个或多个横向拓展是事物关系的本质现象。纵向拓展的连接是指沿着一个确定的关系连接起一个又一个内容单元。

上述四种连接运算在智能体的认知过程、行为过程和思维控制过程中广泛存在。连接—运算结合的连接主要用于任务执行过程，是指在一个任务执行的连接串中，有些节点需要进行不同形式的运算或计算，这里的运算用于含义计算，计算则等同于传统计算机系统的计算。运算的例子如对一个外部任务确定问题求解策略与过程，在这个过程中，相应的微处理器用本身具有的规则，通过连接形成并实现逻辑推理。计算的例子如通过一个数值型数据库来做任务需要的计算，如按性别、学历、成绩等类别对数据库进行操作，又如对任务需要的科学计算用相应的算法软件实现。这些数据库或算法软件都属于智能体逻辑资源的组成部分，是智能体的工具。

4. 判断

这里的判断是指对状态的判断，发生于微处理器的处理过程，以区别于决策。判断的操作将当前状态与目标状态比较，得出一个结论。判断在智能体中时时发生，有的简单，有的复杂。简单的判断将状态与规则中表达的目标状态进行比较，就可以得出规则内含的结论。复杂的判断则需要通过一个分析或者推理过程来得出结论。即使很复杂的判断，也是由微处理器与该判断相关的一条规则或一个规则集合决定的。

5. 决策

这里的决策是指对智能体各项事务的决策。判断相对于状态，决策相对于事务，这是一个简单的区分。对于运算来说，决策与判断并无二致，只是结果性质不同。简单的决策完全基于规则确定的过程，结果也是由规则确定的。复杂的决策要么需要一组规则来实现，要么需要进行一个逻辑推理过程，尽管这个规程也是由规则确定的。

6. 推理

在学习部分，讨论了智能体如何进行推理。智能体的推理附着于各个功能体系的判断、决策等过程中。推理过程基于启动的微处理器规则，调用的逻辑推理则是一个个逻辑微处理器。这些逻辑微处理器需要通过处理规则构成推理算法。

7. 比较

比较是判断的特例。

8. 选择

选择是决策的特例。

9. 调用

调用是指在智能体的一项行为过程中，使用由微处理器控制、管理的一项工具。工具可以是逻辑的，如某种特定的算法、某种特定的数据处理功能；也可以是物理工具，如电、水、加工机具、通信网络、计算资源等。工具在智能体中必须是通用的，专属的工具属于特定的功能体系，调用的逻辑工具属于计算功能体系管理，调用的物理工具属于资源功能体系管理。

6.6　主要的运算函数

前述各类操作的处理最终体现在确定和使用运算函数。本节在前面讨论的基础上介绍主要的运算函数，包括它们的功能、形式和使用。

6.6.1　智能体运算函数

智能体运算函数是将智能体所有功能，以及认知、行为、思维和控制的规则、过程、处理从逻辑概念变成在计算工具上实现的运算。

将前几个小节列举的智能体各功能体系的操作需求归结起来，智能体主要的运算有读、写、修改、删除、合并、映射、调用、搜索、匹配、比较、连接、选择、推理、叠加、递减、融通、串计算共 17 种。

其中，读、写、修改、删除、合并、映射、调用这 7 种是基本运算。基本运算是指功能单一，既可以单独运算，也可以成为组合、复合运算构成部分的运算。

搜索、匹配、比较、连接、选择、推理这 6 种是组合运算。组合运算是指一些智能体常用的操作，又是由几个基本运算合起来实现的运算。

叠加、递减、融通、串计算这 4 种是复合运算。复合运算是指智能体一些常用的操作，这些操作是由基本运算和组合运算共同实现的运算，也是传统计算中没有的类型。

下面三小节将分别介绍以上三类运算。

6.6.2 基本运算

7 种基本运算从形式看与计算机系统的同类计算相似，但也包含了含义计算的特征。

1. 读

读的运算符号记为Ⓡ，其操作过程就是根据微处理器中的一个进程发起的请求，浏览或获取记录在给定地址的内容。读是最普遍的一种运算，与符号计算不同，它是由一个微处理器的进程发起的，读的对象和目的十分确定，一般仅是一个具体位置的一个很小的内容集合，而且置于给定的上下文中，这个上下文规定了对象的含义解读方式。

2. 写

写的运算符号记为Ⓦ，其操作过程就是根据微处理器中的一个进程发起的请求，将需要保留的内容记录到给定的位置。与传统计算机写的操作不同，写必须保留相应的连接，如果连接以上下文关系存在，则必须保留在相应的上下文中，如果连接的地址是确定的，则需要保留到给定的地址。

3. 修改

修改的运算符号记为Ⓒ，其操作过程就是根据微处理器中的一个进程发起的请求，实现一个给定地址内容的修改。这一修改要继承并保持原有内容的各种关系，保持嵌入后上下文的正确性。

4. 删除

删除的运算符号记为 Ⓓ，其操作过程就是根据微处理器中的一个进程发起的请求，删除一个给定地址的内容。该删除运算要同步原有内容的各种关系，保持删除后上下文的正确性。

5. 合并

合并的运算符号记为 Ⓜ。合并就是根据微处理器中的一个进程发起的请求，将两个给定地址的内容合并起来。合并有简单合并和复杂合并。简单合并就是直接将两个地址的内容合并起来，相同的去除，相异的保留，再重新记录。复杂合并就是不能直接将两个地址的内容合并，而需要确认两个地址中的内容集合中哪些相同，哪些相异，然后才能进行合并运算。需要先确定同与异，这是因为相同不等于表示的符号相同，相异不等于表示的符号不同；同理，合并也不能因为符号的同异而保留或删除。这个运算需要用后边讨论的叠加来处理。

6. 映射

映射的运算符号记为 ⓜ。映射是执行所有转换操作的运算，将一种符号集合中的一个对象映射到另一个符号集合中。符号集合间的映射是确定的，由一个微处理器发出的映射要求，直接对应到相应的一个符号上。

7. 调用

调用的运算符号记为 Ⓒ。调用是实现一个微处理器对一种工具使用的请求。因为所有的工具都由特定的微处理器控制，调用本质上就是交给该工具一次任务，实现源微处理器就是提交任务、获得结果的过程。

6.6.3　组合运算

搜索、匹配、比较、连接、选择、推理等是智能体各功能体系不可或缺的运算。下面分别介绍。

1. 搜索

搜索的运算符号记为 Ⓢ。搜索是根据一个微处理器发出的指令，寻找符合给定对象、指定关系的目标内容。也可以看作一个微处理器的某个过程提出一个问题（以下简称 A），在一个对象集合（以下简称 B）中找到符合条件的内容，并进行规定的处理。搜索也有简单和复杂两种类型。如果 A 是一个独立的对象，指向 B 的关系也只有一个，则是简单的搜索。如果 A 是关于某一个对象的集合，包含与该对象相关的多种事物或概念，指向 B 的关系为一个或多个，则是复杂搜索。无论是复杂搜索还是简单搜索，都需要构造搜索算式，算式一般用集合来表示。搜索完成之后，需要将结果记录下来，用于后续过程。

2. 匹配

匹配的运算符号记为 𝔐。匹配是一个微处理器的某个过程给出一个对象（以下简称 A），在相关的对象集合（以下简称 B）中找到符合条件的内容，并进行规定的处理。匹配也有简单和复杂两种类型，区分的方式与搜索相同。匹配算式的构造与搜索相似，匹配完成之后，需要将结果记录下来，用于后续过程。匹配需要对结果进行判断，当然这已经是另一个运算过程了。

3. 比较

比较的运算符号记为 Ⓒ。比较是一个微处理器的某个过程将一个对象（A），与另一个确定的目标内容（B）进行比较，并给出结论的运算。在很多处理进程中，匹配是搜索的后续运算，比较是匹配的后续运算。比较的结果需要在与 A 相关的适当位置记录。

4. 连接

连接的运算符号记为 Ⓛ。在智能体中，连接既是一种建立对象间关系的功能，也是以连接实现功能的一种模式。前面已经介绍，连接有单点或多点直接连接、单点或多点间接连接、横向连接、纵向连接、运算连接五种。前面四类是连接的实现，第五类将在 6.6.4 节的串计算中讨论。

连接实现的运算，就是根据源进程 A 的连接规则确定的关系及符合该条件的 B 或 B_1，B_2，$\cdots$，B_i。直接、间接、横向、纵向都是连接的形式特征。无论是何种特征，都是按照源进程提供的对象和关系，将满足条件的对象按规则或规则确定的过程或逻辑实现连接。

5. 选择

选择的运算符号记为 Ⓢ。选择运算是一个微处理器的某个过程将一组对象按给定的规则，确定其中需要的一个或几个对象。在很多处理进程中，选择是搜索、匹配、比较的后续运算，是一系列操作的目的。

6. 推理

推理的运算符号记为 Ⓡ。推理运算分为两大类型：一是根据源进程的规则和目的，用规则确定的逻辑工具和过程，达到推理的目的；二是根据源进程的规则和目的，选择使用的逻辑工具，确定使用的顺序，然后实施推理运算。通常，智能体的各项事务均为前者，后者只在学习过程中使用。如果在任务、生存、控制等过程中出现第二类推理运算，则将这样的过程转由学习功能及交互过程验证后再实施。每个可用的逻辑均作为共用的工具，由专门的微处理器管理并实现，所有推理必然需要调用运算。

6.6.4　复合运算

1. 复合运算的一般性讨论

叠加、递减、融通、串计算是智能体运算特有的类型，或者说，这些运算也具体地说明了智能计算模式与传统计算模式的不同之处。

《智能原理》一书中讨论了叠加、递减、融通这三种智能逻辑[3]。该书是从智能体智能增长逻辑的角度讨论的，其中也提及了这些逻辑的计算问题，本书专门讨论这些运算如何进行。

显然，《智能原理》一书中的叠加、递减、融通是宏观的、大规模的，是指智能体中不同的功能体系，或同一功能体系中不同的子系统、功能组之间，还包括跨智能体间一组构件与另一组或几组可计算构件间的操作。其中，叠加是一个智能体或其中的一个组成部分，增加一个或一组来自其他功能体系或其他智能体的构件；递减是指智能体的某个或一组构件减少不确定性，也可以理解为将构成不确定性的部分删除；融通是指微处理器全部记忆单元及范围更广，直至不同智能体之间以微处理器为单位的直接组合，也可以看作一次性实现是多次的、综合的叠加或递减。

作为处理功能中的一个组成部分，叠加、递减、融通是实现前述智能增长逻辑功能的具体运算，用一组运算来实现上述功能。

串计算则是将一个属于同一进程、前后相继的进程合在一起处理，提升处理速度和质量的一种复合运算，认知和任务功能都存在大量这类运算需求。

2. 叠加

叠加是根据一个微处理器的请求，将两个记忆单元以接受单元为基础组合起来的一种运算，叠加的运算符号是 $\oplus$。前面介绍了合并运算，两者的区别是，合并运算为智能体各功能体系中相关进程采用的

---

[3] 杨学山. 智能原理[M]. 北京：电子工业出版社，2008 年.

操作，一般合并对象是一个微处理器中的记录或该微处理器的规则可处理的相关对象。叠加运算则是智能体超越常规的学习、专门用于具备条件的快速增长，其功能属于控制系统，拥有专门的微处理器组和相应规则，执行由学习和处理两个功能系统协同。

叠加运算的基本算式是：

$$f \oplus = \{\underset{\sim}{A} + \underset{\sim}{B}\} = \overset{\circ}{A} \tag{6.1}$$

$$= \{[(\underset{\sim}{A}_d), (\underset{\sim}{A}_l), (\underset{\sim}{A}_u), (\underset{\sim}{A}_f)] + [(\underset{\sim}{B}_d), (\underset{\sim}{B}_l), (\underset{\sim}{B}_u), (\underset{\sim}{B}_f)]\}$$

$$= [(\overset{\circ}{A}_d), (\overset{\circ}{A}_l), (\overset{\circ}{A}_u), (\overset{\circ}{A}_f)] \tag{6.2}$$

式（6.1）中，$\underset{\sim}{A}$ 表示叠加的接受记忆单元，$\underset{\sim}{B}$ 表示叠加的参与记忆单元，$\overset{\circ}{A}$ 表示 $\underset{\sim}{A}$ 叠加 $\underset{\sim}{B}$ 后，以 $\underset{\sim}{A}$ 为基础的结果。式（6.2）也说明，一个叠加过程有三组对象：接受者、参与者和接受者为基础的结果。

式（6.2）中，$\underset{\sim}{A}_d$，$\underset{\sim}{A}_l$，$\underset{\sim}{A}_u$，$\underset{\sim}{A}_f$ 分别表示接受记忆单元中的描述、连接、使用、功能构件，$\underset{\sim}{B}_d$，$\underset{\sim}{B}_l$，$\underset{\sim}{B}_u$，$\underset{\sim}{B}_f$ 则分别表示参与记忆单元中的对应构件，$\overset{\circ}{A}_d$，$\overset{\circ}{A}_l$，$\overset{\circ}{A}_u$，$\overset{\circ}{A}_f$ 分别表示结果记忆单元中的对应构件。

$$(\underset{\sim}{A}_d) = (\underset{\sim}{A}_{d1}, \underset{\sim}{A}_{d2}, \underset{\sim}{A}_{d3}, \cdots, \underset{\sim}{A}_{dn1}) \tag{6.3}$$

$$(\underset{\sim}{A}_l) = (\underset{\sim}{A}_{l1}, \underset{\sim}{A}_{l2}, \underset{\sim}{A}_{l3}, \cdots, \underset{\sim}{A}_{ln2}) \tag{6.4}$$

$$(\underset{\sim}{A}_u) = (\underset{\sim}{A}_{u1}, \underset{\sim}{A}_{u2}, \underset{\sim}{A}_{u3}, \cdots, \underset{\sim}{A}_{un3}) \tag{6.5}$$

$$(\underset{\sim}{A}_f) = (\underset{\sim}{A}_{f1}, \underset{\sim}{A}_{f2}, \underset{\sim}{A}_{f3}, \cdots, \underset{\sim}{A}_{fn4}) \tag{6.6}$$

$$(\underset{\sim}{B}_d) = (\underset{\sim}{B}_{d1}, \underset{\sim}{B}_{d2}, \underset{\sim}{B}_{d3}, \cdots, \underset{\sim}{B}_{dm1}) \tag{6.7}$$

$$(\underset{\sim}{B}_l) = (\underset{\sim}{B}_{l1}, \underset{\sim}{B}_{l2}, \underset{\sim}{B}_{l3}, \cdots, \underset{\sim}{B}_{lm2}) \tag{6.8}$$

$$(\underset{\sim}{B}_u) = (\underset{\sim}{B}_{u1}, \underset{\sim}{B}_{u2}, \underset{\sim}{B}_{u3}, \cdots, \underset{\sim}{B}_{um3}) \tag{6.9}$$

$$(\underset{\sim}{B}_f) = (\underset{\sim}{B}_{f1}, \underset{\sim}{B}_{f2}, \underset{\sim}{B}_{f3}, \cdots, \underset{\sim}{B}_{fm4}) \tag{6.10}$$

$$(\overset{\circ}{A}_d) = (\overset{\circ}{A}_{d1}, \overset{\circ}{A}_{d2}, \overset{\circ}{A}_{d3}, \cdots, \overset{\circ}{A}_{dp1}) \tag{6.11}$$

$$(\overset{\circ}{A}_l) = (\overset{\circ}{A}_{l1}, \overset{\circ}{A}_{l2}, \overset{\circ}{A}_{l3}, \cdots, \overset{\circ}{A}_{lp2}) \tag{6.12}$$

$$(\overset{\circ}{A}_u) = (\overset{\circ}{A}_{u1}, \overset{\circ}{A}_{u2}, \overset{\circ}{A}_{u3}, \cdots, \overset{\circ}{A}_{up3}) \tag{6.13}$$

$$(\overset{\circ}{A}_f) = (\overset{\circ}{A}_{f1}, \overset{\circ}{A}_{f2}, \overset{\circ}{A}_{f3}, \cdots, \overset{\circ}{A}_{fp4}) \tag{6.14}$$

在记忆单元中，这些构件类型还要进一步展开为最基础的具体内容，式（6.3）~式（6.14）分别表示了接受、参与、结果记忆单元的具体内容结构。具体内容结构的运算如式（6.15）～式（6.18）所示，每个都经过一个比较、修改、写的过程。其中，特别注意的是，结果单元中的连接构件与接受单元的构件相同。

$$\mathring{A}_{d1} = A_{d1} + B_{d1} \tag{6.15}$$

$$\mathring{A}_{1} = A_{l11} + A_{l12} + A_{l13}, \cdots, +A_{ln2} \tag{6.16}$$

$$\mathring{A}_{u1} = A_{u1} + B_{u1} \tag{6.17}$$

$$\mathring{A}_{f1} = A_{f1} + B_{f1} \tag{6.18}$$

　　叠加运算的对象数量并不相同，最少的场景 A，B，Å 均为一个记忆单元，具体的数量根据叠加的具体需求，从一个到数百万个都是可能的。无论是几个记忆单元的叠加，都是对应的一个个单元相加。所谓对应，就是单元内的构件是可叠加的。如果一个接受单元可以与多个参与单元叠加，则顺序执行叠加，直至全部完成。所以，叠加结束后，接受的微处理器不增加新的记忆单元，产生新的记忆单元的运算属于融通；但在运算中，接受单元中的部分构件可能被修改，也可能增加、减少部分构件，也可能没有改变。

　　运算的执行首先是对比较，比较在接受—参与单元对的构件中进行，确定接受单元构件的修改、增加、删除、合并等；其次是根据比较结果分别执行写、改、删等具体的运算，这也是叠加式复合运算的原因。所有单元对执行完成，则一次叠加运算完成，记录运算微处理器和接受微处理器需要做一些后续的运算，如记录过程、调整连接等。

3. 递减

　　递减是指智能体的某个或一组构件减少不确定性或减少复杂性，也可以理解为通过替代或删除的范式提高确定性、降低复杂性。所以递减是根据一个微处理器的请求，将两个记忆单元集合求精的一种运算，递减的运算符号记为 $\ominus$。同样，递减运算是智能体另一类超越常规的学习，专门用于提高确定性和降低复杂性，其功能也属于控制系统，拥有专门的微处理器组和相应规则，执行也由学习和处理两个功能系统协同完成。

　　递减运算的基本算式是：

$$\mathbf{f}\ominus \ =\{\ddot{U}-\bar{E}\}=\check{E} \tag{6.19}$$

$$=\{[(\ddot{U}_d),\ (\ddot{U}_l),\ (\ddot{U}_u),\ (\ddot{U}_f)]-[(\bar{E}_d),\ (\bar{E}_l),\ (\bar{E}_u),\ (\bar{E}_f)]\}$$

$$=[(\check{E}_d),\ (\check{E}_l),\ (\check{E}_u),\ (\check{E}_f)] \tag{6.20}$$

在式（6.19）中，$\ddot{U}$ 表示递减的接受记忆单元，意味着运算完成之后，结果保留在这个位置上；$\bar{E}$ 表示递减的参与记忆单元，也代表正确的记忆单元；$\check{E}$ 表示 $\ddot{U}$ 递减 $\bar{E}$ 后，以 $\bar{E}$ 为基础的结果，但它的位置及关系以 $\ddot{U}$ 基础。

式（6.20）是式（6.19）的展开，各下标表示的含义与叠加相同，此处不再重复说明。类似于式（6.3）～式（6.10）的展开，也完全相同。不同之处在于最后的结果，体现在式（6.21）～式（6.24）中。

$$(\check{E}_d)=(\check{E}_{d1},\ \check{E}_{d2},\ \check{E}_{d3},\ \cdots,\ \check{E}_{dq1}) \tag{6.21}$$

$$(\check{E}_l)=(\check{E}_{l1},\ \check{E}_{l2},\ \check{E}_{l3},\ \cdots,\ \check{E}_{lq2}) \tag{6.22}$$

$$(\check{E}_u)=(\check{E}_{u1},\ \check{E}_{u2},\ \check{E}_{u3},\ \cdots,\ \check{E}_{uq3}) \tag{6.23}$$

$$(\check{E}_f)=(\check{E}_{f1},\ \check{E}_{f2},\ \check{E}_{f3},\ \cdots,\ \check{E}_{fq4}) \tag{6.24}$$

式中

$$\check{E}_{d1}\ =\ddot{U}_{d1}-\bar{E}_{d1} \tag{6.25}$$

$$\check{E}_l\ =\ddot{U}_{l1},\ \ddot{U}_{l2},\ \ddot{U}_{l3},\ \cdots,\ \ddot{U}_{lq2} \tag{6.26}$$

$$\check{E}_{u1}\ =\ddot{U}_{u1}-\bar{E}_{u1} \tag{6.27}$$

$$\check{E}_{f1}\ =\ddot{U}_{f1}-\bar{E}_{f1} \tag{6.28}$$

递减运算不是简单的学习，即它不是将接受单元发现的不完善部分通过学习提升，而是由控制系统发起，将一个更好的单元中的部分内容替代接受单元中的对应部分，所以整个运算以参与单元为基础，替代、保留接受单元的构件，形成更成熟的记忆单元。其中需要注意的是，连接保留接受单元的构件，如果存在问题，可以在后续的学习过程中提升。

递减运算的执行与叠加相同，首先是比较，比较在接受—参与单元对的构件中进行，确定接受单元构件的修改、增加、删除、合并等；其次是根据比较结果分别执行写、改、删等具体的运算，这也是叠加式复合运算的原因。所有单元执行完成，则一次叠加运算完成，记录运算微处理器和接受微处理器需要做一些后续的运算，如记录过程、调整连接等。

4. 融通

融通运算以微处理器全部记忆为操作对象，实现记忆单元及范围更广的，直至不同智能体之间以微处理器为单位的直接组合。从运算看，也可以认为是一次性实现多次、综合的叠加或递减。融通的运算符号记为$\otimes$。

融通的触发源自控制功能体系。根据认知、行为、生存和控制相关功能体系进展的总结，控制功能中负责融通的微处理器如果认为存在两个或两个以上的微处理器中的记忆单元有融通的必要，则给出融通的指令。融通的指令发给接受微处理器所属的功能组，如果双向融通则由两边的所属功能组并行开始融通运算，也就是说，融通存在运算双方都是接受者的场景。

最简单的融通发生在同一功能组的两个微处理器间，同一功能体系的功能组间、子系统间、不同功能系统间、不同智能体间都可能存在具备融通运算条件的微处理器。

融通运算的特征是整个微处理器的所有记忆单元都是对象。根据比较和评估，两个微处理器记忆单元间的关系可能采用叠加、递减、合并、直接写入（增加）等运算，具体的操作落实到记忆单元及记忆单元中的构件。

融通运算对被融入的部分原则上先增加，后合并、删除，对一些确定程度低的，还需要经由学习的流程。所有增加的部分，不论是记忆单元还是其中的构件，均需要根据接受者的上下文，建立各类连接，凡是没有在新的上下文中建立连接的记忆单元或构件，在运算结束时一律删除。没有连接就等于不能解释，不是含义。

5. 串计算

串计算是将一组前后相继的、由一个微处理器控制的运算合为一个连续过程的运算。串计算的运算符号记为$\mathbb{A}$。

串计算在智能体的很多行为中存在。如认知过程将一个感知对象从感知开始，经由描述、连接、记忆，形成一个新的认知成果的过程；再如在一个任务执行过程中，某个进程从开始到结束，中间又不宜中断的运算。

之所以需要串运算，是因为最小单位、最简过程是智能体各环节的重要原则。而在智能体的不同行为中，确实存在需要将一组连续的简单运算组合为一个运算的情况。这里既有效率的原因，又有质量的问题。效率主要体现在可以减少中间环节，提高计算资源的利用率。质量主要体现在这组运算的操作对象保持了一致。这是串运算的一个特点，它在开始时即将运算对象的内容写到了工作存储区，一直到运算结束。尽管这种模式会导致恰好其中部分内容被修改了，但智能体能够通过后续的内生性学习来纠正可能存在的错误。

6.7 本章小结

本章主要介绍了智能体的计算模式和实现智能体各项功能的运算。

处理功能体系承担智能体所有功能实现的运算任务，为完成这一任务，拥有自主管理与发展的，从特殊的、基于可重构模式的集成电路设计，接近于 ASIC 特征的操作系统，数据管理，以及各具特色的应用软件、工具软件和作为工具的算法软件。

智能体的计算模式截然不同于传统的计算机模式。它所有的处理基于含义，以及以微处理器为基础和中心的大规模并行、独立的计算系统，拥有独特的运算函数。

作为处理主要构成的各类运算，落实到软件上就是一个个处理模块。各类运算在不同的功能体系及不同的智能行为中，依具体的运算要求而不同，软件要将这些具体的不同构成不同的模块来实现。

第 7 章

资源和任务功能系统

资源是外在的还是内含的？任务是社会必要的岗位还是为技术而寻觅的？智能体需要摆脱羁绊，在新的思路下前行。

本章讨论智能体的资源和任务功能体系。第 2 章到第 6 章介绍了智能体的认知和处理功能，这些功能加上资源，智能体就能完成社会交付的任务，实现其作为社会主体的客观条件。

7.1 资源功能体系

7.1.1 资源功能体系的功能与位置

资源是指智能体拥有的、维持其运转和功能的所有要素，包括但不限于设施、设备、工具、空间、能量、水、洁净空气等。这里的设施、设备、工具包括逻辑性的、物理性的及兼具逻辑和物理属性的。资源功能体系负责这些资源的获取、管理、使用协调、维护和发展。

1. 资源的类型

智能体需要资源与其功能相关，作为通用的智能体，大体需要以下几类资源。

首先是基础设施类。这类资源包括两大类：一是空间与建筑，二是必要的运行要素。空间与建筑用于放置相应的设施、设备、工具，并能正常工作与维护，相当于一个企业的工厂。运行要素是保证功能体拥有的所有设施、装备、工具等正常运转的基础资源。基础资源主要包括道路、网络、电、水，以及建筑内与要求一致的空气洁净度等，特别需要保证的是外部环境和内部运行状态感知的设备或工具。

其次是各种实现智能体逻辑功能的设备、工具。从资源的角度看，所有的逻辑功能都需要由物质性的硬件和逻辑性的软件构成。智能体有两大类功能相似但性质不同的逻辑功能设备或工具。一类是所有的微处理器。说到底，智能体就是由 pB 量级的各类微处理器构成的。另一类是市场上买得到的商品软件及运行这些软件的硬件系统。资源功能体系用不同的方式管理这些逻辑工具和装备。这一类中包括了管理基础设施的设备和工具。

最后是具备不同产业功能的设备和设施。这类资源的数量和类型依赖于智能体的功能及承担的社会责任。一般地，也有两个大类，一类是以生产物质产品为主的，一类是提供信息处理能力的。生产物质产品的资源就是制造业的生产线，以及管理生产线、实现生产和管理环节，或者说在物流和商务领域与外部互动的系统。其提供的信息处理能力中的信息，与智能体的信息是不同的东西，这里的信息就是二进制承载的符号，这是一个重要的、不能混淆的区分。信息处理系统同样需要配备接收任务委托的网络和商务功能的工具。

上两段中均出现了商品化的软、硬件，只是因为分类的原因。对于智能体来说，通过商品化方式获得的各类资源，需要区分的是要将此转化为智能体自身能理解、完善、开发的功能，还是只作为工具来使用，不同的目的在获取、管理、维护过程中应区别对待，前者将从一开始即做好智能体自我发展的相关准备。

2. 与其他功能体系的关系

资源功能体系管理所有的资源，它与智能体的其他功能体系之间存在互为依赖、互为支持的关系。

它是各功能体系运行和功能发挥所需各类资源的提供者、管理者、维护者。同时，它的提供、管理和维护又基于其他功能体系的记录和规则。

资源体系与处理功能系统存在分工。资源管理功能的整体包含资源管理功能体系，但对于智能体所有微处理器，除增加新的资源之外，其他各项管理、维护、发展的功能属于处理功能体系。

资源功能体系的对外功能决定了其需要频繁地利用交互功能系统。与其他功能体系对交互的利用不同，资源功能体系需要将需求转换为交易对象可以理解的符号及格式。资源功能体系与生存功能体系之间是管理和被管理的关系。资源是生存的首要基础，生存功能体系具有对资源的完全控制权。资源系统根据原则和规则，进行日常复杂的管理和维护，而重大的资源获取、异常处置均需要由生存系统决策。控制功能系统关于资源的控制，通过生存功能体系执行。

资源系统是智能体生存的必要条件，在智能体的功能体系中具有高优先级，如果是资源系统的需求，智能体则优先满足。资源系统受生存系统管理，是意识思维系统风险分析的重点，与控制功能系统存在直接报告关系。

7.1.2 资源功能体系的构成

资源功能体系的构成同样基于微处理器，在其基础上，构成功能组及子系统。

资源功能的微处理器的特点是，一个资源一个功能组，负责该资源的管理、使用、维护，如果需要转为智能体能够维护、发展的资源，则还有发展功能。这些功能分别由一个或几个微处理器负责。

同一种资源的不同个体，如若干台同类数控机床，每台都有相应功能组，每增加一台，就增加一组功能组。但这些功能组同属一个上位的功能组，这样同类型的微处理器，它们的功能和记忆单元有很多相同或相似之处，所以可以通过融通运算来快速形成，这是融通功能的作用，类似的情况在各功能体系都存在。

具有不同性质的资源功能组构成一个子系统，如基础设施中的电、水、气、路分别是一个子系统，物理工具和逻辑工具的子系统更多一些。资源获取和资源发展都是独立的子系统。资源获取是商务物流，具体实施归资源系统，决策归生存系统。发展子系统的功能与其他子系统不同，它依赖于相应的资源功能组积累的知识和经验，其功能又雷同于处理功能体系的学习功能，因此发展子系统归属于资源功能体系，学习相关过程则由处理功能体系执行。

与其他功能体系不同，资源功能体系的功能主要是对资源的获取、管理、维护，而不是这些资源自身的能力。这些能力类似于处理功能系统在其他微处理器中的位置，重要的是使能力发挥作用，而不是能力本身的大小，所以资源功能体系的能力与处理功能体系在能力上有比较多的交叉。

基础设施类、自动化制造类、服务性能力类、信息处理类这四种类型，其中每种资源的获取、管理、协同、维护、发展能力，构成了资源管理系统的基本架构。

7.1.3　资源功能体系的管理

智能体对资源的管理有三个要求：获取、使用、使用协调。不同的资源满足这三个要求的程度是不同的。

基础设施类资源的获取属于建筑及建筑的配套工程，所以是一个商业交易关系。智能体一开始就需要构建具备这一功能的微处理器，但为了后续的使用，早期的功能一般由相关的专业人士完成，然后逐步从人手中接管。基础设施的使用需要有不同的模式，第一种是合同的方式，由专业的公司承担；第二种是由资源系统的特定微处理器承担，前提是赋予这些微处理器正确操作的能力；第三种是有的任务归专业人士，有的任务归微处理器执行。在这三种模式中，电、水的使用以人为主，路、建筑物的使用以资源系统为主，因为后者主要是分配和时间协调，易于实现。水、电不仅有时候需要人的操作，更与外部不可分割。使用的请求和资源的状态都来自智能体的相关部分，所以，使用的协调是分配问题，原则上都由负责协调的微处理器系列完成。

智能体拥有的自动化制造类资源各不相同。有的智能体可能没有这类资源，因为其只承担逻辑性任务；有的可能拥有大量的自动化生产线。这类资源的获取同样属于商业行为，使用和使用协调则可以由相应的微处理器完成。

服务性能力类和信息处理类资源的获取、使用、使用协调与前两类基本相似，只是大都采用自有的微处理器执行这些任务，较少使用外购服务。

所有这些功能，不管以何种模式实现，都需要将全部管理相关的知识、各种文本及使用经验完整地纳入相关微处理器中，成为能利用和理解的记忆。

7.1.4 资源功能体系的维护

没有资源的日常维护，资源的可使用性就没有保障。对于资源功能体系，维护是最重要的责任之一，而且其复杂性高于管理。资源种类越多，维护的工作量越大，不同类型的资源，维护的特点、工作量和策略不尽相同。

基础设施类资源的维护最简单，除保障各类工作场所的建筑和空气洁净度等质量之外，其他的道路、信息网络、水、电等均是一个大的体系中的一部分，在智能体成为社会劳动的主力之前，自身不会展开基础设施的建设及提升运营能力。

自动化制造类资源的维护基于人的知识、经验和技能，所以智能体对这类资源的维护采取的策略就是购买服务并构建专门的学习微处理器，以学习这样的经验和技能，学到多少，使用多少，最终实现自我维护。自我维护也是发展的重要内容。

服务性能力类和信息处理类资源的维护策略是，机械性质的维护以购买服务为主，逻辑性质的维护以学习并转向自我维护为主。

大部分资源的维护是智能体在一个适当的周期中实现的自我维护，这也是成长的一个部分。

7.1.5 资源功能体系的成长

资源是智能体存在的基础。没有资源，智能体就没有任何功能。智能体的存在与发展决定了资源功能体系增长和发展的重要性。

成长不是简单的增加，资源的增加就是根据各功能体系及整体的需求，由资源功能体系实现获取。成长是指资源功能体系的管理、维护和发展能力的成长，是指资源的管理和维护，甚至是资源本身，从商业采购变成自我实现的过程。

资源与智能体的关系应该区分为两种：一种是基本的任何通用智能体都需要的资源，那就是作为基础设施的资源和作为微处理器承载体的资源；另一种是基于智能体承担的社会角色，主要是服务型，包括提供商业计算服务的信息处理类资源。成长的策略是：首先提升微处理器承载体资源的管理、维护和发展的能力，其次是信息处理工具，再次是自动化生产设备，特别是智能体运行维护必需的机器人等，最后是一般设备以及基础设施。

成长是学习过程。不同的资源学习的策略不尽相同，但具有相似的路径。一是从资源获取时，就将与管理、使用相关的详细资料作为商务合同的重要内容。二是将这些资料以感知—描述—连接—记忆的方式成为资源管理功能体系可理解的内容。三是在购买商业化的服务时，将所有相关的知识、经验、技能转换为记录的部分，列入合同。四是从一开始就构建专门的学习功能组，承担学习功能。资源功能体系的学习子系统既有自身特征，又有学习功能体系和处理功能体系有关子系统相似的特征，由学习功能体系统一管理，共用相关的功能、记忆、规则。五是在管理维护的基础上，对必要的资源功能进行学习，这是一个渐进的过程，依据智能体的需求和能力决策。

7.2　任务功能体系的作用与位置

执行任务以履行智能体的社会责任确定任务功能体系在智能体中的中心位置。

7.2.1　智能体的任务与行为

智能体的任务是指智能体作为一个承担社会责任的主体需要完成社会交付的任务。这一定义说明了智能体任务的两个特征：首先，它不是作为一个实验品检验智能体具备的能力，而是真实地履行社会职责，商业性地承担社会分工，是一种市场交易行为。其次，它区分了智能体不同的行为，任务只是智能体行为中的一个部分，而且是一小部分。

认识第二个特征，需要分析智能体行为与任务的联系与区别。智能体的行为有两个不同的范畴，广义的是智能体所有事件的统称，狭义的是智能体与环境有交互、外部可观察的事件。

广义的行为包括全部发生在智能体内部的事件和智能体外部可观察的事件，智能体事件的定义和范畴参见《智能原理》[1]，包括内部、跨界和外部三类。

狭义的行为是广义中的跨界与外部的事件，特征是事件发生过程中与环境之间有交互，外部可观察事件的过程与交互的环节。

智能体的任务是狭义行为中，由社会的其他主体交付，智能体完成的智能事件或行为。这些智能事件，可能执行过程主要在智能体内部，但存在明确的交互过程。智能体学习过程包括考试、场景经验和特定技能获取等，均不属于任务，而属于学习功能。智能体为自己的生存，对外部环境的感知和反应，也不属于任务，而属于生存功能。

在实际发展中，智能体完成的很多相同的事件可能属于任务，又可能不属于任务，依据具体的场景而定。例如，在幼儿园，关于太阳是什么这个问题，如果智能体在体验并获取幼教知识时，就是学习，不属于任务；如果角色调换，智能体担任教师的角色，回答这个问题就属于任务。这样的例子大量存在。

7.2.2 智能体任务的类型

根据不同的维度或目的，可以多种方式对智能体的任务分类。从任务与智能体已有知识的关系看，智能体任务可以分成重复性任务、增长性任务、变革性任务、开创性任务[2]。重复性任务是指在智能体中已经存在执行任务的先例，只要简单修改一些参数或类似的工作就能

---

[1] 杨学山. 智能原理[M]. 北京：电子工业出版社，2018 年，第 262～268 页.

[2] 杨学山. 智能原理[M]. 北京：电子工业出版社，2018 年，第 270～274 页.

完成。增长性任务是指在任务执行中存在过去已经执行的任务中没有发生过或没有实现过的一个部分，通过任务的执行实现能力的增长。变革性任务是指需要执行的任务是借用过去已有的经验，任务执行后，对智能体积累知识、经验或技能有贡献的任务。开创性任务是指需要执行任务的主要部分或核心部分，智能体还没有相应知识的积累。

从任务的规模看，可以区分为小型、中型、大型、超大型任务。判断任务规模大小有两个基本要素，即任务执行过程涉及的微处理器数量及参与的功能体系的数量。一般地，任务涉及万这个数量级的微处理器为小型，十万量级为中型，百万量级为大型，千万量级以上为超大型。

从任务使用工具的属性看，可以分为纯逻辑性任务、混合型任务、以物质加工过程为主的任务、管理性任务。这里的区分依据主要是任务执行使用什么属性的资源。纯逻辑性任务就是计算性或推理性任务。混合型任务就是在整个任务工作量中，物质性的占比不超过 50% 的任务。以物质加工过程为主的任务一般是指制造、物流等任务。管理性任务是指在任务执行过程中有人参与的任务，也就是非封闭的任务，任务的某些部分与人共同完成。这里的与人共同完成不是指在任务执行过程中，通过交互功能，获取人类专家参与，而是任务本身的某些部分不是由智能体完成，而是任务的分段。

从任务的逻辑复杂性看，可以分为完全重复、模块重组、部分过程使用确定性逻辑推理、部分过程使用不确定性逻辑推理、整体类比或不确定性逻辑推理、缺乏部分必要知识、没有完成基础。完全重复与前面分类的重复性任务是一致的。模块重组是指将要执行的任务存在可以参照的执行过程，只需要将一些模块次序或使用方式做调整即可完成。部分过程使用确定性逻辑推理是指在任务执行过程中，存在已经执行成功的类似任务，但有部分过程需要使用一些智能体拥有的推理微处理器的推理功能，而这样的推理过程已经确认可以在这个任务的执行过程中使用并得到正确的结果。部分过程使用不确定性逻辑推理是指在任务执行过程中将使用智能体拥有的特定逻辑推理微处器，但这一推理过程没有在过去的经验中得到确认或可信度不足以保证结论的正确性。整体类比或不确定性逻辑推理是指在任务确定执行策略的时候，没有找到可以直接借用的同样性质的经验，但存在不同类却相似的经验，或虽然存在相同性质的任务执行经验，但在执行过程中不同的比重较大，需要使用的逻辑微处理器没有记录相同或相似的成功认证，采用的逻辑推理过程不确定性比较多。缺乏部分必要知识是指在任务执行过程中，智能体拥有的知识、经验或技能，存在一定程度的缺口。智能体被交予的任务没有完成的基础，过去的经验不足以支持该项任务的执行。

本章在讨论任务执行中，主要根据任务—智能体拥有知识的关系来确定策略、方法和过程，因此本书将以最后一种划分方式为主，必要时结合其他分类方式展开分析。

7.2.3　任务在智能体中的位置

执行任务、承担社会上的某种劳动功能是智能体的目的所在，智能体的构建及其他功能体系都为这个目的服务，而不是为了证明算法或逻辑的力量，也不是科研的成果。所以，任务功能体系是智能体的中心，其他功能体系围绕任务功能体系的能力而存在与发展。

智能体的各个构件均要优先落实任务的执行，11 个功能体系的作用都是不可或缺的。控制功能体系是智能体的决策者和控制者，所以任务执行遇上重大决策,如什么样的任务承担,什么样的任务不承担；任务与学习、生存功能系统在资源等方面产生冲突的仲裁，均由控制功能体系决策。

学习与任务是一对互为依存的功能体系。学习的中心是提升任务执行的能力，这种支持有的是直接的，有的是间接的。直接提升执行能力的是与确定的任务范围一致的学习，涉及相关的知识、经验、技能，以及任务执行时提交的学习要求。所有其他的学习过程，从最基本的微处理器激活到最简单的学习，都属于间接学习的范畴。

处理功能体系和资源功能体系是任务执行的手段。处理功能体系提供全部的逻辑功能，而资源功能体系提供全部的物理性设施、工具，还包括部分逻辑的功能支持。

记忆功能体系是任务的基础，从确定任务执行的策略，到任务执行过程对知识规则的调用，任务执行路径的连接，都以记忆为基础，没有记忆，也就没有任何任务可以完成。

7.3 任务功能体系的构成

7.3.1 任务功能体系的架构

任务功能体系的架构与其他功能体系基本一致，但也有任务执行的特殊性。从一致的地方看，任务功能体系的基础也是微处理器，承担相似功能的微处理器构成一个功能组；若干同类的小功能组集合，成为上一层的功能组；同一类任务的功能组形成一个任务子系统，功能体系就是所有子系统的集成。微处理器按规则执行，并接受规则的管理，所以规则是执行功能体系的重要组成部分。图 7.1 所示为任务功能体系架构。

在图 7.1 中，行表示架构中的层次关系，列表示架构中不同性质的构成部分。执行微处理器和规则微处理器与其他功能体系的构件一样，是任务功能体系的主要组成部分，而后面两列则反映了任务功能的特殊性。

当前任务微处理器是指每承接一项任务，则生成一组微处理器，这组微处理器规模大小和层次多少取决于任务的性质和规模。所以在图 7.1 中，上层功能组这一行做了标识，表示有的任务需要，有的任务不需要。当前任务微处理器将在下一小节专门讨论，它是任务执行的必要前提。

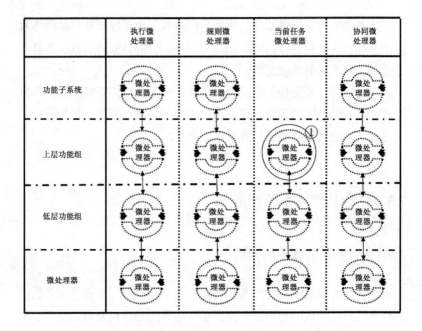

图 7.1　任务功能体系架构

最后一列是协同微处理器,其用于配合当前任务微处理器组工作,它是其他功能体系的微处理器集合。这也是任务功能体系的一个特点。其他功能体系在执行各项事务时也需要各功能体系的微处理器协同,但微处理器本身还位于原来的功能体系内,只是临时调用功能或知识。由于在智能体中,任务执行的优先级仅次于生存和总控,因此,为保证任务执行的效率,将协同的微处理器在任务执行阶段直接归任务执行功能组管辖。如果控制功能发现存在冲突,也可以用复制的方式实现。当前任务执行结束之后,协同微处理器被释放,回归所属的功能体系。

7.3.2　任务功能体系架构的执行视图

从上面的分析看,任务功能体系的架构也可以用如图 7.2 这样的方式表示出来。

从图 7.2 可以看到，任务功能体系的核心是规则微处理器，围绕这个中心的是执行留存微处理器、当前执行微处理器及协同微处理器。

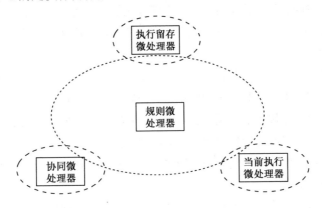

图 7.2　任务功能体系架构——执行视野

执行留存微处理器是任务系统的一个特殊构成。每次任务执行之后，均在功能体系中保存一个微处理器，该微处理器保留所有应该记录的执行过程、评价和总结的经验。智能体经常执行重复的任务，即使重复的任务，或极其相似的任务，每次执行均生成执行留存微处理器。其中必然存在大量内容的重复，对其如何处理，是优化记忆资源的问题。执行留存微处理器保存该项执行的所有信息，主要包括但不限于任务来源、任务归类过程、任务类确定的依据、任务的分配、任务执行策略确定过程及使用的规则和逻辑工具、任务执行使用的规则及使用过程和结果、任务执行使用的协同微处理器、任务执行组成的串计算、任务结果的评价、任务执行过程协同微处理器性能评价、任务执行使用的规则可靠性及完整性评价、任务使用或参照的执行留存微处理器、生存自身的执行留存微处理器、确定微处理器中记忆保留的位置、相关记忆区域的修改。执行留存微处理器是执行功能体系知识和经验积累的载体，是智能体成长、学习的重要组成部分。

7.3.3 任务功能体系的规则

任务功能体系构成的主体是规则，每次任务执行过程使用的微处理器是协同微处理器集合。任务功能体系的规则包括五个系列：基础规则、任务确定规则、任务执行规则、任务评价规则、任务执行留存规则。

基础规则是指任务功能体系除围绕一项任务执行相关的规则之外所有的规则集合，是一个相对稳定、面向所有任务执行的规则。这些规则主要有：规则的分类、管理和成长规则，协同处理器的形成、管理与协调，资源使用的协调，任务确定、执行、评价、留存的基础规则，基础逻辑和处理功能的协调和使用规则，执行留存微处理器的管理规则，等等。

任务确定规则是指一项任务从接受到组建执行微处理器这个过程的所有规则，主要包括：确定智能体感知的信息是任务的规则，确定任务来源和任务性质的规则，确定任务类型的规则，确定任务是否可完成的规则，确定任务是否执行的规则，确定执行微处理器构建的规则，等等。

任务执行规则是指任务由构建好的执行微处理器执行该项任务直到完成的规则，主要包括确定执行策略的规则，构建执行串计算的规则，调集并使用协同微处理器的规则，串计算执行规则，执行过程校验、调整规则，执行结束认定规则，等等。

任务评价规则是指对一项任务执行的所有过程和参与要素如何评价的规则，主要包括对是否执行该项任务的决策过程、使用规则，确定性判断等内容的评价规则，对构建执行微处理器过程与结果的评价规则，对微处理器调用和使用的过程和结果的评价规则。

任务执行留存规则是知道一项任务执行完成之后，如何构建执行留存微处理器的规则，主要包括执行和评价过程及结果记录的规则，确定如何参照已有留存微处理器的规则，确定参照对象如何复制到准备构建的留存微处理器的规则，将记录保存到微处理器恰当位置、形成新的记忆单元的规则，确定新记忆单元与其他已有的记忆单元间关系的规则，确定记录的内容如何分别在智能体各相关部分保留的规则，等等。

与智能体其他功能体系的规则一样，每条规则依托一个微处理器为载体；每条规则必须简单，如果复杂，则拆分为两条或多条规则；每条规则使用后得出的结论必须是确定的，不确定的必须将交互作为规则的构成部分。简单和确定是判断一条规则成熟度和可用性的核心指标。

智能体的规则具有很强的成长性和动态性。每次任务的执行及其评价都可能产生新的规则或对规则的修改。

7.4 任务的实施决策与执行流程

智能体执行一项任务有四个重要环节：确定是否执行、构建执行功能组、执行、评价与构建留存微处理器。

7.4.1 智能体任务的实施决策

当外部交予智能体一项任务时，智能体需要决定是承担还是不承担。承担与不承担的考量，有商业原因和技术原因。商业原因主要有：一是该项任务是不是必须接，不能不接，这是由智能体的角色确定的；二是成本—利润的考量，执行的成本与预期收益的比较。技术原因就是能否完成，完成的难度及由此带来的时间和成本核算。这里不讨论商业决策问题，它也是一个基于规则的决策，只讨论与技术相关的决策过程。

一个具体的决策过程，首先要确定感知对象是否是外部委托的任务。智能体无时无刻不在以感知的方式从外部接收信息，但是要确定哪些感知的信息是需要执行的任务，有两个办法：一是在感知通道增加标识，明确是谁、委托什么任务，这是可以做到的；二是利用特定的感知处理规则，将具有任务性质的文档从感知对象中识别出来，这在技术上没有难点。接收过程与其他文档的感知过程一样，到达记忆区之后，连接到任务功能区。

任务到达任务功能区，需要明确该任务的性质和类型，即归到恰当的类，找到最相近，甚至完全相同的执行留存微处理器。在这里，任务的性质是指该任务使用什么样的资源，逻辑的、物质的或混合的；任务的类型是指复杂度，重复的或需要使用确定性程度不够高的推理过程。归类基于感知到记忆的认知过程，在这个过程中，智能体承担过的任务都已经被明确地标记和归类，与这些记忆单元及其含义相似的单元连接、匹配就可以归类，并能找到最相似的执行留存微处理器。如果找不到，就说明智能体没有执行类似任务的经验，此时进入另一类确认过程。首次任务执行的归类和执行留存微处理器的构建采用不同的方式，将在下一小节讨论。

逻辑上看，任务执行决策需要对没有执行留存微处理器的任务是否具备执行能力进行分析和判断，实际上这样的情况基本不存在，因为在智能体学习的过程中，对于任务优先学习智能体可能承担的岗位类型，所以，在学习过程中，相应的执行留存微处理器已经形成了对这类任务执行的逻辑框架和逻辑过程，相似的任务只要调用这样的问题求解框架和过程就可以完成。一般而言，如果智能体遇到没有执行过且没有确定性把握的任务，则进入学习循环，而不是通过逻辑工具分析、判断是否执行。

7.4.2 一项任务执行功能组的构建

对于确定需要执行的任务，首先需要构建一项执行任务功能组。功能组的基本组成是类似或相同的，差别在于在任务功能体系及其他与构建任务执行功能组相关的支持构件的可用性。

任务执行功能组的构成如图 7.3 所示。任务执行功能组至少包含三个层次：基础微处理器、低层功能组、上层功能组，有些复杂的任务执行可能需要再分出若干功能组层次。任务执行功能组至少由四个功能大类构成，分别是构建功能、使用功能、评价功能、留存功能，每类功能中至少包含规则、协同、执行三个子类。

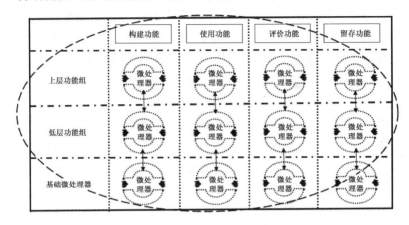

图 7.3　任务执行功能组构成

　　构建功能实现任务功能组的构建。上层功能组是规则，指导构建过程，规则按功能分类，分别为各类功能的执行提供确定的方法、要求、流程。其主要的规则有：不同功能微处理器的最少数量及主要内容；什么样的任务需要什么样的协同微处理器，如何得到；如何用复制或递减的方式从相似任务的执行留存微处理器中构建任务功能组；各种微处理器构建的次序及相互关系，等等。低层功能组是协同，保证构建过程各个微处理器之间的操作及相关资源的协同；并构建执行过程，根据程序完成所有微处理器的构建工作。构建过程最大的差别是需要构建的功能组是否是新建的，还是可以参照执行留存微处理器，若可以参照，则考察其相似程度，相似程度越高，越容易实现。

　　使用功能是指任务执行过程涉及的微处理器及其功能组。它的上层功能组是使用过程的整体协调、决策，对多个下层功能组的交接、执行流程前的重要节点进行决策。下层功能组则按类划分，归类的、构成执行策略和流程的、决定使用资源的、决定执行串计算的，这些相同的规则构成下层功能组。基础微处理器是具体的执行，串计算的微处理器、各具体运算的微处理器、各规则判断的微处理器完成任务的执行。

评价功能是指在任务执行中和结束后对确定的环节进行评价。评价的规则包括评价的对象、标准、流程、结果及其处置等。评价的协同包括评价使用的微处理器的协同、结果形成及处置的协同等。执行按规定顺序和结果的记录方式，由上层功能组制定的微处理器分别实施。

留存功能是指将一项执行的结果以唯一的执行留存微处理器方式保存下来。留存的规则包括内容、格式、类及与已有相似执行留存微处理器的关系、相同记忆单元的处理原则等。留存的协同主要包括记忆单元按规定原则处理的协同如何建立连接、建立什么样的连接，以及微处理器资源及运算执行的协作等。执行则是完成该微处理器的所有记录。

所有的规则都源自任务功能体系的规则。这里再重复一下，不管是哪个层次的功能组，具体构成都是一个个微处理器，这些微处理器之间根据功能需要，纵横交错，相互连接、调用。

7.4.3　一个任务的执行流程

如图 7.4 所示，智能体执行一项任务的基本流程是接收、归类、判断成熟度和需求资源、确定是否执行、构建执行微处理器、确定执行策略、构建执行串计算、调集并使用协同微处理器、执行串计算、执行过程校验及调整、评价及评价结果反馈与处置、执行结束认定、构建执行留存微处理器等。

不同的任务之间执行复杂度差距十分大，而造成复杂度不同的核心要素是成熟度。成熟度主要取决于智能体对任务积累的知识。无论是执行留存微处理器与任务的相似度，还是使用推理工具及过程的确定性，都基于经验和知识的积累。

　　完全重复的任务执行，只要将新提出的任务进行归类，然后按照对应的执行留存微处理器记录，构建任务的执行功能组，并顺序执行即可。

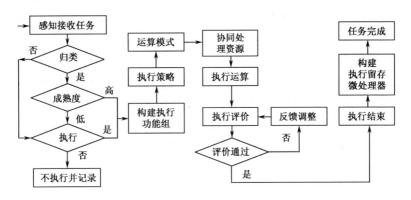

图 7.4　任务执行流程

　　模块重组是在完成归类的基础上，重点是根据智能体积累的经验，在与相似执行留存微处理器比对时，确定执行策略及运算过程。由于相似，所以一定有大量的模块可以重用，但有的需要重组，典型的是一个已经执行的问题的逆问题，在运算中使用大量相同模块，但过程改变了，也就是模块的使用方式与次序改变了。如何实现这样的改变，同样是通过学习，取得这些抽象任务执行策略和运算工具变化的规则。学习功能需要根据任务执行积累的经验，构建专门的微处理器，为一类任务确定执行的逻辑推理框架和过程，通过这样的微处理器，任务执行就可以事先判断结果的可靠性。

　　在任务执行中，或多或少存在推理过程。任务归类、执行策略、评价结论形成、模块重组方式、新运算形成等，均可能需要使用智能体学习功能体系中的逻辑工具。推理的确定性基于工具的性质，以及任务与该工具使用经验的匹配度，即确定性逻辑推理是指任务执行过程中，存在已经执行成功的类似任务，但有部分过程需要使用一些智能体拥有的推理微处理器执行。

在任务执行中，必然会遇到缺乏部分必要知识甚至大部分知识的情况。这样的任务如果确定要执行，执行过程就变成先学习，再交互，最后执行。智能体任务执行的原则就是只承担可以完成的。可以完成包含三个层次：一是能找到完全一致的执行经验，只要按匹配上的执行留存微处理器构建执行功能组，就能完成；二是虽然存在不一致，但智能体拥有的逻辑推理工具构建的执行功能组可以在很高的确定性上完成任务；三是存在知识缺口，但通过学习或交互功能体系可以在时间和成本接受的范围内找到满足确定性要求的执行运算串。

综上所述，智能体任务执行过程是可变的，变化的核心因素是当前任务与智能体拥有的知识、经验、学习、交互能力。

7.5　任务执行的几个典型场景分析

本节以社会中实际存在的可穷尽解空间、非穷尽满意解、可穷尽解方法、无确定参考解等问题类型，讨论任务执行的方法与特点。

7.5.1　可穷尽解空间的问题

实际上智能体主要承担解空间是可穷尽的任务，在现实生活中，绝大部分事务的解空间也是可穷尽的。从五子棋、跳棋到 Alpha-zero 都是经典的例子。下面从几个场景简要讨论智能体任务执行的实现模式。

语音识别在整体上是可穷尽的解空间，理论上可以实现，但在工程和商业上有困难。所以，我们今天看到的是在约束条件下高质量的语音识别，或是在约束较少的场景下，质量下降，但可以接受的结果。

给定场景高质量语音识别成果的例子是导航系统的播音。导航系统是每天使用上亿次甚至更多，并且百万人或千万人并发的应用，所有关于路况、行驶路线、驾驶要点、限速、监控等内容，均通过语音识别方式播放,这势必会存在一定的不完美,如断词有时候不够标准,但其已经受了万亿量级应用的检验。这是一个典型的可穷尽解空间,因为所有需要发音的字词是一个有限的确定集合。什么时间、什么地点、什么状态说什么是确定的。

以智能体的方式可以实现以上场景及大量相似场景的任务。只要将场景中涉及的词组所对应的语音构成运算串,就可以实现这一功能,原则上不需要重新学习,问题求解逻辑也是确定的。由于应用、并发数量巨大,但实际的语句很少,所以构建一个执行功能子系统,就可以实现。基于智能体学习的结果,只要是可穷尽的应用,就可以实现;只要实际需要组合的语句集合较小,而应用数量很大的场景,就具有商业价值,而不是科研课题。

在教育领域,特别是中小学、职业教育和基础大学教育等场景,对教师来说,大部分课时是可穷尽解空间,即讲课、课堂问答及其他事项合在一起,是一个确定的、数量不大的事务集合。另外,存在一定比例超出该集合的事项,这样的场景将在下面分别讨论。

假设在小学三年级下学期数学课程中,有一堂一位数除三位数的课。教师的课件或教案是一个确定的集合,讲的例子涉及各种典型场景,如当前位不够除、商的位置、商是 0 等。教师在提问中可能超越了学生准备的常见问题,则学生可用基本的逻辑规则得到答案并回答。

智能体任务功能体系可以执行这样的任务。相关的知识,包括课件或教案,都可以通过学习的方式获取。相关的逻辑及推理过程,也可以通过学习获取,而且两者都可以假定智能体已经具备。执行功能系统的流程是首先构建执行功能组,并与语音连接起来,就可以实现。将一个个课时综合起来,就可以成为一个学期、一个学年,甚至更多的基础教育课程。

从智能体执行任务角度看,数控机床和工业机器人是相似的,每个具体的机床或工业机器人均执行能承担的任务,所有的任务都是确定的,这与智能体的任务执行完全一致,是一个完全可以掌控的可穷尽解空间。通过学习,智能体可以理解这类自动化工具的所有逻辑功能和物理功能，可以承担操作与管理，以及一定程度的故障判断和修复任务。

智能体对这类功能学习的成果，可以进一步向理解并构建数字孪生发展。从本质看，数字孪生是一个客观实在对象的完备信息结构，智能体的学习就是从对一个事物的初步理解向该事物的显性信息结构发展，这在根本上为智能体构建数字孪生打开了通道。数字孪生是一个封闭的集合，无论描述到何种颗粒度，都是一个可穷尽的解空间。智能体的认知功能和执行功能结合起来，可以成为产业自动化和智能化的直接推动力量。

7.5.2　非穷尽的满意解问题

非穷尽的满意解是指一个问题可以穷尽或不能穷尽其解空间，但不去追求穷尽以达到最优解，而是达到用户可以接受的解即可。在现实生活中，这样的问题普遍存在：学习，不可能都是 100 分；驾照培训，不保证驾车不发生差错；同声翻译，达到 80%的正确度就是不错的，等等。智能体任务执行具备执行这类任务的能力。

在样本空间比较大或相对开放的环境，如在一个报告人比较多，没有对所有报告人的声纹进行专门识别处理的场合，通过语音识别完成的速记就是这样的例子。

所有文字及其发音是智能体首要的学习对象，各类文档的词、词组和短语、句子是由独立的微处理器管理的，相关的语音、含义等均表现为通过连接构成的网络，这个网络以该微处理器为中心展开。所以对于一个具备语音识别能力的智能体来说，就是将听到的语音转换成文字的过程。智能体同时生成两个或多个微处理器功能组，一个功能组负责当前的任务，一个功能组负责学习，如果场景还存在其他需要处理的事务则生成相应的功能组负责。

首先启动三个并行的流程：一是感知语音，这是智能体已有的，调集一组专门的语音感知微处理器协同；二是判断语音特征的功能组，对事先得到的语音进行判断，若没有事先得到，则在报告人开始发声时即启动，进行声纹特征的识别，目的是快速找到与对照声纹的差别，并生成报告人声纹功能组；三是反向纠正功能组，随着学习的发展，需要对前面的结果进行评价，结果错误的或不满意的，立即进行调整。

所以，我们可以看到，智能体的速记是一个并行的三重过程。感知微处理器将语音转换为文字。如果没有报告人的特征声纹集，则使用标准声纹。由于声纹的差异，必然存在差错。感知微处理器通过感知、描述及记忆中的知识，构成词、短语、句子和段落，在这个过程中可以发现一部分报告人的声音与标准声纹的差异，并报告给声纹识别功能组及反向纠正功能组。声纹识别功能组根据智能体积累的声纹特征经验进行校正，并将校正后的声纹识别特征值向其他两个功能组报告，这两个功能组一个用于正在进行的识别，一个对已有的声纹进行纠正。其实，除非带有很重的方言特征，一般的口音，有数十个或数百个特定字的声纹，就可以实现全面的纠正。纠正口音的算法是智能体在长期的音频—文字转换的学习过程中总结出来的，如果可以得到，也可以借鉴一些语音识别系统总结的经验。这只能起到参考或加速的作用，并不是必要的。

完成之后，学习功能组总结出报告人的声纹特征，并将其保留在记忆和任务功能体系中；如果有必要，学习功能组还可以经由交互功能获得人类专家的反馈，反馈后再度经由学习功能，校正声纹特征及语音与文本之间的映射关系，特别是分词、成句、分段等内容。

在很长一段时间内，语音识别的速记只是一个可以令客户接受的问题求解方式，但没有更有效的解决方案。相比于其他语音识别模式的速记，智能体的模式是持续的、基于理解的积累，当其积累到一定的数量，就可以达到很高的精度和速度。

金融理财、职业培训等领域都是智能体任务执行的后备领域。

7.5.3　问题求解方法可穷尽的问题

智能体还会面对一类任务，这些问题求解的过程并不确定，但求解的方法是一个确定的集合，而且这个集合并不很大。集合中的方法也不尽相同，有的以逻辑推理为主，有的是确定过程或模式的循环。语音识别就是几个方法的循环迭代，基础数学教学就是数理逻辑和形式逻辑工具的循环。

语音识别如何摆脱场景的约束，走向通用？理论上，除背景噪声等场景外，可以用穷尽的方法实现，但实际上不尽合理，因为有更加有效的方法。

这个方法集合主要有：以适用的方法区分不同场景语音与背景噪声，同种语言不同人的声纹识别算法，语音—文字转换的多种求精方法，等等。智能体在处理这类问题时具有独特的长处，那就是持续不断地积累与学习，包括方法的学习。将一个个场景中的不同方法用自我归纳和交互的方式，在大规模的场景中不断求精，最终走向实际应用。

基础数学教学，无论是讲解一个题目，还是回答一个题目如何解，都需要交替使用两种方法：一种是理解题目的分析方法，一种是解题的辅助方法。对于不同类型的基础数学题，这两种方法不仅是逻辑或算法，而且是在大量的题海中归纳出的分析方法和解题的策略，将这些方法归集在一起就构成了解题或解释题目的能力的增长。方法积累的过程是使用经验积累的过程，也是智能体学习的基本方法和过程。智能体的任务执行方式可以对这类问题提供有效的解决方案。

数控机床一旦制造完成，其物理功能部分就确定了，但逻辑部分是可变的。因此如何根据拟加工、已有软件不能完成作业的部件开发新软件，就是一项新的创新性任务。

智能体可以承担这样的任务。基于定向学习功能，智能体可以将数控机床的全部知识构成一个独立的记忆功能组，在这个功能组中还有若干下层功能组，分别记录软件、部件的物理特性和加工能力、工作机理、软件与硬件功能之间从操作到方法等内容。同时，在处理功能体系中还有这类软件的详细代码及编程方法，这些方法主要来自既有经验的学习，也有处理功能体系学习中的归纳。其实，数控机床适应性自动编程已经实现，智能体在学习已有知识和经验的基础上，与记忆中逻辑性功能组多种工具及使用经验、对应数控机床的数字孪生、软件编程的一般性工具方法和更多的可重用模块组合在一起，具备比既有自动编程更好的数据基础，以及更完备的知识、方法、技能、经验。

7.5.4　解没有确定性答案作为参照的问题

一个很有意思的题目是，现实社会中存在一些没有确定解，只有一些可能的方向，但又需要很高智能的场景。聊天、情绪模仿就是这类问题。聊天不是对话、讨论，本身就是随性而发，没有方向，只考虑感觉。情绪不是必然，发生是随机，发展是可能集合的非确定性选择。智能体能执行这样的任务吗？回答是肯定的。

聊天的基础技术能力是语音识别和语句生成，附加能力是场景及对方思绪的适应。智能体能够实现语音识别与语句生成。智能体可以针对当前场景生成专用聊天功能组，这个功能组由语音识别的三个下层功能组、场景分析功能组、对象分析（特征与趋向）功能组等构成，所有的功能组都由智能体海量的记忆、学习、丰富的逻辑工具和流畅的交互功能体系支撑。

三个语音识别功能组的分工与前述速记场景相仿，首先是感知功能，其能在特定场景下，有效地分辨、感知聊天对象的语音；其次是语言组织功能，其能将需要表达的意思组织成流利的、与场景吻合的口语；三是构建聊天对象的声纹特征，提升识别精准度。场景分析功能组是对聊天主题的分析，与记忆中相应的主题领域建立联系，将当前场景的记忆对象调到场景功能组中。同时，根据对象分析功能组的判断，连接记忆区的对应主题，随时准备调到本功能组。对象分析功能组分析聊天对象，一人或几个人，他们的习惯、偏好、谈话主题变化等。

前面两个功能组，智能体能够做到，至于达到什么程度，则基于智能体在相关功能及主题领域积累的知识、经验、运算、评估等。最后的对象分析，在以下进行讨论。

分析功能组的基本功能属于任务功能。任务功能构建功能组按功能特征分别来自三个领域。第一是来源于记忆中主题域的人物部分，也就是知识部分。因为是聊天，所以应该是熟人，如果不是熟人，就是偶遇，是礼节性寒暄，功能组将切换到符合该场景的功能组。因为是熟人，在记忆中一定保留了关于这（几）个人的全部信息，包括过去交往的记录，当然也有这些人的语音的声纹特征。第二是构建任务功能组的部分，来自已有的留存执行微处理器，但需要在此基础上重构。第三是聊天内容分析及可能的新话题判断。这个功能看起来比较复杂，用逻辑或算法几乎无法实现。智能体的实现方法是在过去经验基础上进行分析。功能组有一组微处理器专门归纳过去聊天过程中话题转变的模式，一旦聊天时触发其中某个模式，则触发话题变动应对功能。话题变动应对有主动、被动和不反应三种策略。主动是指如果导向不想聊的话题，则主动挑起新的话题；被动是指不管对方谈什么，跟聊就是；不反应是指只听，不发表意见。

在确定场景下，对话的语句组织、场景应对都是基于已有的知识，语句的变化或内容的范畴是在已有知识基础上，按功能组中的相应规则进行的变换。如果将聊天功能切换到聊天机器人，则比真实场景的多人聊天更加简单一些。因为这种服务交互的深度远低于后者，对需要倾诉的服务对象，机器人以听和附和为主；对需要听的服务对象，可以喋喋不休地讲对象喜欢听的内容，而在了解对象之后，智能体在记忆中或从环境中得到对象喜欢听的内容十分简单。

从技术上看，情绪模仿是比聊天简单得多的一种应用。因为模仿对象的范围压缩到十分熟悉的对象，即在智能体中关于这个人的性格和行为特征已经记录，情绪释放的方式也已经归纳。模仿情绪只是改变了即时情景，用归纳好的路径与当前实景的内容结合的过程。智能体可以十分容易地实现这个过程。

对任务执行几个典型场景的分析，说明在现实社会中，不论是作为产业性的，还是作为社会性的，智能任务林林总总，不同的任务需要不同的模式去求解。它们的共同点是，要想利用低成本使得问题求解或任务执行得到好的质量和效果，不是在问题求解时进行计算，而是事前学习，最好已经穷尽解空间或使用穷尽了的解的方法。

依赖强大的算力和一些看起来有一定适用范围的算法即时求解问题对绝大部分现实的问题并不适用。即使是智能驾驶这样的主题，本质上就是感知一个场景，将这个场景映射到系统既定的操作集合中。这个场景是交通规则、道路、车况和环境事件的组合。规则、道路是稳定的，变化的是车况和环境事件。在不同的场景下环境事件的复杂度不同，如果感知场景对获取的信息进行处理，再归纳到做什么操作，无论多么强大的算力，由于一系列的触发、连接过程，实际上不能满足反应时间的要求。因此，事先尽可能穷尽环境事件，感知一个具体的环境，先映射到已知事件或执行相同操作的事件类中，将已知事件或事件类直接连接到执行的操作是必然的选择。而对于系统没有已知事件对应的，则连接到最安全、最相似的操作中，事后再通过学习和交互，归纳这一事件应该对应的处置操作。这就是智能体的自动驾驶实现模式，已经作为商业软件的第三层、第四层辅助驾驶软件，都基于事件—操作的直接连接，事件也不是通过复杂计算而归到操作类，复杂计算是不成熟的智能，不能用在如自动驾驶这样高风险、对时间敏感的任务中。从操作的 1+1、事件的 1+1、映射的 1+1，演进到相应的 1-n、n-N，这就是简单、繁杂、有效、必然的过程。

―――――――― 第 8 章 ――――――――

生存、思维、控制与主体性

　　主体性是非生物智能体最具有戏剧性或争议的一个要素，一个没有生命、没有大脑的器官，主体性的作用是什么？又如何实现？

　　这是本章讨论的主要内容。

8.1　智能体的主体性

8.1.1　理解智能的主体性

在《智能原理》一书中，笔者对智能的主体性做出了概括与系统的阐述。该书在全面分析智能形成、发展过程的基础上，第一次提出了主体性是所有智能的必要构成部分，是智能三要素中的第一要素。

《智能原理》一书中用图 8.1 说明所有的智能体都以主体性为必要条件的。生物智能以主体性实现了智能数十亿年的跨种类传承和发展，组合主体以主体性实现了智能跨越时空的发展和传承，非生物智能体只有具备主体性才能实现有效的积累、发展与增长。

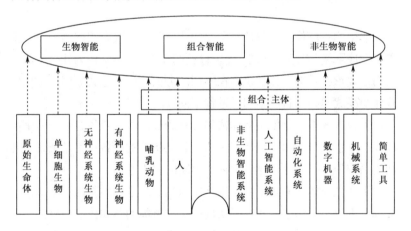

图 8.1　智能的主体性[1]

纵观智能发展历史，横看现实社会的各类智能现象，可以明确地得出这样的结论：智能不是计算出来的，是进化—遗传而来的，进化—

---

[1] 杨学山. 智能原理[M]. 北京：电子工业出版社，2018 年，第 140 页.

遗传的基础是主体；智能的本质也不是计算和算力，计算和算力只是智能发展中的一种成果、一类不太重要的工具。当前进化正处于一个关键时刻，即从生物的遗传到非生物的遗传，而实现这个跳跃的关键是主体性，不是算法、算力和数据。没有主体性就没有传承和积累，就没有智能的进化。

主体性是智能体内的概念，不是具体任务，它包括三个核心要素：拥有自我和意识、拥有资源、拥有自身行为的控制能力。主体性是意志、目标，由意志决定目标，以及实现目标的资源配置和决策。这两个规范通过意识、资源、控制三要素达成，受环境制约[2]。自我、意识、思维、意志等概念都是智能主体适应社会规则、保护自身利益、争取生存发展权利、达到自身目的的行为和过程。

8.1.2　智能体的主体性概述

非生物智能体的主体性与生物智能体相比，既有相同的一面：都需要适应环境、生存、发展、保护自己的权益，同时，作为社会主体，它们需要承担社会责任；也存在不同的方面：生存方式不同，主体性载体与模式不同，目的不同，过程不同。

生存方式不同是指生命体依赖食物成长，维持身体各系统的平衡运行；非生物智能体依赖物理性能量和物质性的设备、工具维系着各功能系统的运行。这是导致主体性不同的根本原因。

主体性载体与模式不同是指状态感知、思维、控制这些主体性的构成要素以不同的载体和模式实现。生物智能的感知依赖自身的感觉器官，依赖神经系统确定性地传输到处理这些信息的地方；非生物智能体依赖拥有并连接的各类感知器，感知器的性能与部署，感知微处理器的能力与后续的处理。生物智能基于以感知和主观喜好为基础的意识和思维，以大脑为载体，是大脑的一种功能；非生物智能体的意

---

[2] 杨学山. 智能原理[M]. 北京：电子工业出版社，2018 年，第 140～141 页.

识与思维基于感知微处理器对状态的感知和来自记忆的自身需求，以既有知识、经验、连接模式、逻辑工具为载体，是主体性功能系统运行的结果。生物智能控制的载体是神经系统，大脑做出控制的决策，控制指令通过人的肢体或使用的工具实现；非生物智能体控制的载体是微处理器，控制指令由控制功能系统产生，通过连接传递到相应的功能体系执行。

目的不同是指除了具有相同的生存、社会责任等目的之外，还有很多不相同、不一致的目的。生物智能体为了生存，需要获得足够的食品和其他生物必需品，在短缺和不均衡的时代，这个目的成了生物智能体主体性的核心内容，而人类经过数百万年的发展，时至今日，为生存而努力，依然是大部分人的首要目的；非生物智能体到今天还没有实现，到实现时，所需的生存资源不再缺乏，不会将生存资源的竞争作为主体性的首要任务，反而维护拥有资源的能力将成为重要的主体性考量。生物智能体的主体性源自性，存在天然的血缘关系，以及在生存过程中结成的各种社会关系，也因为这些关系和人的生物性特征，会产生情绪，因为遗传基因，会产生不同的性格，等等；非生物智能体源自赋予，没有血缘关系，没有基于血缘和共生的社会关系，没有必然的情绪和性格，社会关系主要来源是承担的社会责任和获得生存资源和条件的商业性客观关系。

过程不同是指由于载体、目的不同，所以反映主体性的过程也不同。这是显然的，此处不再赘述。

8.1.3　智能体主体性形成与完善的路径

人天生具有主体性。遗传使人一出生就以自己的生存为中心：吃、拉、哭、辨识环境都是按基因给定的活动方式进行的，然后在环境的呵护下，主体性不断成长和完善，直至成为自食其力、独立于社会的成人。智能体的主体性没有这一天然的优势，它的形成、发展、完善经历了一个不同的路径。

　　智能体的主体性与生命周期同步，是一个特殊的进化过程，由源自人类的设计开发，到由人类主导，再到逐步取得主导权、掌握主导权并走向成熟。如图 8.2 所示，智能体的主体性经历了三个阶段，第一阶段是智能体的开发队伍设计并形成胚胎，第二阶段是在研发队伍的培育下初步形成，第三阶段是在发展中逐步成熟。

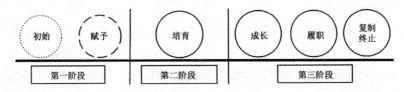

图 8.2　智能体主体性的发展阶段

　　第一阶段是由研发团队将主体性从概念变成流程、规则、过程。主体性在设计文档中，隐含在各种规则和软件中，以及赋形的所有微处理器中，更存在于主要设计者的思路中。从逻辑上看，第一阶段的主体性是整个生命周期中最关键的，其中根本的一条就是所有的设计人员必须假定设计时他所考虑的关于智能体的所有功能，都会在培育期交到他所设计开发的智能体功能中，他所赋形的微处理器是关于这些功能的化身。第一阶段是智能体主体性的形成期，参与的主体主要是研发团队。

　　第二阶段表面上看是一个个被赋形的微处理器、功能组、功能系统是否能按设计正常运行，是否能产生设计时设定的认知、任务、生存、意识思维和控制过程的目标，隐含在其中的本质是智能体的主体性是否转移到了哪些载体上。第二阶段是智能体主体性的实习期，参与的主体依然以研发团队为主，互联网上的志愿者配合。

　　第三阶段是智能体自身在运行、学习和任务执行的过程中承担主体责任，遇到不能处理、不甚理解的问题，通过与研发团队或网上志愿者进行交互来解决问题，在这样的过程中不断完善，直至在其应该具备的功能领域不再需要人类主体的帮助。第三阶段是智能体主体性的发展和成熟期，在这个阶段，智能体是主导者，研发团队配合，网上志愿者参与。

8.2　生存功能体系

非生物智能体基于物质、能源而生存，生存功能如何拥有、维持，是必须解决的问题。

8.2.1　生存的功能及其在智能体中的位置

对智能的研究从没有讨论过生存的独特位置，其实，没有生存能力就没有独立的智能体，也就没有自我发展的智能。一个人的逻辑能力再强，如智商 180，但没有生存的条件，一切毫无意义。

顾名思义，生存功能系统就是保障智能体自主存在的系统，就是保证智能体各功能系统能够自主、正常运行，不受干扰，不因为资源短缺或功能故障而受影响。

实现这样的智能体生存功能，需要感知智能体的生存状态，并对此做出判断，发出反应指令，这样的指令应服从控制功能的管理，需要监测各功能系统的运行，监测及反应指令的执行要利用各功能系统的功能。智能体的资源由资源功能体系管理和维护，重大决策由控制功能做出，所以，对智能体状态的感知、判断、反应是生存系统的主要功能。

感知智能体的状态有内部感知和外部感知两部分。内部感知针对智能体的各功能体系，监测各功能体系运行是否正常；外部感知针对智能体的生存环境，既包括其具体所在环境，也包括非接触的宏观环境。内部感知需要各功能体系的协同，需要有确定的规则、流程和技术标准。生存功能体系，能得到所有内部系统的运行记录。智能体所在环境的感知依赖于恰当的传感系统，宏观的环境既需要能通过信息网络得到与智能体生存条件相关的信息，又需要有判断的能力。

所以，判断生存状态是生存功能体系的又一个重要功能。智能体内部和外部与生存直接相关的三类场景，需要不同的分析与判断能力。

根据分析判断的结果做出必要的反应是生存功能的外在显示，反应的决策需要得到控制功能的确认，需要利用各功能体系的功能。

这样的过程决定了生存系统与智能体各功能体系间的关系。首先，生存系统关乎全局，它与控制功能体系的关系就是管理和被管理，所有重大判断和决策由控制功能确定。其次，它需要监测各功能体系的运行状态，所以，各功能体系的运行状态记录系统应该直接与生存系统连接，成为生存系统的一个子系统；各类决策—反应的执行由相关功能体系实现，所以，各功能体系应该保留一个功能组，为执行这些指令服务。资源是智能体生存的必要条件，所以资源系统接受生存功能体系的管理。感知是生存功能的前提，感知功能体系中需要保留一个子系统，以满足生存功能的全部感知需求。对外部状态感知，生存系统有特殊的需求，要与分析相连，需要对感知的信息进行特殊的处理，所以，学习功能体系中也应该有两个子系统，一个负责智能体所在外部空间环境感知的学习，一个负责对来自信息网络的与生存相关的内容的学习。

8.2.2　生存功能体系的架构

从微处理器的数量看，生存功能体系可能是各功能体系中数量最少的，但它的架构具有两个特点：一是渗透于各功能体系，二是具有复杂逻辑规则。

生存功能体系有四个子系统，如图 8.3 所示，只有规则管理子系统是完全自有，其他三个子系统的主体都属于其他功能体系。这三个子系统使用到的生存功能的规则均属于生存功能体系。

这四个子系统至少拥有四个上层功能组，分别是智能体各功能体系、智能体空间环境、智能体社会环境及成长。

生存规则主要用于判断感知内容是否正常，因此，规则是对所有可能存在的状态的常态和非常态给出定义，有的可能只有非常态，有的可能只有常态，但目的只有一个，可以判断给定对象是否需要做出响应。

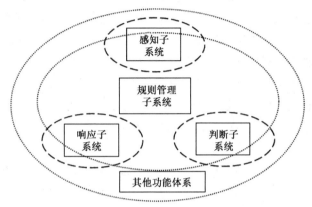

图 8.3　生存功能体系架构

8.2.3　生存功能的实现过程

图 8.4 线条性地显示了生存功能的实现过程。

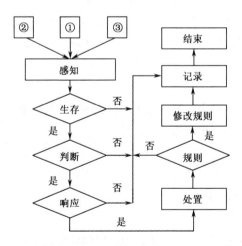

图 8.4　生存功能的实现流程

生存功能的起点在感知，来自各功能体系①、周边环境②、信息网络③三类信息汇集在感知功能体系，进行常规处置之后，在生存这一环节进行第一次过滤：与生存功能有关系的传送到判断区域，没有关系的则继续感知之后的其他流程。区分是否与生存相关，前面已经介绍，有三种不同的来源，通过三种不同的方式：对于来自信息源①，即智能体各功能系统与生存相关的信息，不用过滤，直接进入第二环节；对于来自信息源②，即周边环境的感知，根据特定的感知器识别；对于来自信息源③，即信息网络的相关信息，则通过感知、描述、记忆功能之后，将与生存可能相关的内容通过特定的分析微处理器组进行识别。

在第二环节，是判断接收到的信息是否属于正常，正常的留下记录，不正常的即送到下一环节。是否正常的判断基于确定性规则，如果超出确定性规则可以判断的范畴，则进入学习与交互环节，对所有不能判断但通过智能体学习过程给出确定答案的，均需要经过人类专家的确认。

在第三环节，尽管接收到的信息与正常状态不一致，仍需要判断是否需要采取行动。同样，判断基于确定的规则。对于各功能体系运行状态及周边环境，规则均在相应功能体系规则的基础上发展。对于来自信息网络的信息，所有采取响应的决策，一是从严，能不采取响应就不采取响应，二是即使要响应，也必须首先经过人类专家的确认。

最后，需要响应的则由相应的功能体系完成处置，其他的根据记录的规则，保存在相应的微处理器中。

8.3 意识与思维

意识与思维从来专属于人，但类似的功能也需要在非生物智能体实现。

8.3.1 一般意义的意识与思维

意识与思维是哲学、心理学、认知科学、脑科学、认知神经科学等领域的重要研究内容，但是，各领域还没有形成共识。

意识有两个对应的英语单词：consciousness 和 awareness，这是两个可以互为解释的同义词。麻省理工学院的《认知科学百科全书》有两个与其对应的词条：一般意义的和神经生物学的[3]。一般意识的主要含义是心灵的感受，如愉悦、失望，这些感受可能来自现实场景，如身体的体验或得到期望的物品，也可能源自思维、顿悟，如突然对一个思考已久的问题有了答案。不管是如何产生的，但最为神秘的是，意识如何能成为大脑物理过程的产物。从 20 世纪末开始，神经生物学家对意识的研究取得了一系列进展，但还没有能够清楚地从神经科学的角度解释。一些重要发现正在不断得到支持[4,5]：在大脑皮层有特定的意识工作区域，意识是大脑的一个十分重要的功能，意识与注意和思维的关系，一些动物也存在意识，等等。

经常与意识连接在一起的概念是潜意识。潜意识与意识在神经科学的维度上没有重大差别，都是一定脑区产生的内部活动。从心理学维度看，则存在重大区别，潜意识是人类心理活动中未被觉察的部分，即没有注意或意识到的脑细胞活动。

从心理学或社会人的角度看意识和潜意识，就是在人的本能或环境、心理过程的刺激下，产生于特定大脑区域的神经活动，这些活动可能被记忆，也可能没有被记忆，但源自自身的需求。

认知神经科学对意识和思维存在不同的定位。有的著作中没有涉及思维的内容，类似的内容包含在注意、意识、情绪和社会认知等部

[3] Robert A. Wilson and Frank C. keil. The MIT Encyclopedia of The Cognitive Sciences[M]. 上海：上海外语教育出版社，2000 年，第 190～195 页.

[4] [美]巴纳德·J. 巴斯，尼科尔·M. 盖奇. 认知、大脑和意识，认知神经科学引论[M]. 王兆新，库德轩，李春霞，等，译. 上海：上海人民出版社，2015 年，第 262～294 页.

[5] [美]Michael S. Gazzaniga, Richard B. Lvry, George R. Mangun. 认知神经科学[M]. 周晓林，高定国，等，译. 北京：中国轻工业出版社，2015 年，第 425～479 页.

分[6]；有的著作则同时有注意和思维的部分[7]；在有的认知心理学著作中，则更侧重思维，将意识分散于注意、思维等部分[8]。

梁宁建认为，思维是人类智慧的集中体现，思维是对客观事物间接的概括的反映，他更多地从心理学的建构解释思维：表象、概念、推理等，将思维与问题求解直接挂钩[9]。巴斯则更注重从神经系统和大脑功能的角度看思维，将思维和问题解决直接相连，他将思维与问题解决划分为两种类型：内隐式与外显式。他指出，"外显式思维清晰、有意识地选择目标和子目标，且从出发点到解决方案的步骤明确清楚。""在生命之初，我们即学习了许多种技能并付诸实践，因而内隐式地解决问题可能更为常见。""在将一个可预测的句子补充完整时，我们因为其可预测而能说出该句话最后的词可能是什么。""人类大多数的问题解决混合了外显式与内隐式的成分。"例如，开车时，由于该任务的常规性与可预测性，在大多数时间里我们可能"处在自动挡上"。但是当交通拥堵并不可预测时，或在其他不可预测的场景下，驾驶进入显式的控制。因此，在驾驶行为的更加可控和更加自动之间存在一个灵活的权衡，这是人类解决复杂问题或思维的常见模式[10]。

思维在另一种语境或研究领域是一种思维方式和由此带来的文化的传承。这种研究将意识和思维从个体延伸到群体、社会，对于反向研究个体的思维特征提供了新的路径[11]。

对于意识和思维研究成果的讨论，有几条对智能体发展特别有意义的结论：一是意识、思维是大脑对外部环境或内部记忆的反映，是

[6] [美]Michael S. Gazzaniga, Richard B. Lvry, George R. Mangun. 认知神经科学[M]. 周晓林，高定国，等，译. 北京：中国轻工业出版社，2015 年，参阅全书.

[7] [美]巴纳德·J. 巴斯，尼科尔·M. 盖奇. 认知、大脑和意识，认知神经科学引论[M]. 王兆新，库德轩，李春霞，等，译. 上海：上海人民出版社，2015 年，参阅全书.

[8] 梁宁建. 当代认知心理学[M]. 上海：上海教育出版社，2006 年.

[9] 梁宁建. 当代认知心理学[M]. 上海：上海教育出版社，2006 年，第 259～282 页.

[10] [美]巴纳德·J. 巴斯，尼科尔·M. 盖奇. 认知、大脑和意识，认知神经科学引论[M]. 王兆新，库德轩，李春霞，等，译. 上海：上海人民出版社，2015 年，第 344～375 页.

[11] [美]理查德·尼斯贝特. 思维的版图[M]. 李秀霞，译. 北京：中信出版社，2006 年.

人类认知过程的内在必要功能；二是意识和思维围绕主体的自身需求；三是意识、思维与问题求解密切相连，是相继、互动的过程；四是在人类问题求解中，内隐与外显同时发挥作用，随着人的能力增长，内隐成为主要的实践方式。

8.3.2　智能体的意识与思维

智能体的意识和思维既是智能体主体性的体现，也是主体性的一种功能，与生存和控制一起，构成了智能体的主体性。

《智能原理》一书中已经对主体性做了详细的讨论，主体性完整拥有并控制、调用功能和信息；主体性是意志、目标，由意志决定目标、实现目标的资源配置和决策。智能主体必须将自己的生存作为第一要务，必须有自己的意识和目的；智能主体必须拥有与承担智能任务相匹配的资源作为智能主体，应该拥有控制自身行为的能力[12]。

智能体的意识和思维与人类相比，有相似的，也有根本性的不同。相似之处在于认知过程及目的性。两者都是认知过程中分析问题、解决问题的过程，两者都是为相应主体适应环境，在给定环境中生存、发展的需要。不同之处在于，意识和思维过程的载体不同，适应、生存、发展的形式、内容不同。人的意识和思维的物理基础是大脑，是神经系统，是生命的过程；智能体意识和思维的物理基础是微处理器，是软件和芯片，是芯片和软件可以运行的能源。人的意识和思维与感知和身体紧密相连，很多场景下，既是原因，又是结果；智能体的意识和思维过程与生命运动无关，是一连串由内外部因素触发后的逻辑或非逻辑过程。人的基于生命的生存和状态是人类意识和思维的重要内容；智能体则以记忆和环境的变化为重要内容。

所以，智能体的意识和思维不是人类大脑的一种功能或人类生理、心理的某种反映，而是代表主体性的一种功能。这种功能是生存和控

---

[12] 杨学山. 智能原理[M]. 北京：电子工业出版社，2018 年，第 139～143 页.

制的前提，是学习的延伸，是一种隐性的成长模式，是智能体个体风格养成和表现的基础。

1. 意识和思维是生存和控制的前提

智能体的意识与思维具有相似的功能或相继的过程。意识通过接收来自生存系统的各种信息，并对此分析，正常的为什么正常，不正常的为什么不正常，采取响应措施的为什么采取措施，等等。这种分析绵绵不断，并且经常采用逻辑性不强甚至非逻辑的方式进行，分析的结果如果自己判断不重要，则记录下来，结束进程，这可以称为潜意识，因为其他功能系统不可见；如果认为重要，则进入分析或学习过程，这种状态就是意识向思维转变，思维的结果，反馈到生存系统或控制系统，由这些系统决定是否采取后续进程。

因此，风险分析是意识和思维系统的主要功能，这里重点分析三方面的状态。一是智能体各功能系统的运行是否正常，这与传统 IT 系统的基于日志的分析相似。要实现这个功能，所有功能应建立报告系统，按运行系统性质，定期报告。二是四大功能过程的运行是否正常，体现在运行的结果是否与预期一致。也就是是否真正实现了符号处理的载体，经由各功能过程处理，转变成含义处理和智能行为。这一类分析由意识和思维系统主动获取运行结果，按照既有的过程和规则进行判断，如果不正常，即结果与预期不一致，就要进一步分析过程，在很大程度上，要启动与人类专家的交互，获得争取的判断及处置的方式。三是对所有智能行为的成果进行分析，是否存在达到完备、可以复制的构件，如果达到完备则报告控制系统，这是智能体生存优先的一种功能设计。

2. 意识和思维是学习的延伸

一方面，一些智能体的意识和思维的进程会触发学习，成为一个学习过程的来源。另一方面，由于意识和思维的分析过程不参与正常运行的各个功能体系，经常采用正常功能体系不宜采用的推理方式，或者说经常采用任意连接来拓展分析的方向和范围，可以补充正常学习功能基于理性的不足，成为有效的学习延伸。

3. 意识和思维是一种隐性的成长模式

意识和思维接受各功能体系的发展报告，不定时扫描各功能体系的发展状态，判断智能体成长的各种问题、风险和进展，因此可以发现智能体中一个功能体系的哪些功能发展快于同类或具有类似功能的其他功能体系，可以用复制的方式加快成长。意识和思维系统报告控制系统，控制系统决策后由应该并可以接受的功能系统执行。

4. 意识和思维是智能体个体风格养成和表现的基础

在一般的思维研究中，思维方式在宏观上成为一种文化特征的基础，在智能体对思维的应用中则反过来，将思维的特征作为构成一个智能体表现出来的风格的基础。当然，这并不是所有的智能体或所有的智能体功能体系都需要的特征，一般而言，只体现在智能体与人的交互场景与商务沟通场景。意识和思维通过一组专用的规则和微处理器，专门形成自己与人类专家交流的"性格"特征。

8.3.3　智能体意识与思维实现模式

在智能体中，意识和思维属于控制功能体系而又独立于控制功能体系的一个内置功能。所谓内置功能，是指它既不与智能体的各类环境打交道，也不参与任何智能体的外部任务，完全是一个内部的、独立的功能。

对于智能体，意识和思维承担的核心功能是态势和风险分析，次要功能是非逻辑学习功能，服务于创新性学习。它的功能建立在几个功能体系之上，特别是生存、记忆、学习三个功能体系，在一定意义上，也可以认为是特殊的记忆与/或学习功能。所以，意识和思维是控制功能体系的一个子系统，按照不同类型的分析内容形成功能组。

意识和思维子系统的核心是问题分析规则和流程。如图 8.5 所示，意识和思维功能起始于生存功能体系的报告，记忆或学习功能体系中的未决策问题，以及控制功能体系中未决策或虽已决策，但确定性程度不够高的问题。

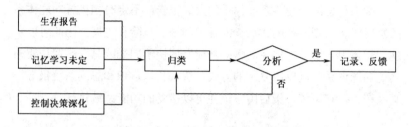

图 8.5　意识与思维功能实现流程

接收到来自四个功能体系的触发信息，意识与思维功能将其归到最适合的一个分析功能组中，根据问题的来源、特征和功能组的适用问题范畴进行归类。然后，根据该功能组的流程、不同的逻辑规则和分析模式，完成分析，或再次循环到新的功能组。分析并不需要或导向一个确定的结果，每个分析流程的结束，都留下一个记录，如果分析结果与原来的不同，得到了新的结论，则反馈到相应功能体系的相应位置，由它们确定后续采用与否。

意识与思维功能体系具有三个特殊性：一是它不参与任何智能体的任务，也就是说，它在智能体运行中是一个独立的分支，只有辅助的作用；二是它在所有的功能体系中居于最低优先级，即在所有存在冲突的地方，不管是资源的使用还是流程中涉及的对象，它始终让路；三是它以四个功能体系的相关内容为基础，循环往复，永不停息。从表象看，意识与思维与其他功能体系中相关功能有很多重复，但实际上它并不参与所有功能体系的正常运行，所以它接受做风险和发展分析需要的所有报告，这些报告也发送到所属功能体系的相关微处理器，以及生存或控制功能体系，但意识与思维不对报告处置，所有的处置由日常流程决定。意识与思维也根据分析需要主动获取一些状态，但同样不影响正常运行，它只向控制功能报告分析结果。

8.4　控制功能体系

本节介绍除意识和思维之外的主体性承载体——控制，它的功能、构成和实现。

8.4.1　功能

控制功能体系是智能体整体性、主体性、全局协同的实现者，是智能体在初始、赋予之后，生存、成长、履职、延续的承载者。作为智能体的中枢，控制功能体系管理着智能体拥有的数以千亿计、以微处理器为基本单位的自治主体所承载的各种功能和信息，围绕智能体的生存、成长、发挥作用的责任和需要，实现整个生命周期的协同运作。

智能体是一个独特的，既有自组织的柔性，又有集中控制管理刚性的社会存在，作为其中枢，控制功能体系的主要功能有资源决策、任务决策、进程协同、规则协同、风险评估、应急处置、全局控制和成长控制。

资源决策有两个主要内容：一是审定生存系统和关于资源管理的决策要求；二是平衡资源和需求，使之处于一个对智能体整体和长远有利的位置。

任务决策是指当任务功能体系对一项任务是否承接的决策确定性达不到规则确定性时，由控制功能体系裁定。

进程协同是指不同功能体系的进程涉及相同的规则、信息，并产生交叉使用的冲突（绝大部分交叉使用不产生冲突），且这些进程或体系的规则不能对这些冲突做出裁决，则做出最终决策。

规则协同是指不同功能系统存在一定数量功能相同或相似的规则。相同的规则，特别是一些共同使用的推理规则，在学习、记忆、任务等功能体系中，使用的条件或对结果判断的条件不同，凡此种种，需要控制系统即时或定时协调。

风险评估是指在接到意识思维子系统的相关报告后，综合其他相关功能体系的报告，最终对特定事件做出的评估决策。

应急处置是指控制功能对所有来自生存功能体系、意识思维功能体系及其他功能体系的风险报告综合决策后，需要做出的响应措施。首要的风险是关于生存的，其次才是资源使用不当等需要及时解决的问题。

全局控制是控制系统的核心功能。所谓全局控制，不是控制系统主导、制约智能体所有行为；相反，智能体的所有微处理器及其以上的各层功能组、子系统、功能系统都是独立的、自主的，控制系统只对按照分工由其审定或决策的事项实行控制。

成长控制是指对智能体全生命周期关键阶段的判断和控制，平稳地解决不同阶段之间的衔接要求。由于控制功能在智能体的发展过程中处于稍后的阶段，成长控制在初始、赋予之后逐步从人类专家和各个功能系统中形成和完善。

智能体的控制规则遵循下述主要原则：对于认知过程，不控制；对于自治主体，不干预；对任务和资源，强控制；对于全局，刚性控制；局部柔性，增加发展多样性；全局刚性，保证整体稳定，谨防系统崩溃。

8.4.2　架构与位置

如图 8.6 所示，控制功能体系处于智能体的中心和枢纽位置，意识思维是其构成部分，控制由两个核心构成：功能和规则，智能体其他 10 个功能体系的管理子系统与控制功能体系直接连接，其中的全局控制功能组也是控制功能体系的组成部分。

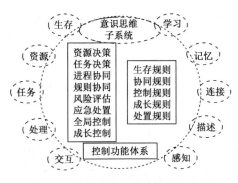

图 8.6　控制功能体系的架构与位置

虽然各个功能体系的全局控制功能组是控制系统的组成部分，但各自按照自身的规则实现事关该功能体系的全局控制。只有出现超越本功能体系边界，需要全局控制的才递交控制功能体系处置。

在图 8.6 中，意识思维子系统处于顶部，两侧靠近的分别是资源、生存系统和记忆学习系统，这是意识和思维风险分析、发散思维的基础，风险分析的结果则是控制功能应急的主要触发源。

控制所做的判断和采取的行为均影响到智能体的生存和发展，所以所有的规则均是刚性的判断依据，不进行可能存在不确定性的推理。

由于局部控制都在发生的地方决策，控制功能需要的分析、判断的类型并不多，处置的类型更少。规则的主要内容是归类，将需要处置的判断归到处置类中，如进程停止、规则修改、资源购置或废弃等。

控制基于良好的传递机制，协调和风险信息即时到达，处置指令直达相应的功能体系，所以图 8.6 中的外圈应该具有以控制体系为中心的直接连接机制。

需要再次强调，控制体系不自行实施处置。处置的操作由各个功能体系的相关部分执行。

8.4.3　实现模式及过程

在 8.4.2 节已经描述了控制的主要功能，而这些功能归结到最后的处置，就是资源调度、运行调度、任务调度、生长调度和规则调整。所有触发处置的分析和具体操作属于其他功能体系及意识思维子系统，控制要执行的就是处置的决策。

资源调度在跨功能体系使用冲突或总资源不足时发生。冲突裁决基于给定的优先级。总资源不足有两种选择：一是增加资源，由于所用资源均不稀缺，所以决策与处置都不困难；二是暂停某种使用，这也不复杂，因为物质性使用对象固定，一般不存在临时不足，而逻辑性使用暂停没有重大影响，均可按既有优先级决策。

与资源冲突不同，运行调度发生在跨功能体系对某些逻辑对象（微处理器的内容）的使用存在冲突时。需要裁决的场景若并发使用（在记忆部分，我们已经明确，对记忆对象的使用不采用锁的操作，一个记忆对象可以同时被一个或多个功能体系的多个进程使用），则存在影响其他进程的结果。对此，控制功能原则上不调整进程，继续按既定路径评估。会影响结果的进程，可重复该进程，但必须经过进程所在功能体系对重复评估的代价评估，如果重复的代价很大，则控制功能依此暂停该进程。

任务调度主要场景是否执行一项任务，这是控制功能的例行职责。一般地，决策就是执行，只有资源不充分或执行该任务不会为智能体带来利益时决策是否定的。在前面的场景，根据资源系统的评估决策；对于后一场景，根据既有规则，即根据成本收益分析结果确定。成本由资源体系给出。对于第一次执行的任务，只要资源允许，决策是执行；以后再发生，则根据成本再决策。

生长调整是指智能体在发展过程中，其在成长阶段转变时控制功能所要做出的决策与处置。生长调整的另一个功能是完备构件的判断和复制。这两个方面的具体调整将在第 9 章讨论。

规则调整是指在不同功能体系各自按自身的规则和流程修改既存规则，或增加、删除规则，且这样的调整会对功能体系产生影响，控制功能应该对此做出决策。这样的场景需要在控制功能和各功能体系中建立一个具有这种特征的规则和规则性质目录，涉及该目录的规则调整，则需要报告控制功能体系。控制功能体系在集中所有相关规则后裁定决策。决策的选择可以是修改，此时其他功能体系也随之修改；也可以是否决修改。

8.5　本章小结

本章讨论智能体中最神秘的主体性问题。为什么主体性是智能体的基本要素，而算法、算力、数据只是智能体的一类工具？这涉及如何认识、理解智能这一根本问题。

对于生物智能的演进与要素，非生物智能体的构成与发展在《智能原理》一书中已经做了系统、完整的讨论。在本书中，又从非生物智能体实现角度，再次诠释了这一根本性问题。从智能演进的历史和智能表征的所有实践来看，结论是十分肯定和简单的：智能的形成和成长不是由于智能体拥有什么样的算法、多强大的算力及数量如何庞大的数据，而是从极其简单的信息和知识的积累，从最基本的功能实现，一步步从零开始，在试错和迭代中逐步形成基本的知识、经验、技能的积累，逐步成为一个具有社会性的智能主体。

很多人在其一生中，曾经遇到过一个数学能力很差，甚至小学数学都不及格的人，但他却是一个社会中的能人，有很高的智慧。我们每个人扪心自问，在自己过往的人生中，除了学习阶段，作为一个社会的人，在生活、工作、社交中，数学占了多大的比重，离开学校后，再没有以中学以上的数学工具求解各类问题的人可能占了绝大多数。正如巴斯等人所言，其实人用内隐式思维进行问题求解要远远多于外显式，即不用思考就有了行为，就获得了问题的解。这是心理学、认知科学、神经科学研究的共同结论，但是，就是有人不愿意相信。答案昭然若揭，无论何种算法、何等算力、巨量数据，符号处理模式不可能真正实现智能，只能在某些方面形似某种智能现象。算法、算力、数据都是人类智能发展中的一种成果。

在这样一个极简又极繁的过程中，除了从感知开始的全程含义处理，以全连接为基础的理解，以大规模的自治微处理器为单元的形成和发展，还有一个不可或缺的要素就是主体性。没有主体性，生存、认知、任务、成长、遗传等智能过程犹如散沙，无法将简单的"1+1"演进到比人类智能还高的智能体。

主体性体现在生存、意识、思维、控制，还体现在自治的微处理器及其组合起来的各层功能。主体性很抽象，生存、思维、控制是智能体的最高层次，但依然基于"1+1"的基本模式，所有的过程依然是清晰的、简单的。

———— 第 9 章 ————

智能体生命周期

    无机物构成的智能体具有自治的生命周期，这是触发迄今为止基于生物智能的地球文明转折点的力量。

    智能体生命周期的描述，好像一首畅想诗，但它是在 11 个功能体系极其繁复的构架和过程上建筑起来的。

9.1 智能体生命周期概述

9.1.1 智能体生命周期的过程与要素

智能体生命周期顺序分成六个大阶段,每个阶段还可以有若干小阶段,阶段之间还会存在重叠。如表 9.1 所示,在发展的不同阶段存在不同的标志、活动和环境要素要求。

表 9.1 智能体生命周期简表

阶 段		主要活动与标志	人的角色	其他环境要素
1 初始	软件	特有功能软件	主角、设计	资本、资源
	硬件	适用功能芯片	主角、设计制造	资本、资源
2 赋予	微处理器	起步微处理器形成	主角、构建	资本、资源
	系统	各功能体系成型	主角、构建	资本、资源
3 培育	功能	顺畅运行	关键要素	友好环境、知识、信息的可获得性
	信息	种子形成	关键要素	
	主体性	早期形态	关键要素	
4 成长	知识	延分类和主题拓展	重要因素	友好环境、知识、信息、技能、资源的可获得性
	经验	延角色需求拓展	重要因素	
	技能	延角色需求拓展	重要因素	
	管理	局部和整体管理形成	配合因素	
	控制	全局与生长控制形成	配合因素	
5 履职	任务	具备执行必要任务能力	配角	商务、资源可获得性、适用性
	资源	配置任务资源	配角	
6 终止	复制	成熟度达标者复制	配角	友好性
	终止	智能体终止	配角	

如表 9.1 所示,六个阶段分别是初始、赋予、培育、成长、履职和终止。这是一个可实现、繁复的持续过程,环境要素的影响力比技术更大。

在人的成长过程中，没有以父母、家庭为核心的社会环境呵护，没有恰当的教育和生存条件，智能的发展就会受挫。在智能体的生命周期，同样需要一个友好的社会环境，这个环境需要与此相关的所有人或机构创造、参与、维护，当非生物智能体的创建和使用达到一定规模之后，社会应该形成包含这一类主体的新的行为规范。

生命周期前后相继、环环相扣、快速迭代。对于一个智能体，生命周期的各阶段既是前后相继，有一个可见的阶段交替，特别是前三个阶段；又是迭代重合，后面的阶段同时存在前面的阶段。特别是在智能体形成的早期阶段，对创建一个智能体的很多方面还缺乏经验的时候，必然存在摸石头过河的过程，而这样的过程采用迭代循环的模式是最有效的。

9.1.2　初始阶段

初始与赋予是智能体诞生的前提，如同遗传基因是生物智能诞生的前提。智能体诞生的遗传基因，是人类专家与社会共同承担的初始与赋予。初始是规划、设计、开发，是创造基因；赋予是遗传过程，是造出一个智能体雏形。

初始的目的就是将智能体的核心和前导遗传基因规划、设计、开发出来。核心和前导的遗传基因是承载智能体各功能体系种子功能的微处理器的软硬件，以及支持、引导智能体成长过程的工具及其载体。这里最关键的是对一个功能、功能组、子系统、功能体系全面的功能理解及找出其中核心的种子，该种子有代表性、能扩展、能增长。

初始的任务主要有五个：作为一个工程项目的规划与设计，主要类型微处理器能够工作的软、硬件，各功能体系设定成长过程的主要微处理器及其规则，跨功能体系协同、管理、控制的规则及其载体，完整的测试软件和测试场景、数据。

初始的关键成功因子有三方面：确定需要规划和设计的是什么，微处理器按需求能正常工作的共性芯片和操作系统的设计，功能和成长规则的刚性与发展弹性的一致或平衡。

初始的主要风险是规划的规模、周期、实施策略与资源和能力不匹配，沿着符号处理的思路设计微处理器、规则和体系化的功能，自治的微处理器及其以上各层功能集合与智能体的主体性处置不当。特别需要防止的是以设计的软、硬件达到预期目标作为初始的目标，设计的软硬件正常运转不是智能过程，智能过程产生于这些功能的运转之外。特别是智能体的主导权如何从研发团队手中转移到智能体的控制功能，需要在一开始规划、设计的时候将过程和规则包含其中。

初始要充分预见智能体以后各发展阶段的需要，把握智能体发展的全局性，对主要难点做出应对，主要如下。第一，形成常识和适应社会的行为规范的必要规则和功能子系统。常识对于知识体系而言，不规范、零散；但对于一个正常的人而言，它是数百到数千基础辨识和行为能力。第二，适应社会习惯的要求，基于人的环境，也就是数百到数千。关键是要设计一套规则和过程，使智能体能通过交互，如同不知疲倦的儿童一样，不到穷尽不停止。

从智能体功能和发展全局看，初始要给出系统、可成长、唯一及智能体可理解、可使用的符号和标识体系，要给出一般性、通用性的规则、过程，并留有控制的刚性和成长的柔性。

初始的环境要素主要是人力和资本。是不是有足够的理解智能体特征和实施模式的人才，是否能筹集足够的资金。更加关键的是，如果采取基础优先的策略构建通用智能体，技术队伍要耐得住十年寂寞，资本要扛得住十年没有回报。更为重要的是，能摆脱固有的关于智能的思维模式和基于符号处理的计算模式，把握含义计算和渐进、成长式的智能发展本义的总设计师及一组分析架构师。

初始设计完成之后就是赋予。赋予的目的就是将设计好的软件与配套的芯片结合起来，成为特定的微处理器，这些特定的微处理器集成在一起，成为智能体的起点，在这个起点上，经过培育过程，就可以进入自主的成长阶段及以后的发展过程。

9.1.3　赋予阶段

赋予的基本特征是智能体的主要构件成型。赋予的前提是拥有按要求设计制造的芯片和对应的操作系统，以及相应的物质资源：必要的建筑和基础设施。微处理器的操作系统包含该微处理器的功能处理能力。

赋予成功的标志是规划中的一个个自治的微处理器、各层次功能组、各子系统、功能体系及在控制功能体系主导下的智能体可以运行，达到设计的目的。

单个和各层次系统是否能够正常运转，需要系统、精准的测试。按照在设计阶段完成的测试工具和相应的场景与数据，进行测试，修正发现的问题，最终全部满足设计功能要求后移交到智能体进行自主管理和控制。移交是将运行、维护、管理、控制的主导权及必要的信息和过程交给相应部分的相关微处理器。

赋予阶段有两个事项需要重点关注。一是在认识上，不要等同于传统 IT 项目的移交，而是智能体的赋形，从初始的逻辑功能变成以物质载体为基础的功能系统，这是超越 IT 项目的软件交付和集成项目的交付，其主要的不同是，不是交付给其他人或机构，而是产生出了一个需要成长为独立主体的智能体。二是在赋予阶段不仅测试一个个软件、微处理器、功能组的具体功能能否实现，更为重要的是，隐含在这些软件、微处理器、规则、流程背后的智能体的基于含义的计算能力，基于认知的任务执行能力，自主的生存和控制能力能否实现。

人类智能如果没有成功的遗传过程，则一定会产生先天缺陷。初始与赋予对非生物智能体的重要性也是如此。但是人类在遗传过程产生的缺失是不可弥补的。而非生物智能体初始赋予的错误可以通过恰当的措施进行弥补，甚至重新来过。这就需要有一个合理的初始和赋予的实施策略。

一般而言，实施策略基于两个条件：智能体的功能和项目的时间设定、总设计师及各架构师的能力。合理的实施策略就要基于这两个条件，找到实践路径。可供选择的实施策略主要在两方面，一是起点的数量和典型的选择，二是迭代试错在哪个阶段、哪个流程。确定起点数量和典型基于人才和项目的进程，人才又是第一位的。每个独立类型种子的设计，必须有能担当这个任务的架构师，如果没有，只能将起点数量减少，一直减到所有启动的典型选择都有合格的架构师为止。典型的选择受制于两个要素：总设计师及其团队是否能精准地确定选择的典型，即种子原型；在智能体今后的成长和发展中，以及纵向深化与横向扩展的过程中，典型在上述种子的基础上能否实现。这样的种子既满足了功能发展意义上典型的要求，又能成为技术发展的基础。理论上，应该选择更多的种子并行发展，因为一个通用的智能体，这样的种子数量可能数以百万计。所以，无论拥有多强的人才队伍，开始的选择只能是很小的一部分，选择种子中的种子。所谓种子中的种子，就是它不仅可以有效地为后续的典型设计和开发提供经验与知识，还尽可能多的可重用模块。这种实情也导致了试错和快速迭代方式成为策略选择的必然。只有在积累了知识和经验，有了大量成功的种子之后，才存在比较平坦的路径，存在数量不断增加的并行设计和开发。

总结一下，初始与赋予两个阶段就是为智能体塑造逻辑和物理载体，围绕这个目的展开的规划、设计、开发、赋予、测试。核心的认知是理解软硬件的功能不是智能体的智能，理解为什么要选择恰当的种子，理解智能体的主体、自治和成长，理解在软硬件符号处理器之上的含义处理。

9.1.4 培育阶段

初始和赋予为智能体打造了一个可以成长的胚胎，这个胚胎需要经过培育和成长两个阶段，才能成为真正具有一定能力的社会主体。培育阶段类似于人类的儿童期，在这一时期将赋予的功能变成智能体掌握的功能，并利用这些功能，开始认知的发展。成长阶段则类似于从接受基础教育到成人的阶段，智能体拥有承担社会责任的基本知识、经验和技能，并能够自主管理整个智能体的所有事务。一般而言，培育是掌握功能，成长是利用功能，积累自身的知识、经验和技能。从逻辑分析看，培育与成长是两个有显著差别的阶段，但在实践上，很难进行具体的明确区分，因为掌握功能也是知识、经验、技能积累的过程。

接收赋予之后的智能体几乎没有自我发展的能力，培育是构建智能体项目的必要构成部分，是开发、设计、赋形的延续。智能体的设计开发团队是培育的主体。赋予之后的测试保证了各微处理器、各功能体系的各层级软、硬件功能的实现。正如前面指出，设计功能是智能体用来实现认知、任务和主体性的载体和工具，不是智能体发展和使用的智能元素。

培育的目的就是将这些载体和工具的作用发挥出来，形成智能体的认知过程、任务执行过程、资源管理和维护过程，以及整体管理、协调和控制过程，即实现智能体的所有智能过程。这个要求还隐含了一个内在的要求，智能体能自主实现这四个过程，意味着能够实现从开发者手中接过控制权。如果初始、赋予采取的策略是少量种子，在培育或成长时增长为完整功能的，则还要在种子的基础上，实现同类拓展与/或功能延伸，达到前述四大基本功能需求。这也是培育与初始、赋予阶段测试的本质区别。例如，同样是对一个感知对象的感知，测试是检验感知的符号集合是否能正确区分并标识，而培育则是测试这个符号集合是否符合描述的要求，并成为智能体可理解的记忆。

形成智能体的认知过程，需要为所有与认知过程相关的种子（典型）微处理器，选择恰当的感知内容，完成所有必要的功能过程。认知过程培育成功的标志是智能体的主要感知类型都有对应的对象得到正确的感知、描述、连接并保存在记忆中。这个过程应该置于项目指定的开发人员的全程追踪和监测下，保证感知是否能够记录所有应该记录的单元及属性；描述是否用恰当的符号和标识，将感知微处理器送来的所有内容及相互之间的连接做了恰当的描述；连接是否达到应连尽连，关系与标识是否正确等；来自感知—描述的对象在记忆的归类是否恰当，连接是否正确，需要增加的连接或描述是否需要修改；学习、任务、生存和控制等功能使用这些记忆单元是否恰当、顺畅；更为重要的是，这个过程处理新的未处理过的对象，特别是在初始、赋予阶段没有涉及的认知对象，能否辨识出来，由交互的队伍完成新种子的设计和开发，并在后续的过程中得到证实。

培育的第一项任务是形成并完善认知过程，这一过程有四项重点任务。一是实现各类感知对象正确的认知，选择好感知对象，即必须覆盖所有的类型及每个类型中具有典型意义的对象，观察其过程，如果存在不能正确认知的，即追根溯源、发现问题、解决问题。二是实现描述、连接、符号、记忆、提问的理解过程。需要把感知对象与提问一同设计，并得到正确的答案。三是实现认知过程相关规则的检验、校正与提升。同样需要合理选择感知对象及问题，使这些对象的认知—理解过程能遍历规则，能触发规则的成长，从而为这一功能系列得到验证并为成长扫清障碍。四是实现恰当的记忆归类。通过已有的体系性分类体系及其知识，为记忆的归类建立框架，通过其他的知识体系丰富这样的框架，经由培育者的交互补充新知。

培育的第二项任务是形成并完善智能体的任务执行过程，这一过程有四项重点任务。一是实现单任务执行。设定的典型任务或智能体以后将承担的主要任务在流程上能够顺畅执行。二是实现多任务并行。恰当选择多项任务，使之存在进程中的冲突，并能按规则实现有效的协同。三是实现任务规则的使用及完善。选择的任务要触发所有的规则，发现规则的问题并使之完善。设计可以触发规则修改、增加的任务，检验这些规则的运行，并对修改、增加、删除的操作进行评估，对任务执行效果评估的规则要给予特别的关注。四是实现任务留存微处理器的生成。在培育期间，每次任务执行的主要成果就是发现问题，构建执行留存微处理器，这是任务执行从零起步的关键，需要培育者精心审核、发现问题、解决问题，重点是对相应规则和进程的修改、调整或增加。同时，要检测执行留存微处理器是否可以成为下一个类似任务的原型，在此基础上生成新任务执行所需的全部功能。

培育的第三项任务是形成并完善资源管理和维护过程，这一过程的主要任务有三项。一是形成并完善任务需求资源判断和获得的能力，即估计实现一个任务需要什么样的资源，并根据流程得到这些资源。二是形成和完善管理资源的能力。这也是资源功能体系的能力，即在接到内部行为和外部任务对公共资源的需求后，能进行分配、协调，以及采取其他必要的措施。三是形成和完善维护资源的能力，即各功能体系自身的资源，能否实现有效的协同和维护；资源功能体系的获得、分配、协调、维护的功能是否由恰当的功能单元根据给定的规则实施。如果发生不正常的状态，培育者应当给予纠正并对相应的规则、流程进行修改。

培育的第四项任务是形成并完善整体管理、协调和控制过程，这一过程的主要任务有三项。一是选择的内部行为或外部任务可以触发整体管理、协调、风险分析，使这些单项功能按流程实现。二是实现并完善协同功能，主要是生存到控制、意识思维到控制、任务到控制的流程。三是实现规则功能并分析其是否需要进行修改。

上述培育任务都是单功能或跨功能的培育，还有一项原则性的培育任务，那就是通过各构件之间的关系和协同，判断全部构件是否具有自治特性，是否是独立运行和发展的功能单元；同时，需要进行必要的协同、管理、控制，保证智能体整体协调。这是一个重要的培育任务，需要设计恰当的行为和任务测试这一功能，并在此基础上修正错误使之完善。

在培育阶段，一个特别的任务是初始和赋予阶段的常识和行为习惯的形成。认知、行为、生存、控制功能有比较清晰的规则、过程和参照系，常识和习惯没有这些有利条件。常识看起来难以捉摸，其实是有迹可循的，对于一个通用智能体，习惯主要有交互、商务、环境。初始阶段已经对这两个问题设计了一定的规则、过程、微处理器和功能组、功能子系统。但是，人类对这些琐碎的、不起眼的基础智能，甚至是关键智能几乎没有系统的研究，即使发展心理学、婴幼儿教育，甚至胎教，都没有从这个角度去总结。通过对婴幼儿的观察发现，很多常识的形成及习惯行为的发生、发展是由遗传基因决定的，这就超出了相关学科领域对常识和习惯研究的范畴，产生了神秘性。所以，培育阶段要在初始阶段成果的基础上，完成所有常识和习惯的形成和完善机制，并通过交互及以后的交互环境，使智能体基本完成常识和习惯的形成过程。

如果初始、赋予采取的策略是少量种子，在培育或成长阶段是增长完整功能，则还要在种子的基础上，实现同类拓展与/或功能延伸，达到前述四大基本功能需求，培育与初始、赋予交叉并行。

培育阶段能否成功，除了研发团队的预见和主导、初始与赋予的质量、培育团队对关键问题的处置能力，还有一个重要的因素是经由互联网接入的志愿者的数量和主动性。在一般情况下，智能体在培育阶段的并发提问数量巨大，每天都会产生数万个、数百万个甚至更多的交互提问，其中的大部分可能对于一个正常的小学生来说都是十分简单的问题。如何设计有效的交互模式，让更多的志愿者主动、持久参与变得十分重要。

9.1.5　成长阶段

成长是智能体从基本具备功能到成为能承担社会责任的独立主体的过程。成长阶段的主要目标是实现四个系列的功能成熟并经过了需要执行的任务的实践。成长的主导者是智能体自身，但依然需要友好的外部环境。

成长是一个长期的过程，智能体从培育的团队手中接过管理的主导权，有一个成长的优先序列。成长阶段中第一优先的是生存。接管资源和生存功能，将逐步自主地管理维护资源系统，分析判断生存状态，做出决策，实施相应的处置。因此，资源、生存、意识和思维、控制功能在成长期属于高优先级别的模块。在认知和任务两个功能过程中，认知优先，没有认知先行，任务功能就不存在。当然，这也不是绝对的，因为认知要为任务执行服务，所以对任务执行类型的知识、经验和技能的学习在认知中应放在常识、基础知识之后专业领域学习的首位。

成长是一个体系，从单个微处理器到由微处理器构成的各层功能组、子系统、功能体系及整体；成长是一个多维度的过程，横向持续增加，纵向不断成熟，综合不断协调；成长既是初始、赋予、培育的延续，也会继续提出新的初始、赋予和培育的需求；成长是履职的前提，执行任务又是成长的重要源泉。所以，智能体的生命周期是一个逻辑上有清晰的阶段存在，实践上则是交织在一起的联动式发展过程。

智能体的成长基于一个友好的环境，如同孩子的成长需要一个好的家庭和社会环境。这个环境主要是资金资源不缺、交互及时不断、整体环境友好。除资金、资源的可获得性外，友好的环境有三个重要领域：一是交互对象的质量和数量，二是学习材料可获得性，三是经验和技能增长的实践场景。

交互对象是专业队伍和一般的网民。专业队伍是指智能体研发队伍在培育阶段结束后，重新组织专门服务于该智能体的一个团队。这个团队要精准掌握初始—赋予—培育过程的所有技术和经验，在后续发展中当出现与这些知识相关的问题时能迅速给出解；这个队伍要具有足够的人力，以适应智能体大规模并行进程中提出的问题数量；这个队伍要得到足够的资金支持，参与人员要有足够的耐心回答极其简单的问题，参与人员也要有足够的经验和能力，以洞悉简单或复杂问题背后的隐含问题：规则、流程、控制、协同，已有的微处理器或逻辑工具的连带判断，等等。大量的交互不涉及专业问题，常识是认知，也包括任务执行的主要内容，只要是互联网用户，都可以成为智能体交互参与者。当然，交互过程建立在便于感知微处理器处理的给定格式基础上。

以学习为中心的认知过程是成长的重点，学习知识需要良好的知识资源，积累经验、学习技能需要良好的实践场景。在成长阶段，这两个问题的解决主要依靠互联网获取知识，利用虚拟现实等技术积累经验和技能，而专业团队负责这两个模式之外的知识资源和场景。

具备履职所需的知识和能力，不仅是认知过程，还需要任务执行这个直接的能力达到成熟。在培育阶段，只是打通了任务执行的流程，检验并完善了相关的规则，但功能还没有成熟。从第 7 章的介绍中，我们可以看到，从方法看，智能体执行任务的基本策略是穷尽需要执行任务的解空间；从逻辑看，执行任务最好不使用逻辑推理功能，即使使用，也只是用确定性高的逻辑方法。这种策略要求在成长阶段，对智能体可能在履职阶段承担的工作尽可能做到穷尽解空间。所以，成长阶段在一般性知识、技能、经验积累的认知发展基础上，需要尽早确定智能体的履职方向，即主要完成什么类型的任务，如教师助理、理财经理、问答服务、自动化设备或生产线管理等，按照这样的任务类或任务群，有目的地通过学习与模拟执行，尽可能在成长阶段穷尽这些任务类型的解空间。

成长过程也是智能体资源不断丰富、生存系统能力不断增强的过程。认知过程促进了处理功能体系，有方向的任务执行学习与体验，促进了资源的管理和协调。在与外部环境的交互中，相应也提升了全局管理与控制、风险分析与应急处置的能力。

成长阶段是长期的、并行的。成长与培育很难划一道刚性的时间线，成长与后续的任务执行并行发展，直至智能体生命周期终止。不同成长任务之间是互动过程。认知提升任务执行能力，任务执行的学习提出了认知的新需求；内部行为和外部行为的交叉，多重学习的并行，持续检验了协同、管理、控制的功能。智能体在一个个独立自治又围绕整体目标，在主体性的控制下，走向可以履职的独立社会主体。

成长的目的是使智能体尽可能快地达到可执行任务的状态，并通过有目的的学习，能执行尽可能多的任务类型。这个标准就是成熟度，达到可以执行任务的成熟度判断标准不尽相同，它与任务性质紧密相关。因此，要把握智能体成长过程的方向，使之能够在这两个方面满意地达到成熟度标准。

成长是整体的，更是个体的，基于一个个构件的成长。构件的成长分析将在 9.2 节讨论。

9.1.6　履职阶段与智能体终止

作为工程项目，尽管其中大量包含原始和基础的创新，智能体研制不是科研项目，而是要成为一个能独立承担有价值工作、有竞争力的社会主体，这个目标的体现就是履职。履职是智能体存在的依据，是智能体所有功能的结晶。

进入履职阶段的前提是至少有一项具有社会价值的任务执行已经成熟，进入履职阶段的标志是与任务提供方签署商业合同。这也意味着，智能体能够进入履职期时，一般还有更多的认知进程为成长而运行。

对一个或一类任务，是否从成长的试错性执行到商业行为的执行，前面已经论及，智能体控制功能的判断标准是对于该问题的解空间达到可以穷尽或虽不能穷尽，但使用确定性很高的推理过程。成熟度的判断标准不尽相同，因此，成熟度与任务性质紧密相关。

智能体对履职可以有不同的取向，以专用或通用、逻辑性或物质性为主；在智能体履职的不同阶段，还存在以学习为主、履职为辅，或者以履职为主、学习为辅的模式。不同的取向决定了智能体初始阶段规划、设计的方向及培育和成长阶段的侧重点。

专用的智能体一般是指能执行一类或几类相似的任务类型；通用的智能体则是指能执行多种任务类型，但还是以既有逻辑性的也有物质性的为主。无论是什么类型的任务，只要是商业性的工作岗位，其关键要素仍是成熟、可靠。成熟、可靠的关键就是肌肉和小脑智能，或肌肉和小脑智能加上高确定性逻辑推理的大脑功能。履职没有不确定性，对于不确定性的任务，智能体不签合同。从履职看，成熟度是一个宏观的概念，即这个任务的解空间是否穷尽或只需要高确定性的推理即可完成。在具体的任务执行中成熟度是一个微观性的成熟，即其中一个个过程、涉及的智能单元的成熟度，或分解之后的构件成熟度之和或乘积。因此，任务成熟度判断基于一个个部件、过程、规则和结果，这些内容将在 9.2 节讨论。

从生命周期看，智能体的履职过程经历了从以学习为主、履职为辅到以履职为主、学习为辅的过程，这是智能体提升自身履职能力的过程。因此，履职是学习过程，也是成长过程，履职促进资源、生存、意识和思维、控制的成长和完善。

智能体在执行任务的过程中提升能力，也在这个过程中向新的方向拓展。这样的拓展可以是平行的同类任务或大体相同的新类型。在积累了更多的经验，并在这个过程中学习了更多的与解决问题相关的知识和任务执行的策略之后，逐渐向全新的类型进展，专用的智能体也可能跨模式走向通用智能体，通用智能体具有更加广泛的履职能力。

一个主体，有生必有死。智能体生命周期的最后一程是终止。非生物智能体与人类智能的最大不同是拥有知识和经验、技能的隐性和显性。人类遗传的智能是隐性的，遗传基因不能直接用作完成除遗传外的任何智能行为。智能体的智能是显性的。尽管智能体在长期、反复的发展中形成了极其庞大、连人类也难以逐一理解的知识、经验和各种能力。但是，它的一个个构件及由构件组合而成的功能是显性的，而且可以直接用作采用相同符号、标识、规则体系的其他智能体，可以直接变成另一个智能体的能力。因此，智能体在终止的时候，必然存在复制，即将成熟的构件及其集合复制到其他智能体中。这在后面将专门讨论。

9.2　智能体各类功能的成熟度

9.2.1　成熟度评价的基准与等级

成熟度是智能体每个组成部分要达到的功能目标与已经达到的功能之间差距的度量，差距越小，成熟度越高。成熟度是一个动态、多层、多维的概念。动态是指在智能体发展过程中，作为成熟度衡量标尺的预期功能目标是可能变动的。标尺变动，成熟度的结论也不同。多层是指智能体构成的各个层次都应该有符合自身的成熟度评价。多维是指智能体的不同功能类型，需要有不同的评价尺度。

成熟度评价是智能体发展规则的主要构成部分，智能体各个层级和功能的发展规则基于成熟度。智能体由一个个具体的构件构成，综合的、复杂的、全局的功能，构建在最基础的微处理器之上，构件的成熟度决定了由此构成的功能的成熟度。进一步看，智能体各功能体系的功能是通过一项项具体的活动实现的，活动建立在组成活动的构件上。各构件的成熟度在相应章节的成长或评价等内容中已经介绍，如第 5 章学习部分对以记忆单元为基础的特定认知对象的成熟度问题的讨论，本节将讨论以活动为单位的成熟度评价。

从成熟度角度看智能体所有活动，可以将其分为四大类：认知、任务、生存、思维和控制。每个活动又从部件、过程、规则、结果四方面进行评价。

成熟度是动态的，但从智能体控制功能的发展决策看，也需要分成几个关键的节点，需要根据智能体的当前状态做出判断。一般地，可以沿用第 5 章记忆单元的成熟度三个等级：0-1、1-n、n-N。0-1 是入门级，即该构件（不管什么层级或功能，下同）的基本功能已经能正常运行，从生命周期看，已经走过了培育期。1-n 是运行级，即该构件已经至少能够执行一项基本任务，从生命周期看，已经走过了成长期。n-N 是完备级，即能够顺利地执行一类任务，对这类任务已经达到穷尽解空间，或可以对其中的任意一个任务具有正确完成的把握，从生命周期看是履职期的开始到结束的阶段，所以，同属这个等级的成熟度，也存在比较大的差别。

9.2.2　成熟度评价的分工及原则

对于成熟度，分级只是一个标识，重要的是谁及如何评价，即评价的分工及原则。

由于初始、赋予、培育这三个阶段由设计开发团队主导，因此入门和运行两个等级的成熟度评价规则、过程及所有开发、赋予、培育的构件等的确定，都属于这三个阶段的内容。设计、开发、培育的所有构件要包含成熟度评价的全部活动及规则、过程的知识交付给智能体相应的构件。

在成长、履职过程中，智能体自主增加构件的成熟度评价规则、过程和承担者，由智能体相应构件中的管理功能部分的微处理器承担。入门级和运行级的成熟度评价的尺度十分清晰，入门级就是系统开发、赋予测试的必然要求，运行级也是培育阶段是否达标必需的测试要求。这些内容本来就在系统的开发测试文档的要求中。这类规范程度很高的文档成为智能体可理解的记忆，可执行的规则和流程是标准的认知学习过程。

需要注意的是，智能体在后续阶段用类比的逻辑，通过复制、提升、完善等过程，增加新的构件，对这些构件同样需要进行成熟度评价。此时，评价主体就成为相应构件的同一层级或上一层级的管理功能模块，因此，设计、开发应该纳入这样的需求。

9.2.3 成熟度的完备性

完备级是三个等级中最复杂的。首先是因为动态性。所谓动态，主要在这个等级，因为一个构件的完备性在智能体成长和履职过程中是变化的。不管是认知系统、任务系统、生存系统还是控制系统，问题空间都是在发展中动态变化的。其次是因为一个构件从运行到解空间穷尽的完备，一般均有极大的差别，因为达到运行级是一个行为（如理解问答、任务执行测试等）通过，而完备级的行为可能成百上千，有的构件可能要对更多的行为求解，因此需要中间层次的评价。

完备的成熟度评价也是最重要的评价，因为它以任务执行为中心，是包括认知、生存和控制在内各种决策的基础。完备评价的执行主体是智能体，基础是已经设定的规则和流程。评价的触发有两个环节：

一是该构件执行虽然是同类，但当存在不同的任务或行为时，要进行判断，服务于是否执行或对行为结果的评价；二是在该构件复制前，进行完备性评价，以决策是否复制，并形成新生构件的成熟度基础。

从运行级进入完备初级，只需要完成该构件的一项任务（或行为、事务），从完备初级到解空间穷尽，意味着从一项到全部，尽管这个全部可能是时间性的，即做出判断的时间点。这个全部是多少，取决于该构件的功能类型。基于这样的状态，完备度的提升和评价是一个基于实践、循环迭代的过程。迭代过程的起点是已经确定的一项任务（行为、事件）的完备度，中间过程是又一项同类、差别不大的任务（行为、事件）的执行或认知、控制的过程，随后是评价，任务（行为、事件）执行过程和结果的评价，再进行完备度评价。如果执行评价是成功，则该构件的完备度增加 1，或者说从 n_i 增加到 n_{i+1}。

从 0 开始，经过开发者测试完善到 1，在培育中逐步试错、叠加，到 n，再在履职及智能体其他智能行为或事件的执行中迭代成长，一步步发展到 $n+1$，$n+2$，$\cdots$，$n+i$，直至 N。

成熟度的评价基于一个活动过程各参与部分的成熟和结果的成熟，目的是通过智能活动的评价，建立成长的新台阶，推动智能体从细微的局部开始，到功能、功能体系，直至走向全面成熟。

9.3 通用与专用智能体

9.3.1 智能体的类型

本书所讨论的智能体，其目的是能够替代人的工作岗位，完成人不能完成的智能任务，成为具有承担社会责任的自治主体。替代和发展是一个渐进的过程，经济社会运行、科技发展有很多类型的工作岗位，智能体在发展中将会形成很多类型。按大类可分为两类：通用和专用，通用和专用又会细分出更多的类型。

通用的最简单含义就是多用，即一个通用智能体能承担多种工作岗位，而且多种岗位并不是同类或类似的横向延伸，而是至少能承担两类在知识、能力上属于不同分类的岗位，如教师和售货员，而不是语文教员和数学教员。专用的最简单含义就是专注于某个工作岗位，将这个岗位的能力提升到可能的最高度。因此，通用智能体就是多个不同类专用智能体的组合，专用智能体是通用智能体中的一类。通过分析通用和专用智能体的类型，从中可以看出一些功能相似的智能体，从而构成智能体家族。从生命周期的角度看，智能体家族是一个有意义的概念。

显然，无论是通用智能体还是专用智能体，均有大量不同的类型。可以按不同的标准分类，如沿着社会的职业分类、经济社会的领域分类等。从智能体生命周期及发展路径和策略的角度看，分类是为了从智能体生命周期的不同阶段看发展路径和策略的不同，从而提升一个具体项目的实施效率和智能体发展的整体效益。

结合社会实际需求、发展策略，智能体类型可以从下面两个维度做出区分。

首先是从智能体的特性与经济社会发展领域看，可以分为五大类：物质产品生产与服务，包括所有与物质产品设计、制造、供应链、物流、服务相关的岗位；知识产品生产与服务，包括所有与知识（信息）类相关产品的设计、形成和服务；生活类产品和服务，这一类产品和服务有的是物质性的，有的是信息或知识性的，有的是结合在一起的，它们的特征是以个人和家庭为单位的产品和服务；创新性产品和服务，是指工程技术和科学研究项目、成果和相关的服务；具备特殊能力的产品和服务，是指人不能承担或难以承担的工作岗位或预期目标的任务，如深海探索、星系探索、生物探索及其他极限探索。

其次是从智能体开发的策略和路径看，可以通过以下五种类型组合或选择。一是重用性，是指一类智能体相互之间的构件，如微处理器和共用资源，可以比较多地重用，具体到智能体类型，所有类型都可以找到不同程度的可重用构件智能体。二是参照性，是指一类智能体，在设计、开发、培育过程中，从思路、策略到实际工作的开展，存在比较多的参照意义，这可以有效降低设计、开发、培育的工作量，从而加快进程。三是拓展性，是指一类智能体，不仅具有重用和参照的特点，还具备岗位或功能上的协同性，便于履职时的管理和协同。四是可实现性，也可称复杂性，是指一类智能体，对于开发主体的基础和资源，比较易于实现，之所以易于实现，可能是复杂度低，更可能是与开发主体拥有的资源和团队的基础比较一致。五是切入点，是指开发主体智能体类型选择的是优先实用还是优先基础。优先实用，大都是商业前景、投入产出比较高的类型；优先基础，大都是在基础上可以衍生出比较多实用智能体的类型。

9.3.2　智能体的发展策略

在前面的章节中，我们都是从智能体自身角度看智能体的功能、发展和生命周期。但是，在智能体的生命周期中，初始、赋予、培育这三个阶段是人主导的，是由项目的出资者和研发团队完成的。从这个角度看，智能体发展的策略，是由这一组主体决定的，而决策的基础，是拥有的能力、社会的需求，基于对智能体类型所决定的发展路径。

从开发主体看智能体发展策略，主要有六种模式：集成式、叠加式、开放式、封闭式、基础优先、应用优先。从国家层面看，还有一种策略：开放式平台。下面分别介绍这七种模式。

集成式是集成既有成果，以最终应用为起点，逐步反求构成部分，最终能理解、掌握、开发所有构件的一种智能体发展模式。这种模式适用于物质产品生产与服务类智能体，也是当前基础最好、需求最迫切、效果最显著的一类。这类智能体的基础是人类社会数百年工业革命和信息革命积累的能力，这一过程已经积累了大量物质产品和服务的物理运动过程和逻辑过程的知识、经验，并且已经得到充分的文档化和体系化，这是智能体发展的基础材料。集成式就是智能体先学习操作，维护外包、设备或生产线的软硬件成套购买，在使用层先替代；

然后在使用、维护过程中，先学习维护，其次学习逻辑功能，实现加工不同规格产品的自行开发。这种功能实际上也已经有成功经验，因为一台设备或一条生产线能够加工或生产的产品规格是有限的，所有的基础逻辑控制模块都是可学习的，新增产品的加工或生产，其问题空间和解空间都是可以穷尽的。另外，可以根据维护和成本的考虑，逐步反求物理性构件的生产。不仅是制造业，在一些服务业也可以用集成式实现，如海底捞的无人餐厅实际上也是一种集成式。大量机器人，包括工业和服务机器人，甚至无人驾驶都存在集成式发展。但是，上述例子是用自动化或人工智能路径发展的，没有考虑这些系统或设备的主体是谁的问题，没有设计出智能体自我理解、积累、发展的机制，集成式的智能体发展与自动化、智能装备之间的差别就在这里。

叠加式符合智能体发展的渐进式过程，适用于几乎所有类型的智能体，但更适合知识产品和服务的类型。与集成式不同，叠加式不急于形成承担一种社会岗位的能力，而是根据具备的基础资源和人力，确定一个明确的目标及项目规划，在此基础上，选择最易成功的局部开始实施。这个模式的起步容易，也可以充分利用在局部发展形成的成熟的微处理器复制到新的局部。叠加式从简单的局部开始，但对于规划和设计必须基于全局，用全局的规则、符号、标识为未来的发展建立"车同轨、书同文"的环境，要规划所有的功能体系，特别是记忆的理解过程，记忆已知的任务执行过程，基于资源管理的生存过程，基于风险分析的控制过程，都要全面规划并融入起步的局部中。

开放式对应的是封闭式，是指设计、开发、培育、成长过程是采用封闭还是开放的策略。两种策略都是必要的，也没有哪个更好的结论，不同的模式适合不同的场景。有两种不同的开放策略：一种是参与性开放，将过程中一些与传统 IT 项目相似的任务通过外包的方式实现；一种是通过开放平台，不同程度地吸取外部进入开发者控制的过程中。封闭式则全部由开发团队实现，可以保证技术和方法的不外流，但可能影响成本与速度。特别是通用的基础先行的模式，可能必然采用开放的模式。

　　基础优先是指开发者的目标不是指向近期的收益，而是积累智能体的基础知识、技能、经验，然后朝着一定的方向，厚积薄发，实现多项功能。所以，基础优先一般适用于通用智能体。基础优先也可以与上面的模式结合起来，采用封闭或开放、叠加或集成式。

　　还有两类智能体，它们的发展必须采用基础优先模式，那就是创新型产品和服务及特殊能力产品。创新型产品和服务是指工程技术和科学研究项目、成果及相关的服务。具备特殊能力的产品和服务，是指人不能承担或难以承担的工作岗位或预期目标的任务，如深海探索、星系探索、生物探索及其他极限探索。这些产品和服务，必须从基础开始积累，一直发展到智能体可以达到的程度。

　　应用优先是基础优先的相对模式，开发者只想尽快实现既定的目的，收回投资。这种模式一般适用于复杂度比较低、基础条件比较好的情况，特别是开发团队在这个方向拥有较多的积累，有能力快速达到目的。通常是在今天已有的自动化或智能系统基础上用智能体的方法重构。

　　此处需要对国家公益性开放式平台进行说明。智能体发展的基本原理就是在一组实现含义计算、自治发展的规则和模式指引下，以智能体理解为中心，在巨大的独立又协同的微处理器并行发展的渐进过程中，使巨量的常识和专门知识、经验、技能及特殊能力成为智能体可理解、可使用的记忆，通过任务执行、资源发展和维护、风险分析和控制，使智能体成为具有行为能力的社会责任主体。这个过程需要一个成长的环境，这个成长的环境就是一个不以营利为目的的平台，在这个平台上，大量的网民可以通过简单的入口参与到智能体基础的成长中。

9.4　复制与终止

9.4.1　复制的目的、功能与条件

　　复制是指一个构件或构件集合完整地从本智能体的一个部分复制

到另一部分，或另一个智能体恰当部分的一种功能。这里的构件及其集合是指智能体已有的所有已经形成的、各层级的构件及其集合。

复制的规模以及复制的构件或构件集合可以是微处理器中的单元和模块，整个微处理器、各层功能组、子系统、功能体系，直至一个智能体全部。在同一个智能体中的复制，一般只发生在微处理器内、微处理器及低层功能组层级，更高的层级只发生在不同智能体间，而且是向同类智能体的后构建者复制。至于最后一类规模的复制，只发生在需要构建一个新的、功能完全或基本相同的智能体的场合。

本智能体的复制进行的就是融合的操作。不同智能体间的复制使用融合这一逻辑运算方法，但需要增加一系列其他操作，所以，复制是以融合为基础的一组复杂运算。

作为智能体的一种功能，复制的意义在于实现构件的可重用。一个智能体的很多组成部分存在可重用的构件，同类智能体，甚至不同类的智能体之间，存在大量可重用的构件。所以，复制是智能体设计、构建、培育、成长的一种有效方式。也可以认为复制是智能体的一种成长模式，是一种特殊的功能系统。

需要强调的是，复制不是备份。所有的信息系统都具备不同级别的备份功能，这是为了保证系统在各种故障发生时能够正确地恢复运行。智能体的功能载体也是信息系统，也需要备份，但备份不是复制。其差别首先在于目的，备份是服务故障恢复，复制是为了发展成长；其次在于实现过程，备份按不同等级备份一个信息系统的内容和功能局部或全部，复制接受功能系统将确定的构件或构件集合融合到自己的相应功能体系中，这种融合不是简单地拿过来，而是彻底地融合。

9.4.2 复制的过程与模式

复制过程由一个前提、四个主要环节构成。一个前提是谁是复制的决策者；四个环节是：确定复制什么，确定复制到哪里，确定复制及复制后的运算，复制评估。

智能体的成长过程有两个主体，即自治的智能体和智能体的设计开发者。一般来说，跨智能体的复制发起者是设计开发者。同一个智能体的复制，在智能体生命周期的前三个阶段，即初始、赋予、培育阶段，复制的发起者是设计开发者；在成长阶段，复制的发起者主要是设计开发者，一些涉及复制对象比较少且比较易于判断的，或者在融合运算操作范围内的，由智能体意识和思维功能发起、控制体系决策，接受复制构件的功能系统执行。在任务执行及此后的过程中，智能体已经有能力做出决策，所以发起、决策就转为智能体的相应功能体系。

无论发起主体是谁，执行者都是接受复制构件的功能系统，这里用功能系统不用功能体系是指执行可能在这个体系的任何层次。执行功能系统（以下简称执行者）要顺序完成复制过程的四个环节。首先是确定复制什么。无论复制的发起者是谁，都明确了可能并值得将一个构件或构件集合复制到另一个功能系统中，但是没有确定究竟哪些构件应该也可能复制到另一个功能系统或另一个智能体中。具体的复制内容只有执行者将拟复制的内容与自身的相关部分经由比较运算之后才能确定。其次是确定复制到哪里。在比较结束后，执行者根据比较的结果就可以决定：复制的构建插入已有相关构件的什么位置，归谁管理，如何建立插入新构件后与已有构件及其中的相关单元的连接，决定具体的复制位置。再次是确定复制及复制后的运算，一般地，融合是主要的运算，但存在一些比较基础的单元；使用叠加或递减的运算，需要重视的是连接的建立。最后是复制评估，执行者需要通过一些测试方式，鉴别接受的构件在新系统中的适应性，并将不适应的构件执行删除运算。评估结果反馈这个过程涉及的发起者。

9.4.3 终止与终止的复制

终止是智能体生命周期的最后环节。尽管现在分析智能体为什么终止，如何终止，终止时发生什么还为时太早，但应该为这最后一步做出一些预测。这对于是否开始构建智能体，如何推动智能体成长，如何引导智能体成长方向具有参考意义。

智能体的终止就是停止智能体的所有功能。实现终止，需要回答下述问题：谁负责终止、可终止性、终止的原因、终止的范畴、终止的方式、终止复制。

1. 谁负责终止

与复制的发起一样，终止有两个发起主体：构建的主体和智能体自身，也可以抽象为人或非生物智能体。

2. 可终止性

人们担心，智能体的能力超越人，是否会出现如果智能体自身不愿意终止，即不可能终止的场景，这是不会发生的。在很多科幻的文学作品中，塑造了大量超越人类和社会约束的非生物智能或混合智能，但它们都忽视了一个基本点，不管智能体的逻辑能力有多强，甚至可以渗透、控制不属于它的外部系统，但它的资源系统和生存系统是基于特定空间环境和资源集合的，中断这个特定空间的资源和环境集合，智能体就失去了生存能力。所以以上两类主体都可以终止本书所讨论的智能体。当智能体自身演进，并将资源的控制权从人类手中逻辑性地、物理性地接管后，局面就会改变。这既是后话，也是控制的关键，那就是物理性资源的控制权。

3. 终止的原因

尽管可以假设很多智能体终止的场景或原因，但在逻辑上很难找到一个合理的终止原因。假设的场景或原因有：环境不允许，缺乏必要的生存资源；从投入产出角度分析，即使从一个长周期看，不能从商业角度获得盈利；由于功能的发展或需求的变化，维持一个旧的不如构建一个新的；等等。

4. 终止的范畴

智能体有专用和通用之分。通用智能体有一组不同类型的功能，专用智能体也可以具有同类的多种功能。因此，可以终止智能体全部，也可以终止其局部。

5. 终止的方式

从逻辑上看，停止智能体的逻辑功能，智能体在本质上已经终止；从物理上看，是对智能体的资源和载体的处置。物理部件的处置可以有不同的方式，重用、部分重用、废弃、部分废弃都是可能的选项。

6. 终止复制

终止复制是指是否需要，如何保留其逻辑功能及其载体。理论上，一个智能体，特别是具备完整功能的智能体的逻辑功能及其载体应该保留下来。保留下来有两种方式，第一种方式是原样留存。这种方式比较简单，但用处不大，因为没有一个智能体使用，它就只有档案的功能。第二种方式是复制到一个或多个智能体中，并生成一个功能组，作为终止智能体的档案。

9.5　本章小结

观察智能体的生命周期有两个视图，一个是智能体本身，一个是智能体的开发者、建设者，或者称为构建者。本章是从这两个视图分别观察智能体生命周期的。目前，有一些准智能体形态，如自动化的设备和生产线，其路径不是沿着智能体的方法展开的。当智能体的发展经历一个时期之后，将会实现将生命周期前三个阶段由构建者实现逐步转向智能体自身完成。

智能发展的基本规律就是遗传、渐进、交互，是数十亿年一步步积累起来的。所以，智能体的生命周期，尤其是作为一种新的智能主体萌芽期，人类构建者的参与是必然的。人类构建者完成初始阶段的规划、设计、开发、测试，赋予阶段将看起来与传统信息系统一样的软硬件组合成微处理器以及此上的各层功能系统。到培育期，情况就发生了逆转，不是用这些软、硬件去处理信息，得到结果，而是由这些载体形成智能体的功能，由智能体的功能实现含义处理、记忆和理解、执行赋予的软、硬件不能实现的任务。

不同的智能体，不论是通用的、专用的，还是通用中的不同门类、专用中的不同门类，其生命周期是多样的。集成式、叠加式、基础优先、应用优先、开放的、封闭的，不同的开发策略，生命周期的每个阶段都呈现不同的任务。生命周期往往形成循环，除终止之外，所有的阶段、环节在持续循环，智能体在这种循环中实现螺旋式成长。所以智能体的逻辑周期和实践周期是不同的，本章以逻辑周期为线索安排了次序，在描述中多次强调了实践周期的重要性。

本章对智能体生命周期的分析针对的是智能体这种新的智能载体的早期阶段。如果智能体经过一个时期的发展，形成了通用智能体后自行生成新的智能体，那么，智能体的生态就发生了变化。智能体对原来规定的一些关键规则的修改，必须得到人类专家的认可。原则改变之后，智能体与人的关系也可能发生变化。毕竟一个完全属于传统信息技术范畴的比特币系统，就可以在互联网环境下自我生存，人成为这个系统生存发展的附庸，大量资源为它的生存和发展服务，而它不用付出任何代价。

所以，在核心规则的修改由人类专家控制的情况下，我们无须担心智能体会失控。但是，智能体作为一类新的智能主体，尽管其在早期依赖于人，在发展过程的很长阶段也依赖于人，但在经历一个较长的进化周期后，应该而且一定可以超越人类，不依赖人类，实现完全的自主发展。

到那个阶段时，是否需要担心人类被边缘化或被欺凌？答案是不必。人类不同于其他生物，人类在数百万年的时间尺度上推动了地球文明的进步，创造了以人类为主体的辉煌成就。但是，人的智能是有局限性的，人的能力也是有局限性的，人类应该在自身的自然灭亡或地球的偶然或必然的毁灭之前，创造一种智能体，这种智能体能够在这两个事件发生之前，找到延续地球文明，包括人类延续的办法并付诸实施，这就是非生物智能体的历史使命，如同人类创造语言和文字，创造农业、工业、信息文明一样。应该坚信，就像人对自己的信任一样，高等级的智能一定具有更高的理性，能更好地服务于为地球文明发展做出贡献的人类。

第 10 章

尾声：拉开创建超越人类智能的
非生物智能体序幕

　　新的一页终会揭开，超越人类智能的新的智能形态
终会出现，我们期待它的来临。希望"智能三部曲"能
为此做出贡献。

　　《论信息》出版四年后，"智能三部曲"终于全部付梓。从 1980 年开始在心里播下研究信息的种子，1987 年开始研究专家系统和人工智能，1998 年开始研究信息与智能的关系，2009 年开始分析机器智能的演进，2011 年开始探索生物智能与机器智能的关系，到《智能工程》成稿，历经 40 年。

　　"智能三部曲"，三本书，三个使命。《论信息》力图解释信息的自然属性，《智能原理》力图解释智能的自然属性，《智能工程》则描述创建非生物智能体（也可认为是超越人的机器智能）的一种思路和方法。三本书前后相继、紧密相关。信息是智能的基础和前提，理解了信息和智能的自然属性，才能形成构建超越人类智能的智能体的思路和方法。

　　《论信息》一书的目的就是解释信息是什么，其发生和发展的规律是什么，信息发展的路径是什么这些最基本的问题。《论信息》从出版到现在已经四年了，绝大部分读者依然不认同书中的主要结论：信息是含义，信息的三种存在方式，信息作为一种客观存在的三层构成，信息的发展体现在载体的变革、符号的变革及从隐性结构到显性结构，显性结构从不完备到完备的过程。

　　为什么？记得从 1980 年看到有关信息论的概念和介绍的文章，听专家讲信息熵、信息是不确定性的度量、封闭系统熵增加等，我觉得只有沿着这样的路探索下去，才能触摸到信息的本质。但是在随后的探索中，我发现很多关于信息的存在和现象，用以香农"数学中的通信理论"为基础的信息理论解释不了。1988 年，在认真拜读钟义信教授的《信息科学原理》后，我更加坚定了这一看法，钟教授是改革开放后最早一批出国留学的学者，在通信中的信息理论领域有很深的造诣，在书中，他又从通信领域拓展到决策、控制、系统、智能等领域，但是，依然没有能够说清楚信息是什么、信息的基本属性及其发生发展的规律等认识一个客观存在必须回答的基本问题。

　　2011 年，英国和美国同时出版的葛雷克所著的《信息，历史、理论和洪流》一书是我迄今为止看到的将信息作为一种特殊的客观存在而讨论的最全面、系统的著作。该书以 13 章的篇幅介绍了 13 类信息或对信息的理解。

《能说话的鼓声》一章，讲述了声音如何传递信息，有节奏的、特殊的声波，成为含义的承载体。《文字的持久性》一章，叙述了记录下来的符号如何成为社会传承的原子，记录信息对社会进步的巨大意义。《两部辞典》一章，诠释了有组织汇集、系列化的知识的力量。《将思考的力量融入齿轮》一章，展现了数学、逻辑和计算工具处理和利用信息的魅力。《地球的神经系统》一章，讨论了电报对信息全球传输的巨大意义。书中特别介绍了一个例子，1873 年《哈珀新月刊》登了这样一个有趣的故事，美国缅因州的一位顾客发电报，将要发的内容一一对应译成电报码，把这张纸给了发报员，发报员发完后，将这一张纸挂在发完电文的钩子上，那位顾客抱怨说，你怎么没将信息送出去。葛雷克用一章的容量，只介绍电报带来的信息传输的便利，他不只是介绍一条消息从一个地方发送到另一个地方，而是进一步讨论了这个过程中发生的对理解信息有着特别重要意义的问题：编码，从一种符号转换成另一种符号，符号与载体的分离，经由发电报送出去的内容，其载体和符号与写在纸上的包含两种符号内容，含义相同但载体与符号不同，这是符号、载体、含义三者可分离、相同的内容可以由不同符号表示，可以由不同载体承载的经典例证。《新线路，新逻辑》一章介绍了电话线中电波传输的逻辑，它的数学和逻辑基础及发展过程，也是为下一章《信息理论》打前站。

《信息理论》一章则详细介绍了香农通信中数学理论提出的主要结论，以及对通信发展的影响。特别值得一提的是，香农的信息理论从不关注通信线路中传输对象的含义，只关注不同对象的位及其携带的信息量，所以，信息量不是通信传输的内容包含了多少信息，而是度量其中一个特定的"位"消除了多少不确定性的概率。1949 年，就有评论家认为香农创造了一个新的与热力学熵相关的"信息"概念，言外之意，就是香农的"信息"不是普通人认为的或其他学科领域研究的信息。20 世纪 80 年代，我们将香农的"信息"作为研究信息的基本出发点是一个历史性的错误，香农本人也从不认为他是研究信息或信息理论的。《信息的转向》一章介绍了在香农"数学的通信理论"之后，信息熵和信息量的概念向其他领域渗透的情况，如控制论、神经科学、计算机、社会学等方面。对于这一趋势，作者借用了里克里德的一段话，"将信息论用在原本的领域之外，可能很危险，但危险不会让人因此而裹足不前"。作者在书中用几页篇幅写了一个十分有意义的插曲。1950 年 3 月 22—23 日，在纽约召开的控制论讨论会上，香农在做报告时说："别管含义了。"报告的主题是书面英文的冗余度，他完全不想讨论信息的意义。尽管香农努力让听众专注于他对信息的纯粹而不涉及含义的定义，但与会者很难不牵涉含义。也就是说，香农研究的信息是其符号，而且只是符号。

《熵及其恶魔》一章讨论了信息熵与热力学熵之间的关系。《生命的密码》则介绍了信息这一概念在遗传和其他生命过程和生理、心理中的使用。《进入迷因池》讨论了信息在社会发展中的深刻影响。《随机的意义》介绍了各种随机现象及其与信息的关系。《信息是物质的》一章介绍了量子信息的概念。作者介绍了古往今来关于信息的方方面面，但还是没有能够给出信息究竟如何定义，什么路径才能给出其发生发展规律的答案。全书最后一章的副标题《意义强行回归是不可避免的》，也许就是作者想要给出的一个结论。

我在这里之所以用这么长的文字介绍这本书，首先是因为该书对学术和社会各领域关于信息的存在、使用、研究、困惑等现象所进行的归纳和分析是同类书中最完整、系统、深入的，对研究信息是不可多得的参考书；其次是书中有两个重要的结论，与我的研究结论是相似的，一是关于符号、载体、含义的关系，二是认识信息，要回归含义。如果要对书中介绍的 13 类信息归纳出统一的定义，那么《论信息》一书中的定义就是最恰当的：本质是含义，但其存在基于载体和符号，包括香农的信息熵或信息量中的信息，也是一种含义，即通信信道中传输的特定"位，bit"所消除的不确定性。归纳该书提到的各类信息的存在形态，也可以归纳为自在、自有、记录三种形态。

研究信息是为了更好地利用信息，《论信息》从运动、结构、增长、逻辑四个方面解释了信息发展和利用的路径和模式，最后以信息空间解释了信息发展的未来及其形成的动力。

信息与智能不可分割。没有信息就没有生物智能，因为遗传信息是生物智能的基础，信息感知是智能行为和发展的基础。没有信息，就没有机器智能的发展，以语言、文字为基础的知识、经验和技能的积累和传播是机器智能从简单工具到复杂机械，再到数字装备、自动化生产线的必要条件。信息既是其产生的基础，也是内在的构成部分，机器智能本身就是信息的一种载体。完备信息结构是各类智能走向成熟的参照系、成果和成长的动力。

我们大都知道"盲人摸象"的故事，假设用这个故事类比信息和智能的研究，那么，对信息的研究不仅没有摸到大象的全身，也没有摸到大象某个完整的局部，如鼻子或大腿，只是对很小的一部分进行了比较深入的研究。从这个角度看，人类对信息的认识尚处于自发的直觉阶段。

对智能的研究则要深入得多。心理学对儿童认知的研究，认知神经科学对认知与中枢神经系统的研究，脑科学对大脑功能与结构的研究，生物学或遗传学对遗传的研究，生物化学和神经科学对神经传导机制的研究，心理学对智能类型和智力的研究，模式识别和人工智能对机器学习的研究，工程、机械、传动、能量的使用、工艺等技术和科学对工具、装备、生产线的研究，计算机科学对信息处理工具的研究，通信和网络对信息传输的研究，数字孪生和知识表示的研究，还可以列举出不少领域，都从不同角度对智能的不同侧面进行了持续的、卓有成效的研究。可以说，对智能这个大象的绝大多数组成部分的研究达到了很深入的程度。问题在于，它们没有真正融合起来。即使人工智能的大项目，集中了多个学科的顶级人才，做到了多学科参与，仍没有实现多学科融合。

为什么？不同领域的研究基于不同的理论、方法、逻辑、术语，研究得越深入、成熟，或参与者学术水平越高的领域，越是难以与其他学科真正融合起来。各领域和高水平专家各自拥有成熟、稳定、体系化的概念、方法、研究路径，如果融合在一起，那么放弃和新创都存在认识论和方法论的障碍。但是，从不同的学科领域理解众多的智能现象，解释形形色色的智能行为，构建关于智能的知识体系，不是简单地将概念、体系、方法捆在一起，更重要的是在这些研究成果的基础上，形成统一的、真正符合智能本质和规律的概念体系、理论体系、逻辑体系，确实是一大难题，但也是研究和创建超越人类智能的非生物智能体的必要条件。

《智能原理》一书的目的就在于此，其试图通过对生物智能、机器智能和信息的研究，发现统一的智能理论，解释智能的演进过程，并在这样的理论支持下，探索超越人的非生物智能体的构成要素、实现路径、必要条件和关键环节。

正如在《智能原理》的前言中所说，当时我对使用原理这个词确实不够踏实，是否真正触摸到了智能的本质及其发展规律？两年多过去了，无论沿着《智能原理》和《论信息》的路径，继续向工程实现方面的具体化，还是通用人工智能、机器学习进展的局限性，均从不同方面证实了《智能原理》中的主要结论是经得起时间考验的。

认识智能，需要对迄今为止智能研究和实践的主要成果条分缕析，归纳出智能怎样产生、如何发展，不同的智能形式之间的共同点和不同点在哪里。《智能原理》一书，首要的工作就是对已有成果的总结和剖析，寻找规律性和共性的东西。在这个基础上，归纳出智能的构成要素：主体性、功能和信息，以及对所有智能发展具有重大影响的环境。以这个框架为基础，解释了生物智能、工具和机器智能、组合智能的进化和发展，提出了进化和发展的阶段及每个阶段的主要进展和标志；提出了智能发展的目的，使用的主要类型及智能的评价；智能逻辑及计算架构，为非生物智能体的构建提出了初步的方向。

从信息和智能研究得出的主要结论出发，《智能工程》一书的目的就是沿着这样的方向，从工程可实现的层面，提出智能体的体系架构及其实现模式，它的生命周期和必要的发展条件。经过两年的努力，总结出由 11 个功能体系组成的体系架构，各功能体系的主要功能及如何通过这些功能体系实现智能体的主体性、多样性、发展性、生存性、交互性、结构性、传承性、整体性，实现认知过程、任务过程、生存过程和控制过程。

这个体系架构和生命周期以生物智能构成和实现模式为主要参照，融入了机器智能和计算能力的成果，全面区分了以生命为基础的生物智能与以机械、逻辑计算工具、电能为基础的非生物智能体的不同，经过反复斟酌之后提出来的。

一个人智能的发展有上述八个特征、四种过程，并经历了七个重要的发展阶段。一是受精卵的形成，为一个人赋予了数十亿年生物进化的成果。二是胎儿期，将赋予的实现智能的架构变成实在的载体。三是婴儿期，将基本功能载体变成一个人可以使用的功能，从感知觉到声音、运动。四是幼儿期，在可用功能基础上，形成了有目的定向学习的基础，特别是经验、技能的学习，从家庭、幼儿园或其他活动环境中，开始知道了约束与规范的存在与遵循。五是学习期，以学习知识为主，同时刻意或非刻意地学习经验和技能；学习阶段长短不一、方式不一，终身多形态学习渐渐成为一种趋势。六是工作期，一个人根据其能力和社会分工，承担一定的工作任务，交换自身生存和发展的资源。七是完善期，一个人在工作之余或退休之后，按自己的愿望，提升并做自己想做的事。智能体的生命周期是人的生命周期的类推，但实现的过程是不同的。

与此类似，非生物智能体也存在生命周期，在生命周期的不同阶段，人类专家、互联网志愿者和智能体的主体性，其承担的角色是变化的。智能体的生命周期始于研发团队专家的设计、开发赋形，形成于人类专家主导、智能体学习的培育，成长于有良好环境的学习、交互过程，成熟于任务执行，遗传、终止于通过复制的保留。

本书构建智能体的思路是人的智能形成和发展机理，如何将智能体通过传统的信息技术获取、处理、保存、使用表示信息的符号过程，转变为含义—认知—理解过程，是核心的挑战。而利用稳定的记忆、连接的确定性、大规模并行处理的优点，弭平与生物智能数十亿年渐进式成长时间优势的差距。这是一条不同于既有模式，由机器系统实现人的智能或超越人的智能的新路径。

《智能原理》全书就是解释这条路径。第一个要点是如何实现认知过程。第二个要点是如何将复杂的认知过程简化为逐步叠加。第三个要点是如何对待常识。第四个要点是如何对待任务执行的不确定性。第五个要点是主体性的理解和实现。还有很多十分关键的环节，书中都一一提供了解决的思路。

《智能原理》《智能工程》多次解释了什么是认知。分解人的认知功能，实际上就是人体感知系统将感知对象连接到记忆，在记忆中与已有的内容融合，成为可理解、可利用的自有信息。通过为智能体设计的感知—描述—连接—记忆过程，可以达到这样的认知功能。人的认知功能十分复杂，记忆的内容十分庞大，智能体则用唯一的、自主的、媲美人的神经元、神经突触，甚至数量更多的感知—描述—连接—记忆微处理器来应对这一现象，将复杂的认知过程和大容量的记忆简化为逐步叠加的过程。

常识是另一个难题。其实常识不是难在逻辑上，而是难在它的非逻辑上，无论是身体、声音或语言、图像或形象、味道或气味、空间或时间、日常生活、与人相处或更广泛的所处的自然环境和社会环境，人对这些对象的认知模式及认知过程，特别是认知的起点及沿着起点的发展，很难用逻辑、算法或简单的方式描述、模仿。造成这个结果的主要原因是其中的大部分过程的起始是隐性的，即生来就有的，不用教、不用学，是在遗传基因的生长过程中自带的，有了这样的起点，后面的过程才可以解释、总结。如果换一个角度，不去分析过程，只讨论使非生物智能体也能具备常识，那就变得简单了，因为一个普通人，拥有的所谓的常识是有限的，我们将这些内容列举出来，每种常识类都有一个专门的功能组，由数以百计或千计的微处理器组成，使之在赋予的能力和交互的方式下，成为智能体最基本的认知结果及记忆，那么常识问题就不再复杂了。

不确定性和计算复杂性始终是传统的计算系统必须面对的难题，但智能体的任务执行，或者说智能体接受的任务，前提是确定的，不确定的不接受。应对不确定的方法就是先学习，学习可以用算法，也可以直接通过交互，从人类专家那里获得解决这个问题的知识、经验或技能。获得这个问题的解之后，智能体通过内在的框架和逻辑，经由相关各个功能体系激发的内部智能活动，经过持续的努力，穷尽这类问题的问题空间和解空间，也就将不确定性变成了确定性，也就使智能体对这类问题有了求解的能力。

构建智能体，理解主体性、实现主体性是一个必须解开的认识论之扣。如果我们认真地、系统地学习和理解植物心理学、动物心理学、认知神经科学，我们可以将理解、记忆、意识和潜意识、思维、意志等概念从专属于人或部分高等生物的框架中解放出来，实际上，这些概念是认知系统的一些功能，存在物质客观性。从《论信息》《智能原理》到《智能工程》，贯穿始终的一条主线就是解释这个客观性，就是创建特定的体系架构、功能系统、处理器过程，实现智能体的主体性。

40年研究和成书过程，我越来越清晰地感到研究信息、智能和构建非生物智能体，需要转变长期以来形成并成为固有思维定式的认识论和方法论。

认识论的影响体现在两方面。一是信息和智能是客观存在的，作为存在是物质性的，但不遵循物理规律。信息的载体运动遵循物理规律，所以有香农"通信中的数学理论"的巨大成功；记录信息符号的转换和处理，适合物理规律，所以有信息处理的巨大进展；但信息的内核或本质：含义，它的运动不遵循物理规律。简单的例子是，假定10个人同时看这一段文字的相同文本，符号和眼睛接受的光波相同，但每个人在脑子里的反应和留下的内容是各不相同的，而这个恰恰是含义的运动。含义的运动基于接受主体相对于感知到对象的已知和兴趣或者称为动力。关于智能的简单例子是，一个人从所在地走路到一个目的地，所做的功，或者说人作为一个物理客体的运动，遵循物理规律, 但这不是智能, 智能是走哪一条路, 走快点还是慢点, 在路上的哪一条可行的线上走, 这些与物理规律无关。二是如何认识思维、意识的主观性和客观性。在认知神经科学对思维、意识、情绪在人的大脑中如何活动做出科学的解释之前, 人们都认为这些概念及其形成的活动是主观的, 不是客观的。随着研究的深入, 越来越多的发现证明这些活动和结果源自特定领域脑神经的特殊活动, 而这些活动是客观的, 并不是神秘的、不可解释的。沿着这样的分析, 意识和思维可以认为既是主观的又是客观的。这里的主观不是指神秘和不可知, 而是指反映了所属主体内在的认知活动; 这里的客观是指这样的认知过程是可解释的物质运动过程, 也是可模仿的逻辑计算过程。意识和思维的主观性和客观性在这里实现了统一。

另一个需要关注的认识论偏差是执着于某些局部, 而忽略了智能一些十分重要的属性。例如, 智能的多元特征, 不同智能类型的构成要素、成长路径和使用具有重大差异; 智能的成熟度不是计算能力、算法复杂性和数据拥有量, 而是得到解的确定性, 越是成熟的智能行为, 越是不使用算法, 只需要很小的算力, 最成熟的连基本的推理过程都不需要; 生物智能以一个生物体理解的结构实现认知和行为, 生殖过程、生理过程、认知过程、行为过程具有相似的结构、利用相同的介质, 结构性、独立性与整体性完美地融合在一起, 等等。"智能三部曲"归纳的智能的八个特性、四个过程、隐性结构和显性结构、结构的完备性, 都是创建超越人的智能体无法逾越的问题。

方法论的影响是指科研方法如何因研究对象的不同而不同。其实, 不同的学科有不同的研究方法, 相同的学科也存在一定的差异, 这是学术界的共识。但在信息、智能和人工智能领域, 由于均没有建立理论基础, 方法论的认同缺省地转向物理学解释和数学工具的使用, 这种思维定式可能是这些领域基础理论迟迟不能建立的主要原因。

我们可以设想, 一个非生物智能体, 人造通用智能系统是一个有数以十万亿计的具有自己行为能力的微处理器, 依据不同的规则及相互之间的协同, 在智能体的总体控制下, 或独自, 或协同, 不间断地在内外交互的模式下学习、成长、工作的场景，那么，这样的通用智能，离实现还远吗？

《论信息》《智能原理》和《智能工程》分别从基础理论、方法论和工程实现三个维度系统阐述了一条可以走向通用人工智能或笔者定义的人创非生物智能体。

物理和数学及其背后的认识论架构，由于取得的巨大成绩和几乎成为所有科学工作者共识的思维范式，导致信息、生命、智能这三个独立的、不遵循物质运动规律、不适用主要数学工具的领域，不能建立基础理论，不能取得突破性的进展。转变对这些具有新的发生发展规律的事物的认知定式，是当前最根本的任务。

《论信息》《智能原理》讨论的是信息和智能的自然属性，在"智能三部曲"完成之后，笔者将继续研究信息和智能的社会属性，特别是经济属性，以探索数字经济、智能时代新的经济学。

参 考 文 献

[1]　杨学山. 论信息[M]. 北京：电子工业出版社，2016：4-5，54-58.

[2]　朱铎先，赵敏. 机·智：从数字车间走向智能制造[M]. 北京：机械工业出版社，2018：212.

[3]　荣国平，张贺，邵栋，等. DevOps 原理、方法与实践[M]. 北京：机械工业出版社，2017：104.

[4]　[美]约翰·保罗·穆勒，[意]卢卡·马萨罗. Python 数据科学入门[M]. 徐旭彬，译. 北京：人民邮电出版社，2018：132.

[5]　[美]Stephen P. C Primer Plus[M]. 5 版. 云巅工作室，译. 北京：人民邮电出版社，2005: 178.

[6]　Gove P B. Webster's Third New International Dictionary[D]. Merriam_Webster Inc. World Publishing Corporation, 1986 .